Verlag von Julius Springer in Berlin

Unter dem Zeichen

des Verkehrs.

Berlin.

Verlag von Julius Springer.

1895.

ISBN-13: 978-3-642-98812-7   e-ISBN-13: 978-3-642-99627-6
DOI: 10.1007/ 978-3-642-99627-6

Inhalt.

Einleitung.

Fünfundzwanzig Jahre sind verflossen, seit das Jahrhunderte lang in der Volksseele gehegte Ideal der deutschen Einheit verwirklicht, die langersehnte Hebung des nationalen Schatzes vollzogen wurde. Welterschütternde Ereignisse spielten sich damals vor unseren Augen ab und erfüllten alle Seiten unseres nationalen Lebens. Unermeßlicher Gewinn an Würde und Ansehen, an Kraftfülle und Kraftbewußtsein fiel dadurch dem deutschen Volke zu, ungeahnte Erfolge erzielte es auf allen Gebieten staatlicher und bürgerlicher Thätigkeit.

Kaiser Wilhelm, der Sieger auf hundert Schlachtfeldern, dessen eherner Tritt eben noch den Widerhall eines Erdtheils geweckt hatte, hegte und pflegte, festigte und förderte getreu seinem Worte in friedlicher Thätigkeit die junge Schöpfung des Deutschen Reiches: eine unvergleichliche Verkörperung des deutschen Charakters, dessen Friedfertigkeit selbst beispiellose Kriegserfolge nicht zu beeinträchtigen vermögen. Unter seines Gründers mächtigem Einfluß erhielt das Reich seine vier Grundpfeiler: Einheit in der Gesetzgebung, in Heer und Flotte, im Münzwesen und in den Verkehrseinrichtungen, und damit die wesentlichen Bedingungen inneren Wohlstands, während zugleich nach Außen hin das Vertrauen auf des Reiches weltumfassenden Schutz zu weitausschauenden Unternehmungen ermuthigte.

Seitdem hat die Triebmächtigkeit deutschen Schaffens auf allen Gebieten menschlicher Thätigkeit Ergebnisse gezeitigt, denen die blühendsten Epochen menschlicher Kultur nichts auch nur annähernd Aehnliches zur Seite zu stellen haben. Dank der fest=

begründeten Macht des Reiches und der Weisheit seiner Herrscher ist uns fünfundzwanzig Jahre lang der Friede erhalten geblieben; mehr und mehr erscheint die Hoffnung gerechtfertigt, daß er uns auch fernerhin erhalten bleiben werde. Je mehr aber am Himmel der Kulturvölker das Zeichen des Schwertes verblaßt, desto heller erstrahlt ein anderes Zeichen, das bestimmt ist, an seine Stelle zu treten.

„Die Welt am Ende des 19. Jahrhunderts steht unter dem Zeichen des Verkehrs", schrieb Kaiser Wilhelm II. auf sein Bild, das er dem Staatssekretär des Reichs-Postamts, Dr. v. Stephan, zu dessen 60. Geburtstage am 7. Januar 1891 überreichen ließ.

„Unter dem Zeichen des Verkehrs" ist dies Buch überschrieben — kann Jemand im Zweifel sein, wessen Wirken es schildern soll?

Am 1. Mai 1895 sind fünfundzwanzig Jahre verflossen, seit Heinrich Stephan zur obersten Leitung des vaterländischen Postwesens berufen wurde: was er in dieser Stellung für Deutschland und die Welt geschaffen hat, soll den Inhalt dieses Buches bilden.

Es ist ein seltenes Glück für einen Sterblichen, dank eignem Verdienste in fast jugendlichem Alter an die Spitze einer großen Verwaltung gestellt zu werden; es ist ein beneidenswerthes Loos, in einer solchen Stellung fünfundzwanzig Jahre lang wirken und walten zu dürfen; wem es aber gar vergönnt worden ist, in dieser Zeit ein Stück weltumfassender Kulturarbeit zu leisten, der gehört zu den Auserwählten und darf kühnlich von sich sagen: non omnis moriar!

Eine bescheidene Widmung sollen die folgenden Blätter sein zu seinem Ehrentag für den Mann, der als der Einzige in Amt und Würden noch übrig ist von den großen Männern jener großen Zeit, — eine Anregung auch für das deutsche Volk, sich im Zusammenhang alles Dessen bewußt zu werden, was ihm die „Aera Stephan" gebracht hat. Erscheint doch der jetzige Stand des Nachrichtenverkehrs der Mehrzahl so altgewohnt und vertraut, daß man mit Lessing sagen möchte: „Der Wunder höchstes ist, daß uns die wahren, ächten Wunder so alltäglich werden können!" Wer denkt heute noch zurück an das postalische Wirrsal, das bis in die zweite Hälfte unseres Jahrhunderts hinein in Deutschland herrschte! Wie Wenige nur wissen, wie schwer es hielt, diesen verrotteten Zuständen ein Ende zu machen; wer kann sich vorstellen, welch mühsälige Arbeit es war, den Neuerungen, die sich hier bewährt hatten, anderwärts und im Verkehr von Land zu Land Eingang zu verschaffen!

Obwohl jene Zeit des Chaos außerhalb des Zeitraums liegt, den die nachfolgende Darstellung umfassen soll, muß ihrer doch kurz gedacht werden, nicht nur zur besseren Würdigung des heutigen Zustandes, sondern auch im Interesse des geschichtlichen Zusammenhanges. Denn als die Umwälzungen der Jahre 1864 und 1866 den Anstoß zu Deutschlands politischer Einigung gaben, fanden sie Stephan bereits in einer Stellung, in der es ihm vergönnt war, aus der durch das Schwert geschaffenen Neugestaltung der Dinge die verkehrspolitischen Folgerungen zu ziehen. So war er sein eigener Vorläufer und bereitete sich selbst den Weg, den er beharrlich eingehalten hat, seit ihn ein günstiges Geschick zum Wohl des Vaterlandes kurz vor dem entscheidenden Waffengange mit unserem westlichen Nachbar den Platz einnehmen ließ, von dem aus er den Errungenschaften unserer Siege ebenbürtige Erfolge friedlichen Strebens hinzuzufügen im Stande war.

„Unter dem Zeichen des Verkehrs" hat allezeit sein Wirken gestanden; er brach für den Verkehr freie Bahn, er fand für ihn neue Mittel, schrieb ihm die Wege vor, die er gehen sollte, und schuf so in emsiger, unablässiger Arbeit die tausend Fäden für das unzerreißbare Band, das jetzt die gesammte civilisirte Menschheit umschlingt.

Ueberführung der Landespostanstalten in die Postverwaltung des Norddeutschen Bundes; Ernennung Stephans zum General-Postdirektor.

„Welche Bedeutung", so schloß im Jahre 1858 der damalige Postrath Stephan seine Geschichte der Preußischen Post, „wird das preußische Post-Institut, falls seine Verfassung dieselbe bleibt, in den nächsten zehn Jahren gewonnen haben!"

Wer damals dem Verfasser gesagt hätte, daß es nach zehn Jahren überhaupt keine preußische Post mehr geben, daß sie dann mit der Mehrzahl der übrigen selbständigen Postverwaltungen, die gleich ihr bis dahin Glieder des nur locker gefügten deutsch-österreichischen Postvereins von 1850 gewesen waren, sich in das organische Gebilde der Postverwaltung des Norddeutschen Bundes eingeordnet haben würde! Freilich war die preußische Post mit ihren innerhalb eines ausgedehnten Bereichs erprobten Einrichtungen das Rückgrat des neuen Verwaltungskörpers, und diesem Umstand in erster Linie war es zu danken, daß alle Glieder dieses Körpers von Anfang an regelrecht und zur hohen Zufriedenheit der Bevölkerung funktionirten. Der deutsch-österreichische Postverein umfaßte wohl ein größeres Gebiet (1 208 137,5 qkm mit nahezu 72 Millionen Einwohnern), aber seine Wirksamkeit beschränkte sich auf den Verkehr der Vereinsgebiete unter einander, während ihm ein Einfluß auf deren inneren Verkehr im Wesentlichen versagt blieb. Zwar waren schon innerhalb dieses Vereins Bestrebungen, das deutsche Postwesen mehr einheitlich zu gestalten, hervorgetreten; aber sie wurden stets vereitelt, und zwar meist durch die Postverwaltung

von Thurn und Taxis, die sich lediglich aus fiskalischen Rück=
sichten jedem Fortschritt, jeder Verkehrserleichterung ablehnend
gegenüberstellte. Daher ließ sich, solange diese Verwaltung be=
stand, die dringend erwünschte Vereinfachung der Beziehungen von
Land zu Land, der Tarife, der technischen Behandlung der Sen=
dungen nicht durchsetzen, und auch die Postgesetzgebung wie das
Postrecht boten in ihrer Buntscheckigkeit einen höchst unerfreulichen
Anblick. Da trat, einsetzend mit dem deutsch=dänischen Kriege, der
große Umschwung der politischen Verhältnisse in Deutschland ein
und gab den Anstoß zur Lösung zahlreicher seit lange vertagten
Fragen; zu ihnen gehörte die Postfrage.

Schon während des Krieges war die Einrichtung eines Landes=
postwesens in den Herzogthümern Schleswig und Holstein in An=
griff genommen worden, wobei der Ueberleitung der dortigen Ver=
hältnisse in neue, den preußischen ähnliche Formen mancherlei
Schwierigkeiten entgegentraten. Unter Anderem waren fast nur die
Vorsteher der Postämter vom Staat angestellt und meist gut be=
soldet, während beinahe das gesammte nachgeordnete Personal nur
in einem Privatverhältniß zu den Amtsvorstehern stand, von denen
es meist recht mäßig bezahlt wurde. Ferner erwuchsen Weite=
rungen aus dem Bestehen dänischer Postämter in Hamburg und
Lübeck, sowie eines schwedischen Postamtes in Hamburg. Das
dänische Postamt in Hamburg wurde zwar thatsächlich schon beim
Einmarsch preußischer Truppen aufgehoben, aber die dänische
Regierung ließ sich erst bei Abschließung des Postvertrags vom
7./9. April 1868 mit dem Norddeutschen Bunde dazu herbei, gegen
eine Entschädigung von 200 000 Thalern auf ihre bis 1864 in
den Hansestädten ausgeübten Postgerechtsame zu verzichten. Bald
darauf willigte auch Schweden — im Postvertrag vom 23./24. Fe=
bruar 1869 — in die Aufhebung seines Postamtes in Hamburg,
und damit waren diese Ueberbleibsel aus der Zeit der Schwäche
und Zerrissenheit Deutschlands beseitigt. — Im Weiteren wurde
eine gedeihliche Entwicklung des schleswig=holsteinischen Postwesens
beeinträchtigt sowohl durch das Bestehen der hamburgischen Post,
die bis zur Begründung der norddeutschen Post selbständiges

Glied des deutsch-österreichischen Postvereins war, wie durch die höchst unangenehmen Reibungen zuerst zwischen den Kommissarien der die Bundesexekution ausführenden Mächte, und später zwischen Preußen und Oesterreich bis zur gewaltsamen Beendigung der Zweiherrschaft. Nicht genug hiermit, beanspruchte auch noch Holstein eine eigene Postverwaltung, die von der Schleswigs getrennt sein sollte, sowie außerdem das Nachfolgerecht auf das dänische Postamt in Hamburg.

Länger als zwei Jahre erschwerten diese unklaren Zustände die Wirksamkeit der Post in den Herzogthümern selbst, während die Beziehungen zu Dänemark schon durch den in Kopenhagen am 21. Juni 1865 abgeschlossenen Postvertrag auf Grund der thatsächlichen Verhältnisse neu geregelt wurden. Hierbei war die preußische Postverwaltung vertreten durch den Geheimen Postrath Stephan, dem auch später die Aufgabe zufiel, die Post in dem durch den Gasteiner Vertrag vom 14. August 1865 an Preußen gelangten Herzogthum Lauenburg nach preußischem Muster umzugestalten.

Erst der Krieg von 1866 schuf die Vorbedingungen zu einem gedeihlichen Ausbau der postalischen Einrichtungen nicht nur in den Elb-Herzogthümern, wo sofort nach ihrer Einverleibung in die preußische Monarchie (durch den Frieden von Prag vom 23. August 1866) eine preußische Ober-Postdirektion mit dem Sitz in Kiel errichtet wurde, sondern auch in den übrigen neuen Erwerbungen Preußens. Das hannoversche Postwesen wurde unter Errichtung einer Ober-Postdirektion in Hannover in die preußischen Formen übergeführt, nicht ohne Schwierigkeiten freilich, aber man befand sich doch dort wenigstens klaren Verhältnissen gegenüber. Anders war die Sachlage in den übrigen neuen Landestheilen, bestehend aus Kurhessen, Hessen-Homburg, Nassau, Frankfurt a. M. und kleineren Theilen von Bayern, die in ihrer Gesammtheit im Wesentlichen den Wirkungsbereich der Fürstlich Thurn und Taxisschen Post bildeten. Durch den Anfall der genannten Gebiete an Preußen war der Wirksamkeit dieser Post in ihnen der Boden entzogen worden; es konnte sich nur noch um die Bedingungen handeln, unter denen ihre veralteten Einrichtungen dem Geist der neuen Zeit weichen sollten.

Mit ihrer Beseitigung wurde der Referent für die Post-vertrags-Angelegenheiten im preußischen General-Postamt, Geheimer Postrath Stephan, beauftragt.

Die preußische Regierung hatte sich auf Grund einer beim General-Postamt von Stephan ausgearbeiteten Denkschrift ent-schlossen, das Thurn und Taxissche Postwesen sofort in preußische Verwaltung zu nehmen. Da diese Uebernahme keine vorübergehende, sondern eine endgültige sein sollte, mußte man dafür Sorge tragen, die Grundlagen für die Auseinandersetzung mit dem fürstlichen Hause von Thurn und Taxis möglichst vollständig in die Hände zu bekommen, um hierdurch zugleich die Ueberleitung der veralteten Formen des Lehnspostwesens in den Organismus der preußischen Post zu beschleunigen. Außerdem gewann man dadurch eine günstige, weil auf einer abgeschlossenen Thatsache beruhende Stellung gegen-über den Regierungen der Staaten, die entweder das Haus Thurn und Taxis mit der Ausübung ihres landesherrlichen Postregals belehnt hatten, oder in deren Gebieten die Taxissche Postverwal-tung auf Grund sonstiger staatsrechtlicher Titel bestand. Diese Staaten waren: die Großherzogthümer Hessen und Sachsen, die sächsischen Herzogthümer Coburg-Gotha und Meiningen, die Fürsten-thümer Schwarzburg - Rudolstadt, Schwarzburg - Sondershausen, Lippe, Schaumburg-Lippe, Reuß ältere und jüngere Linie, sowie die freien und Hansestädte Hamburg und Lübeck. Die hohen-zollernschen Lande als Bestandtheil der preußischen Monarchie kamen hierbei nicht in Betracht.

Mit gemessener Weisung für sein Vorgehen ausgerüstet traf Stephan am 17. Juli 1866 in Frankfurt ein, legte sofort Beschlag auf die Thurn und Taxissche Verwaltung und übernahm sie im Namen Preußens. Der Taxissche Generaldirektor, frühere han-noversche Staatsminister Freiherr von Scheele, stellte seine Amts-führung ein; die Räthe und Beamten der Generaldirektion, wie — auf eine sofort erlassene Kundmachung hin — die Betriebs-beamten bei allen Postanstalten verpflichteten sich schriftlich, der neuen Gewalt zu gehorchen und ihre Dienstgeschäfte pünktlich weiterzuführen.

Nach dem Fall von Mainz und nachdem die von den Württembergern abgeschnittene Verbindung mit den hohenzollernschen Landen wiederhergestellt war, stand das ganze bisher Thurn und Taxissche Postgebiet unter preußischer Verwaltung, die sich nicht besser einführen konnte, als durch die schleunige Wiederherstellung der durch die kriegerischen Ereignisse weithin gestörten Verkehrsverbindungen und eines geordneten Dienstbetriebes bei den Postanstalten.

Mehr Zeit und Mühe erforderte es, die dem Fürsten von Thurn und Taxis anläßlich der Verzichtleistung auf seine Postgerechtsame zu zahlende Abfindungssumme festzustellen. Waren doch zunächst diese Gerechtsame selbst ebenso mannigfaltig, wie die Rechtstitel, auf denen sie beruhten. Völkerrechtlich waren sie zuletzt Gegenstand einer Festsetzung bei Errichtung des Deutschen Bundes gewesen, und zwar lautete der Artikel 17 der Bundesakte vom 8. Juni 1815:

„Das fürstliche Haus Thurn und Taxis bleibt in dem durch den Reichsdeputations-Hauptschluß vom 25. Februar 1803 oder spätere Verträge bestätigten Besitz und Genuß der Posten in den verschiedenen Bundesstaaten so lange, als nicht etwa durch freie Uebereinkunft anderweitige Verträge abgeschlossen werden sollten. In jedem Falle werden demselben in Folge des Artikels 13 des erwähnten Reichsdeputations-Hauptschlusses seine auf Belassung der Posten oder auf eine angemessene Entschädigung gegründeten Rechte und Ansprüche versichert. Dieses soll auch da stattfinden, wo die Aufhebung der Posten seit 1803 gegen den Inhalt des Reichsdeputations-Hauptschlusses bereits geschehen wäre, insofern diese Entschädigung durch Verträge nicht schon definitiv festgesetzt ist."

Der Artikel 17 verweist auf den Reichsdeputations-Hauptschluß von 1803. Aber dieser handelt nur von der Schadloshaltung des Fürsten von Thurn und Taxis für die Einkünfte der Reichsposten in den an Frankreich abgetretenen Provinzen und gewährleistet ihm die Erhaltung seiner Posten, „so wie sie konstituirt sind" und „in dem Zustande, in welchem sie sich, ihrer Ausdehnung und Ausübung nach, zur Zeit des Lüneviller Friedens befanden". Somit mußte man überall auf die ursprünglichen Rechtsgrundlagen zurückgehen, die zum Theil noch dem 16. Jahrhundert entstammten, im Lauf der Zeit aber und mit der zunehmenden Erstarkung der Landeshoheiten vielfache Umbildungen ihrer Form sowohl, als auch der Substanz der gewährten Rechte erfahren hatten. Nicht weniger als 22 Verträge, die von dem Hause Thurn und Taxis mit den verschiedenen deutschen Staaten über die Ausübung des Postrechts geschlossen worden und theilweise sogar ihrem Rechtsinhalte nach streitig waren, mußten auf ihren rechtlichen und finanziellen Werth geprüft werden.

Um sich einen Begriff von der Größe dieser Aufgabe zu machen, muß man daran denken, daß die Lehnspost, an sich schon ein Gebild von ausgesprochener Eigenart, mit ihren Anfängen bis in den Beginn des 16. Jahrhunderts zurückreichte und naturgemäß fast von allen in der Zwischenzeit vorgekommenen politischen Zuckungen und territorialen Veränderungen Deutschlands in Mitleidenschaft gezogen worden war. In Folge hiervon hatte sich allmählich und zwar besonders, nachdem die meisten Staaten Verfassungen erhalten hatten, eine Vielgestaltigkeit des Thurn und Taxisschen Postwesens herausgebildet, die den Ueberblick über seine rechtliche Entwicklung erschwerte. Je nachdem von den Volksvertretungen die Leistungen der Taxisschen Post im Vergleich mit den Leistungen staatlicher Posten in Nachbargebieten mehr oder weniger scharf kritisirt worden waren, je nachdem die Regierungen auf die Taxissche Post einen starken oder schwachen Druck ausüben konnten und thatsächlich ausgeübt hatten, je nachdem endlich das lehentragende Haus im Stande gewesen war, durch Vermittlung Oesterreichs oder des Bundestags solchem Druck einen Gegendruck entgegenzusetzen, hatten sich die Einrichtungen und Leistungen der Lehnspost in den einzelnen Gebieten verschiedenartig gestaltet. Zudem waren wichtige Verwaltungszweige der Lehnspost durch die Landesgesetzgebungen unmittelbar beeinflußt worden, beispielsweise die Beamten= und Hinterbliebenen=Gesetzgebung, sowie die Wege=, Eisenbahn=, Fuhrgewerks= und Postzwangs=Gesetze.

Dank dem guten Zustande des Kassen= und Rechnungswesens der fürstlichen Verwaltung ließ sich der reine Jahresüberschuß, der bisher sorgfältig geheim gehalten worden war, unschwer ermitteln. Aber da es sich um den Werth des Taxisschen Postwesens in der Zukunft handelte, waren die Veränderungen in Rechnung zu ziehen, die sich im Verfolg der politischen Neugestaltung Deutschlands un= zweifelhaft vollziehen mußten: beispielsweise war die Einführung des Einheitsbriefportos von 1 Sgr., die Ermäßigung des Packet= und Geldportos, die Abschaffung des Landbriefbestellgeldes, die Erhöhung der Gehalte für Beamte und Unterbeamte von der preußischen Postverwaltung theils schon in sichere Aussicht, theils in ernsthafte Erwägung genommen. Ferner war der mangelhafte Zustand der Taxisschen Postgebäude und ihrer Ausstattung zu berücksichtigen. Im Weiteren mußten die Taxisschen Einnahmen aus dem Transitverkehr in Folge der Erweiterung des preußischen Gebiets eine bedeutende Schmälerung erfahren, die Postanlagen dagegen — Postanstalten, Postlinien und Bahnposten —, sollten sie nicht hinter dem Stande in Preußen zurückbleiben, vermehrt und die Bestelleinrichtungen in den Städten wie auf dem Lande verbessert werden. Ueberhaupt war für die ganze Verwaltung nicht mehr der fiskalische, sondern der volkswirthschaftliche Gesichts= punkt in die erste Linie zu rücken, was nöthigenfalls auch beim Weiterbestehen der Taxisschen Post im Wege der Gesetzgebung zu erzwingen gewesen wäre.

Alle diese Umstände beeinflußten naturgemäß die Beurtheilung des Werthes der gesammten Lehnsposteinrichtungen und die Be= messung einer Entschädigung für deren Abtretung. Die Verhand= lungen hierüber begannen im September 1866 und wurden für Taxis von dem Freiherrn von Gröben geführt, der wegen seiner hervorragenden Befähigung und genauen Kenntniß der Verhältnisse hierzu besonders geeignet war.

Wohl waren Taxissche Postrechte schon früher abgelöst worden: 1806 bei Uebernahme der Rheinprovinz durch Preußen, dann von

Bayern und Baden, zuletzt 1851 von Württemberg. Aber hier war einerseits das Objekt weniger bedeutend gewesen, und andererseits hatte es sich immer um das eigene Gebiet des ablösenden Staates gehandelt, während jetzt eine Anzahl nichtpreußischer Staaten in Betracht kamen. In anderer Hinsicht boten die Vorgänge bei den Säkularisationen und Mediatisirungen, bei der Ablösung von Reallasten und der Beseitigung des Sundzolls zwar einigen Anhalt; im Ganzen aber mußte das Gerüst des Ablösungsvertrags doch nach erst zu formulirenden Gesetzen errichtet werden. Trotz dieser Schwierigkeiten durchlief der Vertragsentwurf in der Zeit vom September 1866 bis zum 7. Januar 1867 alle Stadien der Vorbereitung, der Abfassung und der Prüfung durch die letzten Instanzen. Am genannten Tage trug Stephan nach vorhergegangener Vertretung des Entwurfs vor dem damaligen Chef der preußischen Post, Handelsminister Grafen Itzenplitz, und dem Minister-Präsidenten, Grafen Bismarck, die ganze Angelegenheit in der Sitzung des Staatsministeriums vor. Der Vertrag wurde genehmigt; nur verlangte der Finanzminister eine Herabsetzung der Abfindungssumme, in die der Fürst von Thurn und Taxis im Verfolg weiterer Verhandlungen willigte. Am 28. Januar 1867 wurde der Ablösungsvertrag abgeschlossen: vom 1. Juli 1867 ab sollten die Taxisschen Postgerechtsame und Einrichtungen gegen eine Entschädigung von 3 Millionen Thaler an Preußen übergehen. Am 29. Januar erging die königliche Ermächtigung zur Vorlegung eines dahin zielenden Gesetzentwurfs an den Landtag; ohne Debatte wurde dieser Entwurf im Abgeordnetenhause am 2., im Herrenhause am 5. Februar einstimmig genehmigt. Am 30. Juni nahm der Taxissche Bevollmächtigte die Abfindungssumme bei der General-Staatskasse in Berlin in Empfang. An demselben Tage Schlag zwölf Uhr Nachts wurde bei sämmtlichen bisher Taxisschen Postanstalten Kassensturz gemacht und der Uebergang an Preußen vollzogen. So endete die Thurn und Taxissche Lehnspost nach dreieinhalbhundertjährigem Bestehen.

Diesem Abschlusse hatte natürlich die Verständigung mit den Regierungen der früher genannten betheiligten deutschen Staaten vorhergehen müssen. Dem Geheimen Postrath Stephan war es gelungen, die erforderlichen Verträge rechtzeitig abzuschließen, sodaß diese ganze Ueberleitung der Taxisschen in die preußische Post als sein persönliches Werk anzusprechen ist.

Mit der Erledigung der Ablösung war aber das Werk noch nicht vollendet: die Lehnspost mußte die Verfassung und die Formen der preußischen Staatspost annehmen. Zu diesem Zweck wurden an Stelle der aufzulösenden fürstlichen Generaldirektion in Frankfurt a. M. Ober-Postdirektionen in genannter Stadt, in Darmstadt und Cassel errichtet, die thüringischen Staaten dem Bezirk Erfurt, die lippischen Fürstenthümer dem Bezirk Minden und die hohenzollernschen Lande vorläufig dem Bezirk Frankfurt zugetheilt, sowie die Taxisschen Postämter in Hamburg, Bremen und Lübeck mit den dortigen preußischen Postämtern vereinigt. Für das Kassen- und Rechnungswesen waren die preußischen, bedeutend einfacheren Formen gegeben, in die sich die betheiligten Beamten leicht einarbeiteten. Das übernommene Personal (3100 Köpfe) wurde in die preußischen Dienstalters-, Rang- und Besoldungsstufen derart eingereiht, daß die Verhältnisse jedes Einzelnen thunlichst berücksichtigt wurden. So hatten fast Alle von der Uebernahme in die preußische Beamtenschaft Vortheile; gewährt doch schon die Zugehörigkeit zu einem größeren Verwaltungskörper die Sicherheit schnelleren Aufrückens in höhere Stellung und höheren Gehalt. Die Zahl der übernommenen Postanstalten betrug 502, das ganze Taxissche Postgebiet umfaßte 658 Quadratmeilen (37012 Quadratkilometer) mit 3 400 000 Einwohnern.

Am 1. Juli 1867 trat der Norddeutsche Bund ins Leben. Nach Artikel 48 der Bundesverfassung sollten das Post- und das Telegraphenwesen im ganzen Gebiet des Bundes als einheitliche Verkehrsanstalten verwaltet werden. Oberster Chef der Post und Telegraphie war nach der Verfassung der Bundeskanzler, Graf Bismarck. Das preußische General-Postamt, umgewandelt in das General-Postamt des Norddeutschen Bundes, wurde als eine Abtheilung des Reichskanzler-Amts eingerichtet, an dessen Spitze der Staatsminister Dr. Delbrück stand. Der Einwirkung dieses ausgezeichneten Mannes ist in erster Linie das schnelle Zustandekommen des Gesetzes über das Postwesen des Norddeutschen Bundes vom 2. November 1867 nebst der Postordnung, des Gesetzes über das Posttaxwesen vom 4. November 1867 und des Portofreiheitgesetzes vom 5. Juni 1869 zu danken.

Das erste Gesetz, das in der bewährten preußischen Postgesetzgebung wurzelte, schuf unter Anpassung an die veränderten Verhältnisse einheitliche Vorschriften über die Rechte und Pflichten der Postanstalt, über die Begrenzung ihrer civilen Haftpflicht, sowie über das Poststrafrecht.

Durch das Posttaxgesetz wurden für das gesammte Bundesgebiet das einheitliche Briefporto von 1 Sgr. (3 Kreuzer) für den einfachen frankirten Brief, sowie ein einheitlicher Tarif für den Packet- und Geldverkehr und für den Zeitungsvertrieb vom 1. Januar 1868 ab eingeführt: damit waren die Verschiedenheiten, die im Posttarif innerhalb der einzelnen deutschen Staaten, selbst der kleineren, noch überall bestanden hatten, mit einem Schlage beseitigt.

Das Einheitsbriefporto war übrigens die erste Brücke, die von Norddeutschland aus über den Main geschlagen wurde. Das ging folgendermaßen zu: Im Großherzogthum Hessen war das Postwesen in Taxisschen Händen gewesen und durch Vertrag vom 1. Juli 1867 wie überall sonst auf Preußen übergegangen. Zum Norddeutschen Bunde gehörte aber nur der rechts vom Main gelegene Theil von Hessen, während das Gebiet links vom Main*) zwar politisch außerhalb des Bundes blieb, postalisch aber mit diesem vom 1. Januar 1868 ab unter gemeinsamer Verwaltung stand. Demgemäß nahm das links vom Main gelegene Hessen auch an der Wohlthat des zu dem genannten Zeitpunkt im norddeutschen Postgebiet eingeführten Groschenportos Theil.

Das Portofreiheitsgesetz sollte einem Unwesen ein Ende machen, das im Laufe der Jahre innerhalb der früheren Einzel-Postver

---

*) Dieses Gebiet wurde auf Grund der Vereinbarung vom 15. November 1870 mit dem norddeutschen Postwesen vom 1. Januar 1871 ab vereinigt.

waltungen eingerissen war. Die bestehenden Gebührenfreiheiten verursachten dem Postwesen des Norddeutschen Bundes einen Einnahmeausfall von jährlich etwa 7³/₄ Millionen Mark und bildeten eine nie versiegende Quelle von Beschwerden, Berufungen und Anträgen auf weitere Ausdehnung. Durch das Gesetz wurden die Portobefreiungen sehr eingeschränkt, sodaß jährlich etwa 6 Millionen Mark mehr einkamen. In der Folge machten die Regierungen der deutschen Staaten umfassenden Gebrauch von dem Aversionirungsverfahren.

Die zugleich mit der Einbringung des Posttaxgesetzes mit Bayern, Württemberg und Baden, Oesterreich-Ungarn und Luxemburg eröffneten Verhandlungen führten am 23. November 1867 in Berlin zum Abschluß von Postverträgen, in Folge deren für den ganzen Umfang der genannten Gebiete vom 1. Januar ab die Postverkehrsbeziehungen einheitlich und entsprechend der neuen Lage der Dinge geregelt wurden. Das Einheitsporto von 1 Sgr. (3 Kreuzer) wurde auch hier eingeführt; der Fahrposttarif des inneren norddeutschen Postverkehrs trat für das ganze Gebiet in Geltung, ebenso das Postanweisungsverfahren (zunächst noch unter Ausschluß von Oesterreich).

Im Anschluß hieran kamen noch zwischen dem Norddeutschen Bunde und den im Folgenden genannten Ländern Postverträge zu Stande: 1868 mit Norwegen am 17. Februar, mit der Schweiz am 11. April, mit Belgien am 29. Mai, mit Rumänien am 5. August, mit den Niederlanden am 1. September, mit Dänemark am 7. September und mit Italien am 10. November; 1869 mit Schweden am 24. Februar und 1870 mit Großbritannien am 15. April. Alle diese Verträge wurden von dem Geheimen Ober-Postrath Stephan, der damals die Geschäfte der Auslands-Abtheilung im General-Postamt leitete, entworfen, den auswärtigen Bevollmächtigten gegenüber vertreten, mit ihnen verhandelt und meist auch abgeschlossen. Sie entsprachen nach Geist und Fassung den Verträgen, die in den Jahren 1863 und 1864 zwischen Preußen einerseits und Belgien, den Niederlanden, Spanien und Portugal ebenfalls nach den Entwürfen Stephans und unter seiner persönlichen Mitwirkung zu Stande gekommen waren. Ihre materiellen Bestimmungen schufen im Wesentlichen Erleichterungen des Verkehrs (Ermäßigung des Briefportos, Ausdehnung des Postanweisungsverfahrens) und Verbesserungen der Postverbindungen, sowie Vereinfachungen im Betriebsdienst und im Abrechnungsverfahren. Auf ihren Geist und ihre weiterreichende Bedeutung für allgemeine Gestaltungen im internationalen Postverkehr einzugehen wird später Gelegenheit sein.

Auf dem Gebiete der inneren Verwaltung wurde vom General-Postamt aus gleichzeitig die durch die Verfassung gebotene Verschmelzung des preußischen, sächsischen, mecklenburgischen, oldenburgischen, braunschweigischen, bremischen, hamburgischen und lübeckischen Postwesens zu einer Verwaltungs- und Betriebs-Einheit eifrig gefördert. Da um diese Zeit die Arbeiten noch nicht abgeschlossen waren, die durch das völlige Aufgehen des hannoverschen, schleswig-holsteinischen und thurn- und taxisschen Postwesens in der preußischen Postverwaltung verursacht wurden, da ferner die Lage der Dinge große Ansprüche an die Wirksamkeit auf gesetzgeberischem, wie auf internationalem Gebiete stellte, so wird man sich ein Bild machen können von der Gährung, die damals in der Verwaltung herrschte.

Von Neuerungen, die in diese Zeit fallen, sind zu nennen: das Reglement über die Annahmebedingungen für Postbeamte vom 15. Februar 1868, Vorschriften zur Vereinfachung des Fahrpost-Kartirungswesens, Feststellung der Annahmebefugnisse für Landbriefträger vom 1. Oktober 1869, Wegfall der Einzeleintragungen der gewöhnlichen Packetsendungen in die Karten und Aufhebung der Kartirungsbezirke vom 1. April 1870.

Im April 1870 reichte der General-Postdirektor v. Philipsborn seinen Abschied ein; am 26. desselben Monats erfolgte auf den Vorschlag des Grafen Bismarck die Ernennung seines Nachfolgers, des Geheimen Ober-Postraths Heinrich Stephan, diesem selbst ganz unerwartet. Unter den vortragenden Räthen des General-Postamts dem Dienstalter nach der fünfte, in einem Lebensalter, in dem der preußische Beamte gemeiniglich sich eben erst anschickt, die höheren Sprossen der hierarchischen Leiter zu erklimmen, hatte sich der neue General=Postdirektor, ohne den Vortheil hoher Geburt, ohne fördernde Familien = Verbindungen, lediglich aus eigener Kraft auf die höchste Stufe der von ihm erwählten Laufbahn, buchstäblich „emporgearbeitet".

Der Bericht des Grafen Bismarck an den Kaiser, worin die Ernennung Stephans zum General=Postdirektor des Norddeutschen Bundes beantragt wurde, schloß mit den Worten: „Mit einer nicht gewöhnlichen Bildung, die er (Stephan) sich während seiner Lauf=bahn im Postdienste selbst angeeignet hat, und mit einer vollständigen Kenntniß der einzelnen Zweige der Postverwaltung verbindet er die geistige Frische, die für den Leiter einer mitten in der Ent=wickelung des Verkehrslebens stehenden Verwaltung unentbehrlich ist, und die persönliche Gewandtheit, deren der General=Postdirektor des Bundes für die Beziehungen zu den Behörden der einzelnen Bundesstaaten bedarf."

Stephan an der Spitze der Norddeutschen Bundespost.

In der kurzen Ansprache, die der neue General-Postdirektor am 1. Mai 1870 an die Beamten richtete, hieß es zum Schluß:

„Indem ich beim heutigen Antritt dieser Stellung die Herren Beamten der Bundes-Postverwaltung hiermit vertrauensvoll begrüße, darf ich die zuversichtliche Hoffnung hegen, daß bei Bewahrung des Geistes und der Gesinnungen, die das unschätzbare Erbe und den geschichtlich beurkundeten Ruhm des Beamtenstandes deutscher Nation bilden, es unseren vereinten, vom Niemen bis zum Neckar und vom Belt bis zur Donau um das Banner des Ehrbegriffs und der Pflichttreue geschaarten Anstrengungen gelingen wird, die Schwierigkeiten der herantretenden Aufgaben in gegenseitigem Vertrauen zu lösen."

Klingt es hieraus nicht wie eine Vorahnung von den gewaltigen Aufgaben, die binnen Kurzem der Nation als Ganzem und der deutschen Post im Besonderen zufallen sollten?

Das Gesammtgebiet der norddeutschen Post war im Anfange des Jahres 1870 7539 Quadratmeilen (424 068,75 Quadratkilometer) groß und zählte 30 476 036 Einwohner. Die Zahl der Postanstalten betrug 4520. In finanzieller Beziehung hatte das Jahr 1867 einen reinen Ueberschuß von 779 377 Thalern, 1868 einen Fehlbetrag von 138 617 Thalern und 1869 wieder einen Ueberschuß von 256 395 Thalern ergeben.

Nach wie vor mußte die Hauptsorge darauf gerichtet bleiben, in dem aus acht verschiedenen Landespostbezirken zusammengeschweißten

2

Bundespostwesen einen einheitlichen Dienstbetrieb einzuführen; eine weitere Sorge war die Hebung der etwas gedrückten Finanzlage.

Vorerst aber setzte Stephan einen seiner Lieblingsgedanken in die That um: am 6. Juni 1870 erschien die Verordnung des Bundeskanzlers wegen der Einführung von Korrespondenzkarten im norddeutschen Postgebiete.

Schon im Oktober 1865 hatte Stephan als Geheimer Postrath dem preußischen General-Postamte eine Denkschrift vorgelegt, in der die Einführung eines Postblattes vorgeschlagen wurde. In der Begründung heißt es, daß die fortschreitende Zeit eine Vereinfachung des schriftlichen Verkehrs fordere, da die Briefform nicht die genügende Einfachheit und Kürze gewähre, „die Einfachheit nicht, weil Auswahl und Falten des Briefbogens, Anwendung des Umschlags, des Verschlusses, Aufkleben der Marke u. s. w., Umständlichkeiten verursachen; und die Kürze nicht, weil, wenn einmal ein förmlicher Brief geschrieben wird, Sitte und Herkommen es erheischten, sich nicht auf die nackte Mittheilung zu beschränken". In großen Zügen waren dann die Gedanken über Form und Behandlung entwickelt, aus denen hervorgeht, daß das „Postblatt" mit eingeprägtem Werthstempel und niedrigem Porto ohne Unterschied der Entfernung die heutige Postkarte ist, die sich seit ihrer Einführung die ganze Welt erobert hat. Leider drang der Vorschlag nicht durch; auch die fünfte deutsche Postkonferenz in Karlsruhe (Ende 1865), der die Denkschrift von ihrem Urheber unterbreitet wurde, konnte sich nicht dafür erwärmen. Nur einer der Theilnehmer, der österreichische Bevollmächtigte, Sektionsrath Freiherr v. Kolbensteiner, nachmals General-Post- und Telegraphendirektor, erfaßte die Bedeutung der Idee, die denn auch am 1. Oktober 1869 für die österreichisch-ungarische Monarchie verwirklicht wurde. Die neuen „Korrespondenz-Karten" entsprachen völlig dem von ihrem geistigen Urheber in der 1865er Denkschrift niedergelegten Vorschlage.

Die ersten „Korrespondenzkarten", oder wie sie vom März 1872 ab hießen, „Postkarten" wurden am 25. Juni 1870 in Berlin ausgegeben. Mag auch der Reiz der Neuheit dazu beigetragen haben, daß an diesem ersten Tage allein in Berlin 45 468 Stück abgesetzt wurden — jedenfalls ist ihre Einführung einem vorhandenen und von Stephan zuerst erkannten lebhaften Bedürfniß des korrespondirenden Publikums entgegengekommen.

Etwas vorgreifend darf hier erwähnt werden, daß nach Ausbruch des Krieges die Postverwaltung Feldpostkarten herstellen ließ, von denen bis Ende Dezember 1870 rund 10 Millionen zwischen der Heimat und dem in Frankreich weilenden Volke in Waffen ausgetauscht wurden.

Von den großen Reformplänen Stephans wurde in den ersten Monaten nach dem Antritt seiner neuen Stellung nur noch der aufgerollt, der die Neuordnung des Beamtenwesens zum Gegenstand hatte. Wir werden ihn später im Zusammenhang mit der Schilderung seiner Ausführung eingehend besprechen. Ueber die Vorarbeiten zur Verwirklichung dieses Planes wurde der praktische Dienst nicht vernachlässigt: mit ein paar herzhaften Schnitten beseitigte Stephan den Schreibzopf bei den Postanstalten und eine Masse überflüssigen, lästigen Formenkrams. Zugleich war er bestrebt, im Interesse des korrespondirenden Publikums die Verkehrsverhältnisse einer freieren Entwickelung entgegenzuführen und neue Formen zu schaffen für die Beziehungen nicht nur der Angehörigen des Heimatlandes, sondern der gesammten Menschheit. Da, in die Vorbereitung für die Werke des Friedens fuhr der Blitz der französischen Kriegserklärung und stellte die Postverwaltung vor Aufgaben von bisher ungekanntem Umfange. Von dem 42 269 Köpfe zählenden Personale wurden 4000 Mann zu den Fahnen einberufen, 726 Mann waren für die Feldpost abzugeben, aber trotzdem wurde das Ziel: dem gewöhnlichen Postverkehr des Landes keine der im Frieden bestehenden Verbindungen zu entziehen, keine Postanstalt zu schließen und selbst Betriebsbeschränkungen zu vermeiden, unverrückbar im Auge behalten.

Am 15. Juli 1870, dem Tage der französischen Kriegserklärung, erging der Befehl zur Mobilmachung des norddeutschen Bundesheeres, der zugleich die Mobilmachung der Feldpost anordnete.

Die Feldpost hat keine Friedensformation zur Unterlage; ihre Errichtung muß aus dem sonst nur friedlichen Zwecken dienenden Gesammt-Organismus der Postverwaltung erfolgen. Aber selbstverständlich ist Alles im Frieden sorgsam vorbereitet, das Personal bestimmt, das Material fertig für sofortige Verwendung. Die Mobilmachung der Feldpost, die planmäßig in 14 Tagen erfolgen sollte, wurde in 9 Tagen beendet: am 24. Juli standen an den verschiedenen Mobilmachungsorten zusammen 60 Feldpostanstalten mit 270 Beamten, 180 Unterbeamten, 268 Postillonen, 795 Pferden und 172 Fahrzeugen zum Abmarsch bereit.

Den Grundstock für die Feldpost bilden feststehende Etappen-Postdirektionen, von denen für jede Armee je eine in der Nähe der Grenze eingerichtet wird. Diese Etappen-Direktionen sorgen für die Verbindung mit der in Feindesland eindringenden Truppe, indem sie, gestützt auf die militärischen Etappen-Einrichtungen, den Etappenstraßen entlang Feldpost-Relais anlegen, durch die den mobilen, mit der Truppe marschirenden Feldpostanstalten die Posttransporte zugeführt werden. Die mobilen Postanstalten sondern die eingehende Korrespondenz nach Bataillonen, Kompagnien, Schwadronen, Batterien u. s. w. und stellen sie zur Abholung durch Ordonnanzen bereit. Auf umgekehrtem Wege wird die Korrespondenz aus dem Felde nach der Heimat geleitet.

Der strategische Aufmarsch des aus drei Armeen bestehenden deutschen Heeres vollzog sich in den letzten Juli- und ersten August-Tagen. Die Gefechte von Weißenburg und Spicheren nöthigten die Franzosen zum Rückzuge, und am 8. August befand sich der größte Theil der drei deutschen Armeen schon auf feindlichem Boden.

Die drei Etappen-Postdirektionen, denen die Herstellung der Postverbindungen zwischen den Armeen und der Heimat oblag, standen seit dem 24. Juli in Berlin fertig ausgerüstet zum Abmarsch bereit. Aber der Befehl ihrer militärischen Vorgesetzten hielt sie in Berlin zurück, da die Eisenbahnen durch die Transporte von Truppen und Kriegsmaterial vollauf in Anspruch genommen waren. Endlich, am 4. August, rückten sie an die Grenze ab und trafen, die Etappen-Direktion der dritten Armee am 7.,

die der zweiten am 9., die der ersten Armee gar erst am 10. August
an ihren Bestimmungsorten: Landau, Homburg und Saarlouis ein.

Dadurch, daß die Etappen-Postdirektionen, eines der wichtig=
sten Glieder in dem Organismus der feldpostalischen Betriebsein=
richtungen, gerade beim Beginn der Operationen noch nicht in die
Nähe des Kriegsschauplatzes hatten gelangen können, waren schon
Stockungen entstanden; noch schlimmer wurde es, als sie, an ihren
Bestimmungsorten eingetroffen, Das, was für ihr wirksames Ein=
greifen unentbehrlich war: Transportmittel, nicht zu erlangen ver=
mochten. Pferde und Fuhrwerke, die von den Etappen-Komman=
banturen zur Beförderung von Posten und reitenden Boten vor=
schriftsmäßig in Bereitschaft gehalten werden sollten, waren ent=
weder gar nicht vorhanden oder für andere militärische Zwecke in
Beschlag genommen worden.

Kaum war diese Sachlage in Berlin bekannt geworden, als
sich Stephan kurz entschloß, an Ort und Stelle persönlich den Be=
trieb der Feldpost in die den Verhältnissen entsprechende Verfassung
zu bringen. An der Grenze angekommen erkannte er sofort, daß
es hierfür nur ein Mittel gäbe und zögerte nicht, es zu ergreifen:
er ermächtigte durch Telegraph die Etappen-Postdirektionen, aus
den zunächst erreichbaren Ober-Postdirektions-Bezirken Transport=
mittel und Begleit-Personal nach Bedürfniß unbeschränkt heranzu=
ziehen.

Mit Hülfe des aus der Heimat nachgeschobenen Menschen= und
Transport=Materials gelang es den Etappen-Postdirektionen, um
die Mitte des August die Feldpostkurse etappenmäßig herzustellen
und den mit der Truppe marschirenden mobilen Feldpostanstalten
die Postsachen zuzuführen.

Freilich hatten die getroffenen Anordnungen nicht lange
Bestand, denn vom Oktober 1870 ab dehnte sich der Kriegsschau=
platz mächtig aus, neue Armee=Formationen wurden geschaffen
und auch die Feldpostanlagen mußten dementsprechend ausgebreitet
werden. Für das Hauptquartier des Königs wurde ein besonderer
Postkurs mit berittenen Postillonen eingerichtet, der von der Eisen=
bahnstation Remilly ausgehend und dem Vormarsche des großen

Hauptquartiers folgend, über Pont-à-Mousson, Bar-le-duc, Châlons-sur-Marne zunächst bis Meaux, dann Lagny (Ferrières) und vom 5. Oktober ab bis Versailles führte und so geregelt war, daß die Boten den Weg Remilly-Versailles, etwa 405 Kilometer, in 42 Stunden, und mit Hülfe der Eisenbahn Berlin-Remilly den Weg zwischen Berlin und Versailles, etwa 1200 Kilometer, in 68 Stunden zurücklegten.

Mit den nach Süden, Westen und Norden vordringenden Armeen marschirten die Feldposten, überall nach dem Einrücken ins Quartier oder ins Biwak ihre dienstliche Thätigkeit entfaltend. Von den Marschlinien aus knüpften sie ihre Verbindungen an, die jetzt fast durchweg gegebenen festen Punkten zulaufen konnten; der Heerespfad selbst bildete die letzte Etappenlinie, gekennzeichnet durch neu errichtete Poststationen; sobald ein Abschnitt des Landes besetzt war, erstanden in ihm alsbald bestimmte Postkurse mit festen Relais, um eine geregelte postalische Verbindung mit dem gesammten besetzten Gebiete und weiter mit dem Postnetz der Heimat herzustellen.

Außerdem wurde für die zeitweilige Verwaltung der Landesposten in den besetzten französischen Landestheilen am 24. August 1870 eine deutsche Post-Administration anfangs zu Nancy, später zu Reims eingerichtet.

Nachdem somit für eine auch den weitgehendsten Ansprüchen genügende Briefbeförderung gesorgt war, richtete die Postverwaltung vom 15. Oktober 1870 ab einen Postpacketverkehr für die Truppen ein und hielt ihn mit kurzen Unterbrechungen (wegen des heimatlichen Weihnachtverkehrs vom 9. Dezember 1870 bis 4. Januar 1871 und wegen Verkehrsstörungen vom 21. Februar bis 25. April 1871) bis zum Abmarsch der letzten deutschen Truppen aus Frankreich aufrecht. Die tägliche Durchschnittszahl der nach Frankreich gesandten Packete betrug i. J. 1870: 22 000, i. J. 1871 43 800 Stück, die meist durch Postfuhrwerk den Truppentheilen zugeführt werden mußten, da die nothdürftig wiederhergestellten Eisenbahnen fast ununterbrochen von Militär-Transporten in Anspruch genommen waren. Allein für den Packet-Transport in

Feindesland sind von der Postverwaltung für rund 1 Million Mark Pferde dahin nachgesandt worden.

Welchen Umfang der Feldpostdienst in Frankreich angenommen hatte, dafür mögen Zahlen sprechen. Um die Mitte des Februar 1871 waren für die 15 Armee-Korps und die sonstigen selbständig operirenden Truppenkörper 77 Feldpostanstalten und 136 Feldpostrelais in Thätigkeit, bei denen insgesammt 1826 Beamte und Unterbeamte verwendet wurden; die deutschen Postkurse waren 5100 Kilometer lang und erstreckten sich über einen Raum von 280000 Quadratkilometer: im Westen bis Tours, Le Mans und Alençon, im Norden bis Yvetot, Dieppe und Eu, im Süden bis Poligny.

Vom 16. Juli 1870 bis zum 31. März 1871 beförderte die Feldpost 89 659 000 Briefe und Postkarten sowie nahe an 2½ Million Zeitungen, ferner an 60 Millionen Thaler an baarem Gelde und beinahe 2 Millionen Packete.

Vergegenwärtigt man sich die großen Entfernungen, die Schwierigkeiten des Transports auf zerfahrenen, aufgeweichten oder verschneiten Wegen, über steile Gebirgspfade, durch unwirthliche Wälder, inmitten einer feindseligen Bevölkerung, so wird man diese Leistungen zu würdigen wissen.

In der Reichstagssitzung am 22. April 1871 gedachte der Abg. Bamberger der deutschen Feldpost und schloß mit den von lebhafter Zustimmung des Hauses begleiteten Worten: „Wenn irgend einer der Geschäftszweige, die sich in diesem Kriege mit Ruhm bedeckt haben — und das will viel heißen — unsere Anerkennung verdient, so ist es die Postbehörde, so ist es der Mann, der an der Spitze dieser Behörde steht, der Unerreichtes und vielleicht Unerreichbares geleistet hat in diesem Punkte. Man muß, wie ja viele meiner anwesenden Kollegen, in Frankreich gewesen sein, man muß, wie ich, eine Nacht in einem Feldpostbüreau zugebracht haben, wo kein Stuhl vorhanden war, kein Platz, wo ein Mann sich ausdehnen konnte, wo die Beamten stehend zwischen ihren Packeten die Nacht verbrachten, man muß es erlebt haben, wie jedes einzelne Packet, jeder Brief seinen Mann an drei, vier,

zehn verschiedenen Orten aufsuchte, man muß die Liebesgaben ge=
sehen haben, wie z. B. eine Mutter zehnmal hintereinander ihrem
Sohn, damit er keinen Hunger litte, Zwieback schickte mit Schinken=
stückchen dazwischen, und alles das in Form von Feldpostbriefen,
und daß die Post in ihrer unerschöpflichen Gutmüthigkeit dergleichen
Dinge, obwohl sie sie genau kannte, immer unbeanstandet durchließ:
ich sage, man muß diese und hundert andere Dinge kennen, um
erfüllt zu sein von Bewunderung und Dank gegen die Postbehörde
und mit dem vollsten Vertrauen, ihr die Weiterleitung dieser Dinge
in die Hand zu legen."

General=Postdirektor Stephan erwiderte hierauf: „Wenn ich
mir erlaube, auf die für die Verwaltung so hochehrenden Worte,
die ich soeben vernommen habe, Etwas zu erwidern, so geschieht
es nur deshalb, weil ich unmöglich auf mir selber diese Fülle des
Dankes sitzen lassen kann. Es haben daran vor allen Dingen
Theil das königl. Kriegsministerium und die Militärbehörden, so=
dann das königl. Handelsministerium und besonders die Eisenbahn=
Verwaltungen, ferner die Telegraphen=Verwaltung, insbesondere
aber auch die süddeutschen Postverwaltungen, die uns ihre Kräfte
mit zur Verfügung gestellt haben. Und endlich nehme ich den
Dank an für die große Zahl von Postbeamten, die, obwohl man
uns so viele Köpfe für den Militärdienst genommen, daß man
fast eine Infanterie=Brigade daraus hätte machen können, so daß
sich ihre Arbeiten verdoppelt haben, — doch herbeieilten, um der
Ehre theilhaftig zu werden, in dieser großen Sache dem Vaterlande
dienen zu können."

Als Gegenstück hierzu möge die französische Feldpost dienen,
die aus 74 Beamten bestand, aber zu einer Thätigkeit überhaupt
nicht gekommen zu sein scheint. Stephan erzählt in seinem Vor=
trag „Weltpost und Luftschifffahrt": Dort (auf der Straße von
Etain nach Sedan) erkundigte ich mich bald nach der Schlacht
(bei Sedan) im Gespräch mit gefangenen Franzosen, die das
Biwak in den Steinbrüchen von Etain angewiesen erhalten hatten,
nach ihrer Feldpost und erhielt zur Antwort, sie hätten seit ihrem
Abrücken aus der Heimat keinen Brief erhalten; dieser Mangel an

Nachrichten von den Ihrigen habe zu der Niedergeschlagenheit und Apathie nicht wenig beigetragen. Wie klang dagegen der Freuden= ruf unserer Bataillone, wenn die Feldpostwagen angerückt kamen. Pulver, Brot und Briefe waren die drei Hauptbedürfnisse.

Was den französischen Truppen während des Feldzugs von ihrer eigenen Feldpost versagt blieb, gewährte ihnen während ihrer Gefangenschaft die deutsche Post. Man gestattete ihnen einen regel= mäßigen täglichen Verkehr mit ihrer Heimat, und obgleich dieser bei der etwa bis Vierhunderttausend angewachsenen Zahl der Ge= fangenen und bei ihrem niedrigen Bildungsgrade, der sich in den meist schlecht geschriebenen und unorthographisch abgefaßten Adressen kund that, den deutschen Postanstalten eine unsäglich mühsame Arbeit verursachte, so unterzogen sie sich ihr dennoch willig und trugen so das Ihrige zur Erleichterung des Looses der Kriegsgefangenen bei. Viele Millionen von Briefen wurden zwischen den Gefangenen und ihren Angehörigen befördert; über 5 Millionen Franken, durch Post= anweisungen übermittelt, wurden an die Gefangenen ausgezahlt. Diese durch eine Staatsanstalt des Siegers den Gefangenen der unterlegenen Nation erwiesene, in der Geschichte der Kriege wohl ohne Beispiel dastehende Fürsorge ist von den Betheiligten zwar gern entgegengenommen worden; es ist ihrer indeß in den viel= fachen französischen Schilderungen über das Loos der Kriegsge= fangenen in Deutschland nirgends auch nur mit einem Worte Er= wähnung geschehen.

Stephan als Leiter der deutschen Reichspost- und Telegraphen-Verwaltung.

Behandlung der gemeinsamen Angelegenheiten.

Der denkwürdige 18. Januar des Jahres 1871 bot dem deutschen Volke als edelste Frucht der siegreich durchgefochtenen Kämpfe die Wiederherstellung des Deutschen Reichs.

In der Reichsverfassung waren im Wesentlichen die bewährten Festsetzungen der Verfassung des Norddeutschen Bundes wiedergegeben, mit den Abänderungen und Zusätzen, die sich aus dem Beitritt der süddeutschen Staaten ergaben. Die Artikel 48 bis 52 enthalten die Bestimmungen über das Post- und Telegraphenwesen des Reichs und über die auf diesem Gebiet vorbehaltenen Sonderrechte der Königreiche Bayern und Württemberg.

Die kaiserlich deutsche Reichspost war errichtet.

Ihre Leitung fiel verfassungsgemäß dem Reichskanzler als oberstem Chef zu; darin wurde nichts geändert. Auch blieb das General-Postamt zunächst eine Abtheilung des Reichskanzler-Amtes. Die Mitwirkung des Bundesraths und Reichstags bei der Postgesetzgebung, Etatsberathung, Rechnungsrevision u. s. w. blieb dieselbe wie unter der Verfassung des Norddeutschen Bundes.

Bevor an die einheitliche innere Organisation des Reichspostwesens in allen seinen Theilen gegangen werden konnte, wobei auch noch vieles aus den Umwälzungen des Jahres 1866 Hervorgegangene zum Abschluß zu bringen war, mußte die Verschmelzung des Postwesens von Elsaß-Lothringen mit der deutschen Reichspost erfolgen. Dies war in administrativer wie in technischer Beziehung keine leichte Aufgabe, weil die Verhältnisse dort ganz anders lagen als in den altdeutschen Landen. Die französische Verwaltung war, ganz entgegen den deutschen Verwaltungsgrundsätzen, auf der Grundlage einer strengen Zentralisation eingerichtet. Noch stärker abweichend war der technische Dienst gestaltet. Die französische Post befaßte sich fast durchgehends nur mit der Briefbeförderung. Eine Staats=Fahrpost war überhaupt nicht vorhanden, auch keine Personenbeförderung, ebensowenig ein Postzeitungsdienst. Das Verfahren der Postnachnahme, der Bestellung gegen Behändigungsschein war unbekannt, Postkarten waren nicht eingeführt. Der Eisenbahn=Postdienst entsprach den deutschen Anforderungen in keiner Weise.

Fast an allen Orten fehlte es an Raum, der z. B. für den Packetpostdienst in ziemlichem Umfange gebraucht wird; fast überall waren nur dürftige Räume vorhanden, die verschiedensten Betriebsstellen in einem Zimmer vereinigt. Postgebäude im Besitze der Verwaltung gab es auch in den größten Orten nicht: Alles war miethsweise untergebracht, zum größten Nachtheile namentlich auch für die Telegraphie und deren Leitungsführungen. Nicht minder mangelhaft nach Beschaffenheit und Zahl waren das stehende und rollende Betriebsmaterial, wie die Ausstattungsgegenstände. Personal war fast gar nicht vorhanden, da alle höheren und auch die Mehrzahl der Betriebs=Beamten es vorgezogen hatten, nach Frankreich zu gehen; nur die niederen Beamten in den kleineren Orten und die Unterbeamten waren zurückgeblieben. Eine Anzahl weiblicher Beamten — schon wegen der Schwierigkeit der Versetzungen nur beschränkt verwendbar — bildete auch eben keine Erleichterung für die Neugestaltung der Verhältnisse. Das Verkehrsnetz war mit der Zahl der Postanstalten und der Ausbreitung und Häufigkeit der Postverbindungen bei Weitem nicht auf der Höhe des deutschen Postwesens. Das Kassen= und Rechnungswesen war gut geordnet, aber seine Grundlagen wichen entsprechend dem französischen Zentralisationssystem von den unserigen völlig ab; daher war auch auf diesem Gebiete eine gänzliche Umgestaltung erforderlich.

Hieraus dürfte zur Genüge hervorgehen, welche Aufgaben zu lösen waren. Die Schwierigkeiten wurden unter den nach dem

Kriege obwaltenden Umständen noch dadurch vermehrt, daß die
deutsche Postverwaltung ihres Personals, an dem sie ohnehin durch
den Feldzug Einbußen erlitten hatte, auch noch zur Fertigstellung
der Organisationen in anderen Gebieten bedurfte, und daß einge-
borene Elsaß-Lothringer anfangs nicht in den Postdienst eintraten.
Auch bei den Korporationen wie bei den Privaten war anfangs
wenig Entgegenkommen, z. B. für die Beschaffung geeigneter Diensträume, zu finden. Dies änderte sich allerdings sofort, als man
die großen Vortheile erkannte, die durch die deutschen Posteinrichtungen für Handel und Verkehr herbeigeführt wurden. Sehr förderlich war der Postverwaltung demnächst auch die Mitwirkung der
elsaß-lothringischen Landesbehörden, insbesondere der Landes-Eisen-
bahnverwaltung, die hierbei von Anfang an eine große Thatkraft
entfaltete.

Schon als bald nach den Ereignissen von Sedan die Wiedervereinigung Elsaß-Lothringens mit dem alten Vaterlande beschlossen
worden war, hatte der Bundeskanzler bei dem Könige die Organisation des elsaß-lothringischen Postwesens auf deutscher Grundlage
beantragt. Am 12. September 1870 erging aus dem Hauptquartier Reims der Erlaß, daß für das Elsaß eine Ober-Postdirektion
mit dem Sitz in Straßburg, und für Lothringen eine solche mit
dem vorläufigen Sitz in Nancy, an dessen Stelle Metz nach der
Einnahme treten sollte, einzurichten und dem General-Postamt in
Berlin zu unterstellen seien. Beide Behörden wurden sofort orga-
nisirt und begannen ihre Wirksamkeit in Straßburg am 1., in
Nancy am 6. Oktober. Von Nancy siedelte die Ober-Postdirektion
am 31. Oktober, dem Tage nach dem Fall von Metz, dahin über.
Dem Mangel an Personal wurde dadurch einigermaßen abgeholfen, daß auch die Postverwaltungen von Bayern, Württemberg
und Baden geeignete Kräfte für den Dienst in Elsaß-Lothringen
abgaben.

Der Fortgang des Krieges verhinderte nicht, daß mit Nach-
druck an der endgiltigen Einführung der deutschen Posteinrichtungen
gearbeitet wurde, und wenn hierbei den Beamten außergewöhnliche
Anstrengungen zugemuthet werden mußten, so ließ doch die Freudig-

keit, mit der damals jeder Einzelne an die Arbeit ging, Alles leicht ertragen.

Als am 1. Januar 1872 in Folge der Abmachungen, die gelegentlich der in Versailles geführten Verhandlungen über die Reichsverfassung am 15. November 1870 getroffen worden waren, das Postwesen des Großherzogthums Baden mit der deutschen Reichspost verschmolzen wurde, waren in Elsaß-Lothringen schon so sichere Grundlagen vorhanden, daß der feste Verband ohne Schwierigkeit ausgeführt werden konnte. Auch für den Postverkehr mit der Schweiz und mit Frankreich waren geordnete Verhältnisse geschaffen worden, wobei namentlich die in Straßburg und in Metz errichteten beiden Bahnpostämter vorzügliche Dienste geleistet hatten. Andererseits waren die Landposteinrichtungen bis in die kleinsten Orte der Vogesen und Ardennen vorgeschoben worden.

Wie schon erwähnt, war noch, während das Postwesen in Elsaß-Lothringen sich in völliger Umbildung befand, die Verschmelzung der badischen Landes-Post mit der Reichspost vorzubereiten, um vertragsmäßig zum 1. Januar 1872 durchgeführt zu sein.

In Baden lagen die Verhältnisse wegen der Gleichartigkeit der Einrichtungen bei Weitem einfacher. Das Verkehrsnetz der Post und Telegraphie an Anstalten und Verbindungen war durch eine rührige Verwaltung selbst in den weniger zugänglichen Gebirgsbezirken bereits weit ausgebreitet. Eine Schwierigkeit lag hier nur in den Personal-Verhältnissen, da im Großherzogthum Baden Eisenbahn, Post und Telegraphie zu einer Verwaltung, an vielen Orten auch zu einem Betrieb vereinigt waren. Die Auslösung der beiden Glieder aus dem Körper, dem sie bisher angehört hatten, mußte gleich einer Operation mit großer Vorsicht ausgeführt werden. Glücklicherweise konnte man mit Ruhe arbeiten, da die Zeit nicht allzusehr drängte. Personalkräfte mußten allerdings auch bei dieser Gelegenheit wiederum aus den alten Reichs-Postbezirken nach Baden entsandt werden. An vielen Orten waren auch eigene Räume zu beschaffen, da der Post- und Telegraphen-

dienst bisher der Regel nach in denselben Räumen wie der Eisen=
bahndienst versehen worden war.

Am 1. Januar 1872 traten die kaiserlichen Ober=Postdirek=
tionen in Karlsruhe und Konstanz in Wirksamkeit; mit dem Be=
zirke Konstanz wurden die hohenzollernschen Lande vereinigt.

Das Gebiet der deutschen Reichspost war nun innerhalb seiner
Grenzen beisammen; es umfaßte 445 221 Quadratkilometer und
34 341 035 Einwohner.

Nachdem so der Reichs=Postverwaltung ihr Wirkungsbereich
und ihre Stellung in der Reichsverfassung angewiesen waren,
mußte auch die Post=Gesetzgebung den neuen Verhältnissen an=
gepaßt werden.

Die norddeutschen Postgesetze (vom 2. und 4. November 1867
und vom 5. Juni 1869) traten in Baden am 1. Januar 1872 in
Kraft, während ihre Einführung in Bayern und Württemberg der
Reichsgesetzgebung vorbehalten war. Am 28. Oktober 1871 kam
das Gesetz über das Postwesen des deutschen Reiches zu Stande.
Wenngleich es im Wesentlichen auf der Grundlage des Gesetzes
vom 2. November 1867 aufgebaut war, so gelangten in ihm die
Bestrebungen des neuen General=Postdirektors, den Verkehr zu
fördern und ihm eine freiere Entwickelung zu sichern, schon
deutlicher zum Ausdruck: das Postregal in Bezug auf die Per=
sonenbeförderung wurde gänzlich beseitigt, der Zeitungsvertrieb
erleichtert, die Bestimmungen über die Postgesetz=Uebertretungen
erfuhren Milderung und Vereinfachung, regelmäßige Privat=
Personenfuhrwerke wurden, wenn zu Postzwecken benutzt, vom
Chausseegeld befreit. Durch Gesetz vom 4. November 1871 ist
dieses Postgesetz auch in Elsaß=Lothringen eingeführt worden;
damit war Deutschland zum ersten Mal in den Besitz eines ein=
heitlichen kodifizirten Postrechts gelangt, das auf einfachen be=
währten Rechtsgrundsätzen beruht und der früheren Zerrissenheit
und Verwirrung auf diesem Gebiet ein Ende gemacht hat.

Zugleich mit dem Postrechte wurde auch das Posttaxwesen
durch das Gesetz vom 28. Oktober 1871 für das Gebiet des deut=
schen Reichs einheitlich geordnet und die nöthige Uebereinstimmung

der Gewichtsätze mit der am 1. Januar 1872 in Kraft tretenden Maß- und Gewichtsordnung herbeigeführt. Das Meistgewicht des einfachen Briefes wurde, in Uebereinstimmung mit den meisten Postverträgen, auf 15 Gramm festgesetzt, das Landbriefbestellgeld wurde aufgehoben. Die schon damals ins Auge gefaßte Vereinfachung und Ermäßigung der Taxen für den Geld- und Packetverkehr machte umfangreiche Ermittelungen nöthig, deren Ergebniß in dem Gesetz vom 17. Mai 1873, betreffend einige Abänderungen des Posttaxgesetzes, zum Ausdruck gelangt ist; das Gesetz trat am 1. Januar 1874 in Kraft. Von diesen beiden Gesetzen schreibt sich der beispiellose Aufschwung des Postverkehrs in Deutschland her; die Einheitlichkeit der Taxen ist als der Grundstein des prächtigen Palastes der Reichspost anzusehen, in den sich im Verlauf eines Menschenalters das zwar solide, aber beschränkte Haus der preußischen Post verwandelt hat. Hatte schon das Taxgesetz von 1867 besonders auf dem Gebiete des Geld- und Packetverkehrs einem geradezu als Verkehrshemmniß empfundenen Wirrsal von Taxen ein Ziel gesetzt, so vollendete das Gesetz von 1873 dies erlösende Werk in musterhafter Weise, indem es das noch heute giltige billige Einheitsporto von 25 und 50 Pfennig für Packete bis zum Gewicht von 5 kg einführte, den Tarif für schwerere Packete wesentlich vereinfachte, das Porto für Geldbriefe einheitlich erniedrigte und die Versicherungsgebühr ermäßigte.

Das Portofreiheitsgesetz endlich wurde in Baden, wie schon erwähnt, durch den Versailler Anschluß-Vertrag am 1. Januar, in Elsaß-Lothringen durch das Gesetz vom 1. März und für den Verkehr zwischen dem Reiche, Bayern und Württemberg durch das Reichsgesetz vom 29. Mai 1872 eingeführt. Seitdem genießen im Wesentlichen nur Reichsdienstangelegenheiten Portofreiheit. Volle Einheitlichkeit in Betreff des Portofreiheitswesens im ganzen Reiche wurde indessen erst vom 1. Januar 1876 ab erzielt, an welchem Tage dies Gesetz auch in Südhessen eingeführt worden ist.

Das neue Postreglement vom 30. November 1871, in Ausführung des Gesetzes über das Postwesen vom Reichskanzler erlassen, schuf Einheitlichkeit für das ganze Reichspostgebiet, besonders

in den Bestimmungen über den Postversendungs= und Personen=
beförderungsdienst. An seine Stelle trat in Folge der Verände=
rung des Münzsystems am 1. Januar 1875 die Postordnung vom
18. Dezember 1874, die wiederum neue Erleichterungen für den
Verkehr mit sich brachte, u. A. Erhöhung der Gewichtsgrenze
und Vereinfachung des Tarifs für Drucksachen und Waarenproben,
Erhöhung der Postanweisungsbeträge und Herabsetzung der Taxen,
desgleichen für den Postauftragsverkehr, Beseitigung der letzten
Verschiedenheiten der Stadtpost= und Bestellgebühren. Auch die
althergebrachte fünfmalige Siegelung der Werthbriefe fiel.

Hierbei zeigte sich an einem der Komik nicht fernliegenden
Beispiel, daß jede, auch die bestgemeinte Neuerung ihre Gegner
findet; baten doch damals die Siegellackfabrikanten alles Ernstes
um Wiedereinführung der fünf Siegel auf Werthbriefen, weil der
Wegfall von drei Siegeln ihr Gewerbe zu sehr schädige.

Die neuen Ausgaben der Postordnung vom 9. März 1879
und vom 11. Juni 1892 haben zahlreiche weitere Erleichterungen
und Vereinfachungen für den Verkehr gebracht, die bei den einzelnen
Betriebszweigen Erwähnung finden werden.

Eine wichtige Abänderung haben die drei Post=Grundgesetze
während ihres Bestehens nur insofern erfahren, als der §4 des Gesetzes
über das Postwesen durch das Eisenbahn=Postgesetz vom 20. Dezem=
ber 1875 ersetzt worden ist. Bis zum Erlaß jenes Gesetzes be=
ruhte die Regelung der Verhältnisse zwischen Post und Eisenbahn
im Wesentlichen auf dem preußischen Gesetz über die Eisenbahn=
unternehmungen vom 3. November 1838 und dem auf Grund
dieses Gesetzes eingeführten Reglement vom Jahre 1856. Es
leuchtet ein, daß die Bestimmungen des Gesetzes von 1838 für die
Sachlage nach 30 Jahren nicht mehr zutrafen. Insbesondere
galten sie eben nur für Preußen, nicht aber für die übrigen
Staaten, in denen zuerst die preußische Post, sodann die Bundes=
post thätig war. Der Versuch, mit einigen Aenderungen zunächst
für 8 Jahre vom 1. Januar 1868 ab das preußische Reglement
wenigstens auf alle Staatsbahnen im Bundesreich auszudehnen,
hatte kein befriedigendes Ergebniß geliefert; so nahm denn das

Reich die Angelegenheit in die Hand und gewährte den nach Zahl und Innigkeit stetig wachsenden gegenseitigen Beziehungen zwischen beiden Verkehrsanstalten die zu einem gedeihlichen Zusammenwirken unbedingt nöthige allgemeine Rechtsgrundlage. Danach mußten von da ab die Interessen der Post bei der Aufstellung der Fahrpläne berücksichtigt werden; es wurden die Leistungen und Gegenleistungen bei der Hergabe und Unterhaltung der Postbeförderungsmittel auf Eisenbahnen, sowie bei der Erbauung und Hergabe von Postdiensträumen auf Bahnhöfen festgelegt u. s. w. Das Gesetz trat am 1. Januar 1876 für das ganze Reich ohne Bayern und Württemberg in Kraft und gilt für alle Reichs-, Staats- und Privatbahnen, soweit bei diesen die Konzessionsurkunden Dem nicht entgegenstehen.

Es erscheint geboten, an dieser Stelle auch der Gesetzgebung in Bezug auf die Telegraphie Erwähnung zu thun, wenn wir auch die Vereinigung dieses Dienstzweiges mit der Post erst später eingehend zu behandeln haben. Die Telegraphie ist in Deutschland von jeher als ein Regal angesprochen worden, ohne daß man es für nöthig gehalten hätte, Dies durch einen gesetzgeberischen Akt auszudrücken. Von den Staaten des Norddeutschen Bundes hatte nur das Königreich Sachsen ein Telegraphengesetz; in Preußen und später im Bunde, wie im Reiche begnügte man sich mit einigen strafgesetzlichen Bestimmungen über den Schutz der Telegraphenanlagen, des Telegraphenverkehrs und des Telegrammgeheimnisses (Strafgesetzbuch §§ 317—320 und 355, sowie Novelle dazu vom 13. Mai 1891). Nur ein Bundesgesetz vom 16. Mai 1869 bezieht sich auf das Telegraphenwesen: es handelt von der Einführung von Telegraphenfreimarken. Im Uebrigen ist zwar in die Reichsverfassung die Bestimmung aufgenommen worden, daß das Recht der Gesetzgebung über das Telegraphenwesen dem Reiche zustehe, doch sind hiervon die Gegenstände ausgenommen, die nach den Grundsätzen der preußischen und norddeutschen Verwaltung durch reglementarische Festsetzung oder administrative Anordnung geregelt wurden. Hierzu gehörte das Tarif- und Gebühren- sowie das Gebührenfreiheitswesen und das

Verhältniß der Telegraphie zu den Eisenbahnen. Ueber die Tarif=
bildung wird später zu sprechen sein. Das Gebührenfreiheitswesen
wurde im Jahre 1877 durch eine kaiserliche Verordnung vom
2. Januar auf der bewährten Grundlage der Bestimmungen des
Portofreiheitsgesetzes geregelt. Für die Beziehungen zwischen Tele=
graphie und Eisenbahn erfolgte ein Gleiches durch das am 7. März
1876 vom Reichskanzler erlassene Reglement über die Benutzung
des Eisenbahn=Telegraphen.

Hier ist ferner zu gedenken des unter dem 21. November 1887
ergangenen Gesetzes zur Ausführung des internationalen Vertrages
zum Schutz der unterseeischen Telegraphenkabel. Der am 14. März
1884 in Paris abgeschlossene, am 1. Dezember 1886 ergänzte Ver=
trag trat am 1. Mai 1888 in Kraft.

Solange das Telegraphenregal widerspruchslos ausgeübt werden
konnte, lag kein Anlaß vor, es gesetzlich festzulegen. Nachdem aber
die Reichspostverwaltung auch das Fernsprechwesen als unter
den Begriff der Telegraphie fallend erklärt und als Monopol in
Anspruch genommen hatte, erhob sich hiergegen von verschiedenen
Seiten Widerspruch. In den hieraus entstandenen Rechtsstreiten
zeigten die Gerichte Neigung, entweder die Frage offen zu lassen,
oder sie zu Ungunsten des Reichs zu entscheiden, so daß es un=
abweisbar erschien, für einen so wichtigen Verkehrszweig zum
Nutzen der Allgemeinheit eine gesetzliche, unanfechtbare Grundlage
zu schaffen. So entstand das vielumstrittene „Gesetz über das
Telegraphenwesen des Deutschen Reiches" vom 6. April 1892.
Dies Gesetz hält im Wesentlichen den Rechtszustand fest, wie er
vorhanden war: der Umfang des Regals wird eingegrenzt, die
Vorrechte der Verwaltung hinsichtlich der Benutzung von öffentlichem
oder überhaupt fremdem Grund und Boden zur Herstellung von
Telegraphenanlagen werden bestätigt, gewisse rechtliche Beziehungen
zwischen Verwaltung und Privaten geordnet. Neu ist nur, daß
der Gesetzgebung ein gewisser Einfluß auf das Gebührenwesen ein=
geräumt wird, insofern als eine Erhöhung der jetzigen Tarife der
Genehmigung des Reichstags bedarf. Von besonderem Werth für
die Verwaltung ist der § 12, der die Frage entscheidet, wie es

wegen Tragung der Kosten für den Schutz der Reichs-Telegraphen-
anlagen gegen störende Beeinflussung durch andere elektrische
Anlagen zu halten sei.

Wir haben der Reichsgesetzgebung auf dem Gebiete der Post
und der Telegraphie hier ausführlich gedacht, weil sie vorbildlich
ist für das Streben nach Einheit, Einfachheit und Erleichterung
des Verkehrs, das seit dem Eintritt Stephans in sein hohes Amt
mit frischem Zug das Reichspostwesen durchweht. Das gleiche Streben erkennen wir in allen seinen Maßnahmen wieder. Freilich
sagt er selbst einmal: „Der einzelne Mensch für sich vermag wenig.
Ohne die Größe der Zeit hätte ich Das (was ich erreicht habe) nicht
erreichen können." Aber wenn auch in der Zeit vor 1870 „das
Streben nach Einheit in der Luft lag", so bleibt es doch Stephans
Verdienst, diese Bestrebungen auf das deutsche Postwesen übertragen und sich ihrer Allgemeinheit bedient zu haben, um die als
nöthig erkannten Neuerungen schnellstens und gründlich durchzuführen.

Zunächst galt es nun, die innere Organisation des Reichspostwesens einheitlich zu gestalten.

Im General-Postamt wurden 1872 in Folge der bedeutenden
Vermehrung der Dienstgeschäfte zwei Abtheilungen eingerichtet, die
„technische Abtheilung" und die „Abtheilung für das Etats- und
Kassenwesen". Als dann vom 1. Januar 1876 ab auf Stephans
Vorschlag das Reichs-Telegraphenwesen mit der Reichspost verschmolzen wurde, löste man das General-Postamt und die Generaldirektion der Telegraphen, die bisherigen Abtheilungen I und II des
Reichskanzleramts, von diesem los und schuf eine „oberste Post-
und Telegraphenbehörde" unter einem „General-Postmeister"
als Chef, die aus zwei Abtheilungen mit je einem Direktor an der
Spitze bestand, dem „General-Postamt" und dem „General-Tele-
graphenamt". 1880 erhielt dann diese oberste Behörde, um sie auch
in der Bezeichnung den übrigen obersten Reichsbehörden (Reichs-
ämtern) gleichzustellen, den Namen „Reichs-Postamt", dessen Chef
den Titel „Staatssekretär des Reichs-Postamts". Innerhalb des
Reichs-Postamts wurden drei Abtheilungen eingerichtet: für die

posttechnischen, für die telegraphentechnischen und für die gemein=
samen Angelegenheiten.

Die aus der preußischen Postverwaltung im Jahre 1866 in
die neue Ordnung der Dinge hinübergenommenen 26 Ober=Post=
direktionen wurden bis 1870 auf 31, nach der Erstehung des
Reichs auf 37 und nach der Vereinigung von Post und Tele=
graphie vom 1. Januar 1876 ab auf 40 vermehrt, wogegen die 12
bis dahin vorhandenen Telegraphendirektionen aufgehoben und mit
den Ober=Postdirektionen verschmolzen wurden.

An der Spitze jeder Ober=Postdirektion steht ein Ober=Post=
direktor, dem die erforderliche Zahl von Posträthen zur Seite ge=
stellt ist. Wo der Umfang der Geschäfte die Bildung von Ab=
theilungen erfordert, wird ein Ober=Postrath als Abtheilungs=
Vorstand angestellt.

Bei jeder Ober=Postdirektion befindet sich eine Ober=Postkasse,
die den Kassen= und Abrechnungsverkehr mit den Postanstalten
vermittelt. Die Ober=Postkasse in Berlin führt die Kassengeschäfte
der obersten Behörde und liefert die Ueberschüsse an die Reichs=
hauptkasse ab; sie heißt seit 1875 „General=Postkasse".

Die Befugnisse der Ober=Postdirektionen waren schon 1870
durch Uebertragung einer Anzahl von Geschäften, die bisher bei
dem General=Postamt besorgt wurden, ausgedehnt worden. Das
Gleiche fand nochmals statt 1871, namentlich in Betreff der Per=
sonalverhältnisse, sodaß schon damals die Grenzen der Zuständig=
keit dieser Behörden bedeutend weiter gesteckt waren, als es bei
den Provinzial=Postbehörden der übrigen europäischen Verwaltungen
der Fall war. Seitdem ist die oberste Behörde dauernd bestrebt
gewesen, durch Vergrößerung der Bewegungsfreiheit jener, soweit
der Dienst es irgend erlaubt, sich selbst die Möglichkeit schnellen
und von einheitlichen Gesichtspunkten ausgehenden Eingreifens in
das Räderwerk des Verkehrs zu sichern.

Zu einem derartigen Eingreifen boten sich dem neuen Chef
der Reichspost viele und wichtige Anlässe dar. Da war zunächst
die aus der preußischen in die Bundespost hinübergenommene Ein=
theilung der Ortspostanstalten und die Einrichtung ihres

Dienstbetriebes, die eine Aenderung im Sinne der Vereinfachung dringend erheischte. Diese Anstalten waren entweder Postämter 1. und 2. Klasse oder Postexpeditionen 1. und 2. Klasse, standen dienstlich einander gleich und rechneten unmittelbar mit der Bezirks= Ober=Postkasse ab. In Folge dessen war der ursprünglich ein= fachere Betrieb der kleineren Anstalten nach und nach dem der größeren Aemter ähnlich geworden, was natürlich die Betriebs= kosten erhöhte und die verfügbaren Mittel derart in Anspruch nahm, daß die wünschenswerthe Vermehrung der Postanstalten hintange= halten wurde. Die nöthige Abhülfe wurde damit eingeleitet, daß vom 1. Mai 1871 ab die Theilung der Postämter in solche 1. und 2. Klasse aufhörte, die Postexpeditionen 1. Klasse die Bezeichnung „Postverwaltungen" erhielten und die 2. Klasse „Postexpeditionen" schlechtweg genannt wurden. Je nach dem Umfang des bei den Anstalten herrschenden Verkehrs wurden die Einrichtungen des inneren Dienstes und der Kassenverwaltung verschiedenartig getroffen, überwiegend natürlich vereinfacht, und dadurch die Mittel gewonnen, neue Postanstalten in größerer Zahl ins Leben zu rufen.

Wesentlich trug hierzu auch die 1871 erfolgte Schaffung einer neuen Klasse von Postanstalten bei, der „Postagenturen", deren Leistungen und Befugnisse gegenüber dem Publikum die gleichen sind, wie die der Postexpeditionen, während ihr Geschäftsbetrieb wesent= lich einfacher ist; sie rechnen nicht mit der Ober=Postkasse ab, sondern mit einer benachbarten selbständigen Postanstalt, der sie zugetheilt sind, werden auch nicht von Berufs=Postbeamten, sondern gegen Entgelt von geeigneten Ortseinwohnern verwaltet und erfordern demgemäß geringere Betriebskosten, als die übrigen Anstalten. Außer diesem Vortheil bot diese neue Einrichtung der Verwaltung auch noch die Möglichkeit, solchen Orten, wo die Unterhaltung der von alter Zeit her bestehenden Postanstalten in Folge der Ablenkung des Verkehrs auf andere Wege sich nicht mehr lohnte, zwar die Wohlthat der Postanstalt, wenn auch in einfacherer und wohlfeilerer Form zu belassen, der Postkasse aber durch die Umwandlung der Postexpeditionen mit geringem Verkehr in Post= agenturen Geldmittel zu erhalten, die zur Vermehrung der An=

stalten verwendet werden konnten. Solcher Postagenturen wurden gleich im ersten Jahre ihres Bestehens 567, im zweiten gegen 900 eingerichtet.

Die Vereinigung der Post und der Telegraphie gab Anlaß zu anderweiter Bezeichnung der vereinigten Verkehrsanstalten, die vom 1. Januar 1876 ab in Postämter 1., 2. und 3. Klasse eingetheilt wurden. Wo der Telegraphendienst einen solchen Umfang hat, daß seine Unterbringung im Rahmen einer vereinigten Verkehrsanstalt nicht thunlich ist, sind besondere Telegraphenämter (zur Zeit 64) eingerichtet, die den Postämtern 1. Klasse im Range gleichstehen.

Eine weitere Neuerung sind die seit 1881 bestehenden „Post=hülfstellen", deren Betriebsverhältnisse ganz einfach und dem Post=verkehr auf dem platten Lande angepaßt sind. Sie sollen in erster Linie als Ergänzungsanlagen für den Landbestelldienst dienen und werden grundsätzlich von Ortseinwohnern ehrenamtlich ohne Entgelt verwaltet. Ihre Zahl belief sich gleich im ersten Jahre auf 1078. Ihr Nutzen ist von der Landbevölkerung schnell erkannt worden, und demgemäß ihre Benutzung außerordentlich gewachsen. Mit der Zunahme des Verkehrs auf dem platten Lande haben auch ihre Befugnisse erweitert werden müssen. Insbesondere ist dies geschehen durch ihre Vereinigung mit den 1883 in das Leben getre=tenen „Telegraphenhülfstellen". Diese Anstalten gelten dem Publi=kum gegenüber nicht als selbständige Telegraphenanstalten; sie sind vielmehr Zweigstellen im Bestellbezirk der betreffenden selbständigen Anstalt, dabei aber ohne Einschränkung befugt zur Annahme von Telegrammen und zur Bestellung der ihnen zu diesem Zweck über=wiesenen Sendungen in ihrem Bezirk. Gleich im ersten Jahr ihres Bestehens wurden 130 Telegraphenhülfstellen eingerichtet. Sie haben sich als eine werthvolle und anerkannte Ergänzung des Netzes der Telegraphenanlagen erwiesen und es ermöglicht, zahl=reiche Orte des platten Landes der Wohlthaten des Telegraphen theilhaftig werden zu lassen, die unter den früheren Verhältnissen weitab davon geblieben wären.

Daß die Bestrebungen Stephans, die Zugänglichkeit des Telegraphen zu fördern, eine garnicht hoch genug zu schätzende

Unterstützung in der gerade zu rechter Zeit in die Erscheinung tretenden Vereinfachung des Telegraphenverkehrs durch den Fernsprecher gefunden hat, sei schon hier erwähnt; wir werden später Anlaß finden, seine Verdienste um die Nutzbarmachung des neuen Apparates ausführlich zu würdigen. Dem Fernsprecher verdankt eine neue Gattung von Verkehrsanstalten ihre Entstehung, die im Range der Telegraphenämter stehenden „Fernsprechämter", denen der Betrieb des Fernsprechdienstes unter besonders großen Verhältnissen übertragen ist. Das erste derartige Amt war das 1886 von dem Haupt=Telegraphenamt abgetrennte Stadt=Fernsprechamt in Berlin. Zur Zeit bestehen deren 12.

Eine weitere Klasse von Betriebsanstalten, die „Eisenbahn=Postämter", haben ebenfalls, entsprechend der steigenden Benutzung der Eisenbahnen zur Postbeförderung, eine Erhöhung ihrer Bedeutung erfahren. Ihrer Einrichtung wurde allgemein das bewährte preußische Muster zu Grunde gelegt, wodurch ihre Beweglichkeit gesteigert und ihr Betrieb unter Verminderung des Kostenaufwands verbessert worden ist. In Betreff des letztgenannten Punktes verdient die Schaffung der Schaffnerbahnposten und die Uebertragung der Aufsicht über minder wichtige Bahnstrecken an geeignete Ortspostanstalten Erwähnung. Ihren Sitz erhielten die Bahnpostämter in großen Städten oder an sonstigen ihrer Lage nach wichtigen und dazu geeigneten Eisenbahnknotenpunkten; ihre Zahl beträgt gegenwärtig 33.

Nächst der Neuordnung der Verhältnisse bei den Betriebs=Postanstalten lag dem neuen General=Postdirektor die Regelung der Personalverhältnisse am Herzen. Unmittelbar nach dem Antritt seiner Stellung hatte er für die zweite Hälfte des Juli 1870 Konferenzen im General=Postamt anberaumt, an denen eine Anzahl von Ober=Postdirektoren theilnehmen sollte, um Mittel und Wege zu finden, für bestehende Mißstände Abhülfe zu schaffen. Solche Mißstände waren im Wesentlichen hervorgegangen aus der Verschiedenartigkeit des Personals, das in dem Rahmen der Bundespost auf der Grundlage der preußischen Einrichtungen vereinigt worden war, und aus der eingetretenen Verminderung des Geld=

wertheß, die den damaligen Besoldungsstand nicht mehr als aus=
reichend erscheinen ließ. Auch bei der Behandlung dieser Fragen
ist wieder deutlich das Streben Stephans nach Einheitlichkeit und
Vereinfachung ebenso wie nach Verbesserung des Looses der Be=
amten zu erkennen.

Die Konferenzen, die 1870 wegen der kriegerischen Ereignisse
vertagt werden mußten, fanden im Januar 1871 unter dem Vor=
sitz des General=Postdirektors statt und lieferten bezüglich der Per=
sonalfrage wichtige Ergebnisse: ein neues Reglement über die An=
nahme und Anstellung von Civil= und Militair=Anwärtern im Post=
dienste, sowie eine neue Instruktion über die Abnahme der Prüfungen
wurde entworfen, die Grundsätze für die Ueberleitung der vorhan=
denen Beamten in die neue Organisation, sowie für die Verein=
fachung des Titelwesens und die Verminderung der Beamten=
kategorien wurden festgestellt, und endlich die Vorschläge wegen Er=
höhung der Gehalte für mehrere Beamtenklassen ausgearbeitet.

Das neue Reglement vom 23. Mai 1871 beseitigte die bis
dahin bestehende Dreitheilung der in die Postlaufbahn Eintretenden
in Eleven, Postexpedienten=Anwärter und Postexpeditionsgehülfen
und setzte an ihre Stelle die Trennung der Laufbahn in eine
höhere und eine niedere, wie sie noch jetzt besteht: in jene treten
die jungen Leute nach Erwerbung des Reifezeugnisses auf einem
Gymnasium oder einer Realschule erster Ordnung als Eleven ein
und erlangen durch Ablegung zweier Prüfungen die Anwartschaft
auf sämmtliche Stellen in der Verwaltung; die Anwärter für die
niedere Laufbahn müssen vor der Annahme eine gute Elementar=
bildung nachweisen und erwerben durch Ablegung einer Prüfung
Aussicht auf Anstellung als Post= oder Büreau=Assistent oder als
Vorsteher eines Postamts 3. Klasse. Der Umstand, daß die Be=
stimmungen des Reglements seit 24 Jahren fast unverändert in
Uebung sind, spricht zur Genüge für ihren Werth. Es braucht
kaum gesagt zu werden, daß bei der Ueberleitung in die neue
Organisation gegenüber solchen Beamten, die anderweite Rechte
unter den früheren Verhältnissen erworben hatten, mit aller
Schonung und unter Vermeidung jeder Härte verfahren wurde.

Noch war die neue Ordnung der Dinge nicht bis zu Ende durchgeführt, da wurde die Reichspostverwaltung schon wieder genöthigt, eine große, aus wesentlich anderem Material bestehende und unter ganz abweichenden Vorbedingungen in ihre Laufbahn eingetretene Beamtenschaft in sich aufzunehmen.

Die Vereinigung des Post- und des Telegraphenwesens führte der vereinigten Verwaltung ein zum weit überwiegenden Theile aus Militairanwärtern hervorgegangenes Personal zu, das — wenn auch in seinem Fach gut ausgebildet — doch viel weniger beweglich war, schon wegen des weit höheren Durchschnittsalters in gewissen Klassen, als das Postpersonal. Naturgemäß fiel es jenem schwerer, sich die postalische Ausbildung anzueignen, als es diesem wurde, die nöthigen telegraphischen Kenntnisse und Fertigkeiten zu erwerben, und so erforderte der Verschmelzungsproceß in diesem Falle fast mehr Zeit, als da es sich um das Aufgehen der Landespostverwaltungen in der Bundespost handelte. Aber die Verschmelzung ist vollzogen worden, dank der in sich gefestigten Organisation der Post, in die das Telegraphenwesen sich einfügen konnte, dank der eisernen Konsequenz, mit der der gemeinsame Chef von Anfang an vorging, dank aber auch der humanen Art und Weise, mit der er soviel als thunlich auch hier Schonung und Milde gegenüber widerstrebenden Elementen walten ließ.

Das Endergebniß der Vereinigung waren Vortheile für die gesammte Beamtenschaft, wie sie jede Erweiterung des Bereichs einer Verwaltung naturgemäß mit sich bringt: Vermehrung der Stellen und damit Verbesserung der Aussichten auf Gehalts- und Rangerhöhung. Für eine Anzahl der übernommenen Telegraphenbeamten ergaben sich diese Vortheile unmittelbar, indem sie auf höhere Rang- und Gehaltsstufen gestellt wurden, z. B. für Telegraphendirektoren, die Ober-Postdirektoren wurden, für Vorsteher größerer Aemter, die zu Telegraphendirektoren mit dem Rang und Gehalt der Postdirektoren ernannt wurden, für Telegraphensekretäre, die in Obersekretärstellen einrückten, u. a. m.

Seit 1876 ist in stetiger Arbeit die Einheit in der Ausbildung und Verwendung der Beamten soweit durchgeführt worden, daß nur noch einzelne Dienststellen mit ganz besonderen Anforderungen einen Stamm eigenen Personals besitzen, z. B. die größten Telegraphen= und Stadtfernsprechämter. —

Wie schon erwähnt, waren in den Konferenzen von 1872 auch Vorschläge wegen Erhöhung der Gehalte für mehrere Beamtenklassen aufgestellt worden. Diese Vorschläge wurden vom Reichstag noch nachträglich für 1871 genehmigt, und die Gehalte schon für 1872 weiter erhöht.

Seitdem hat Stephan keine Gelegenheit vorübergehen lassen, die sich ihm bot, um die Vermögenslage der unter seiner Leitung stehenden Beamten zu verbessern, und wenn nicht alle Wünsche erfüllt werden konnten, selbst berechtigte nicht, so liegt die Schuld nicht an ihm. Bezeugt doch ein Bericht der Budgetkommission des Reichstags vom 21. März 1878 der von Stephan geleiteten Verwaltung, „sie sei mit großem Wohlwollen bemüht, die Lage ihrer Beamten zu verbessern, und wenn sie durch die allgemeine Finanzlage gehindert sei, dieses Wohlwollen in der von ihr selbst gewünschten Weise zu bethätigen, so liege der Grund in Verhältnissen, denen eine einzelne Verwaltung gegenüber der allgemeinen Verwaltung sich zu fügen gezwungen sei". Eine Vergleichung der Durchschnittsgehaltsätze für die einzelnen Beamtenkategorien aus dem Jahre 1870 und der Gegenwart ergiebt eine Erhöhung um 10 in gewissen oberen, bis 109 und 154 Prozent in gewissen unteren Klassen; im Ganzen sind die persönlichen Ausgaben um etwa 225 Prozent gestiegen, während das Personal sich nur um etwa 170 Prozent vermehrt hat.

Aber diese Zahlen allein geben noch kein Bild von der Verbesserung der wirthschaftlichen Lage des Beamtenthums der vereinigten Verwaltung. Da ist noch in Rechnung zu ziehen die Erhöhung von Tagegeldern und Umzugskosten, die Gewährung von Wohnungsgeldzuschüssen seit 1873, der Wegfall der Wittwen= und Waisengeld=Beiträge mit 3 Prozent vom Diensteinkommen seit 1888, die Gewährung von Kleiderkassenzuschüssen an die Unterbeamten, die günstigere Gestaltung der Bestimmungen über die kündbare und unkündbare Anstellung u. a. m.

Wird ferner das Ansehen eines Standes schon durch dessen finanzielle Hebung erhöht, so haben hierzu auch noch verschiedene Vergünstigungen beigetragen, die auf Stephans Antrag gewissen Kategorien verliehen worden sind: die Ertheilung des Ranges der Räthe IV. Klasse an die Posträthe 1871 und an eine Reihe von Vorstehern bedeutender Post- und Telegraphenämter seit 1884, sowie des Ranges der Räthe III. Klasse an die Ober-Postdirektoren 1882. Freilich, der größte Antheil an der Hebung des Ansehens der deutschen Post und Telegraphie und ihrer Beamten kommt ihm selbst zu, wie jeder Beamte bezeugen kann, der jemals seine Verwaltung im Ausland zu vertreten gehabt hat; von all den Ehrungen, die der Chef erfahren hat, und deren wir noch werden zu gedenken haben, fällt ein Abglanz auf die ganze Beamtenschaft, wie auf den Einzelnen. —

Entsprechend der großen Anzahl von Landesverwaltungen, die in dem Postwesen des Norddeutschen Bundes aufgegangen waren, herrschte in den Rechtsverhältnissen der Bundespost-Beamten eine bunte Mannigfaltigkeit, die für beide Theile, Beamte und Verwaltung, sich als hemmend und störend erwies. Nachdem man bereits 1868 vergeblich versucht hatte, hier durch die Gesetzgebung des Bundes im Sinne einer einheitlichen Regelung Wandel zu schaffen, gelang Dies doch erst durch das Gesetz vom 31. März 1873 über die Rechtsverhältnisse der Reichsbeamten, das außer den allgemeinen Bestimmungen über die ihnen aus ihrem Berufe erwachsenden Rechte und Pflichten zum ersten Mal auch über die Versetzung der Beamten in den Ruhestand und die ihnen hierbei zustehenden Ansprüche einheitliche Festsetzungen aufweist. Dabei ist zu beachten, daß nicht nur die Verhältnisse der Ruhegehaltsempfänger durchgehends verbessert worden sind, sondern auch ein Recht auf Ruhegehalt zahlreichen Beamten- und Unterbeamtenklassen verliehen worden ist, denen ein solches vorher nicht zustand.

Daß Nichts besser geeignet ist, das Gefühl der Zusammengehörigkeit bei den Angehörigen einer Gemeinschaft zu stärken, als gemeinsames Recht, braucht nicht besonders betont zu werden, und in der That würden sich wohl der Einordnung der Telegraphenbeamten in das Korps der Postbeamten weit mehr Schwierigkeiten entgegengestellt haben, als wirklich der Fall war, wenn nicht alle auf dem Boden des Reichsbeamtengesetzes gestanden hätten. Durch eine Reihe von kaiserlichen, auf Grund dieses Gesetzes erlassenen Verordnungen sind noch geregelt worden:

der Urlaub der Reichsbeamten und deren Stellvertretung (2. November 1874),

die Zuständigkeit der Reichsbehörden zur Ausführung des Gesetzes vom 31. März 1873 (23. November 1874),

die Tagegelder, die Fuhrkosten und die Umzugskosten der Reichsbeamten (21. Juni 1875),

die Tagegelder, Fuhr- und Umzugskosten von Beamten der Reichs-Eisenbahnverwaltung und der Postverwaltung (5. Juli 1875).

Dem Reichsbeamtengesetze folgten die Gesetze vom 20. April 1881 über die Fürsorge für die Wittwen und Waisen der Reichsbeamten der Civilverwaltung, vom 21. April 1886 über die Abänderung der beiden vorhergenannten Gesetze (Recht auf Ruhegehalt nach mindestens zehnjähriger Dienstzeit in einer etatsmäßigen Stelle), vom 15. März 1886 über die Fürsorge für Beamte und Personen des Soldatenstandes in Folge von Betriebsunfällen (Gewährung von $2/3$ des zuletzt bezogenen Gehalts als Ruhegehalt bei Dienstunfähigkeit in Folge eines Betriebsunfalls ohne Rücksicht auf die Dauer der Dienstzeit) und vom 5. März 1888 über den Erlaß der Wittwen- und Waisengeldbeiträge von Angehörigen der Reichscivilverwaltung.

Von diesen Gesetzen sind die beiden letztgenannten in erster Linie Stephan zu danken. Das Gesetz vom 20. April 1881 hat nicht weniger als neun Jahre zu seiner Fertigstellung erfordert, und in diesem Zeitraum hat Stephan nicht aufgehört, dem Gegenstande seine persönliche Fürsorge und Förderung zu widmen. 1872 forderte der Reichstag die Regierung zur Vorlegung eines Gesetzes über die Versorgung der Hinterbliebenen von Reichsbeamten auf; 1873 erging das Gesetz über die Rechtsverhältnisse dieser Beamten, das erst bestimmte, wer überhaupt Reichsbeamter sei; dann ermittelte das Reichskanzleramt, daß zur Versorgung von deren Hinterbliebenen etwa im gleichen Umfange, wie sie jetzt stattfindet, ein Betrag von jährlich über 11 Millionen Mark aufgewendet werden müsse. Ob diese Summe bei der inzwischen weniger günstig gewordenen finanziellen Lage des Reiches verfügbar gemacht werden konnte, erschien recht zweifelhaft.

Darüber war viel kostbare Zeit vergangen, als Stephan, der inzwischen als General-Postmeister Chef der an Personal reichsten Reichsbehörde geworden war, im Juli 1876 die Angelegenheit zum Besten seiner 60 000 Untergebenen wieder aufnahm und dem Reichskanzleramt eine Denkschrift vorlegte, worin er ausführte: wenn Regierung und Reichstag darüber einig seien, daß in der Sache Etwas geschehen müsse, und man sich anscheinend nur an dem Kostenpunkt stoße, so schlage er auf Grund der innerhalb der Postverwaltung hierüber vorliegenden Erfahrungen vor, zur Erreichung des angestrebten Zieles den Beamten die Versorgung ihrer Familien im Wege der Lebensversicherung durch Gewährung eines Zuschusses von 50 % der Prämien zu erleichtern und die Erziehungsgelder für die Waisen voll auf die Reichskasse zu übernehmen. Dem wurde entgegengehalten, daß die Regierung eine Gewähr für die Solidität der Versicherungsanstalten nicht übernehmen könnte. In der Folge arbeitete das Reichskanzleramt einen Gesetzentwurf aus, in dem die Versorgung der Wittwen fast genau auf der Grundlage des Statuts der preußischen Wittwenkasse, eine Fürsorge für die Waisen aber garnicht vorgesehen war. Diesem Entwurf gegenüber verhielt sich Stephan ablehnend und legte 1879 einen anderen Entwurf vor, worin er einen Beitrag der Beamten im Dienste von 2 % des Diensteinkommens, im Ruhestand von 1 % des Ruhegehalts vorsah.

Nach nochmaligen langwierigen Verhandlungen, in deren Verlauf die Angehörigen der Armee und Marine aus diesem Entwurf ausschieden, und nachdem Stephan 1880 nochmals dem Reichskanzler unmittelbar eine Denkschrift über die Uebelstände vorgelegt hatte, die sich aus dem Mangel gesetzlicher Fürsorge für die Hinterbliebenen besonders innerhalb seines Geschäftsbereichs ergäben, gelangte dieser Gesetzentwurf, freilich unter Erhöhung des Beitrags der Beamten auf 3 %, an den Reichstag und dort zur

Annahme. In der Folge war dann der Wegfall dieses Beitrags der Beamten wieder der Anregung und der Beharrlichkeit Stephans zu danken.

Es bedarf kaum der Erwähnung, daß diese vielseitige Fürsorge der Verwaltung, indem sie die Beamten mancher drückenden Sorge für die eigene und ihrer Familie Zukunft enthebt und ihnen dadurch eine materiell bessere Lebensführung ermöglicht, mittelbar dem Dienst zu Gute kommt. Dies gilt wesentlich auch von der Ausdehnung dieser Fürsorge auf die Gesundheit des Personals, die sich die Postverwaltung schon lange, bevor die Reichsgesetzgebung sich damit beschäftigte, hat angelegen sein lassen. Bereits im Jahre 1874 ist sie dazu übergegangen, in den größeren Städten eigene Vertrauensärzte anzunehmen, denen es oblag, den Zustand der Diensträume in gesundheitlicher Hinsicht zu überwachen, die Bewerber um Zulassung zum Postdienst auf ihre körperliche Tüchtigkeit zu untersuchen, auf Verlangen der Behörde den Gesundheitszustand krank gemeldeter, um Urlaub oder Versetzung in den Ruhestand nachsuchender Beamten zu prüfen, und mittellose (seit 1879 sämmtliche) Unterbeamten in Krankheitsfällen auf Anordnung der Behörde unentgeltlich zu behandeln. Die erwarteten guten Folgen dieses Vorgehens sind nicht ausgeblieben.

Ein Gleiches gilt von der im Jahre 1873 getroffenen Einrichtung, wonach den Beamten alljährlich ein Erholungsurlaub von 2 bis 3 Wochen Dauer unter gegenseitiger Vertretung oder auch, wenn es sich um alleinstehende Beamte handelt, unter Stellung eines Vertreters auf Kosten der Postkasse gewährt wird. Dieser Urlaub hat nicht nur zur Kräftigung des Gesundheitsstandes und zur Hebung der Leistungsfähigkeit der Beamten und Unterbeamten (denn auch auf diese ist er ausgedehnt worden) in allen Fällen beigetragen, was sich daraus ergiebt, daß die Gesuche um längeren Urlaub zur Vornahme von Badekuren sich vermindert haben, sondern es ist auch in Folge des Umstandes, daß die Durchführung des Erholungsurlaubs wesentlich von der Willfährigkeit und dem einträchtigen Zusammenwirken der Beamten abhängig ist, in diesen der Geist der Zusammengehörigkeit und das Bewußtsein der Gemeinsamkeit ihrer Interessen mit denen der Verwaltung gefördert und gestärkt worden.

In der Folge hat sich die staatliche Fürsorge auch auf Erkrankungen der aus der Postkasse unmittelbar besoldeten und vollbeschäftigten Beamten und Unterbeamten erstreckt, denen im Anschluß an das hierüber erlassene Gesetz vom 28. Mai 1885 ein Anspruch auf Fortgewährung ihres Diensteinkommens, soweit sie nicht etatsmäßig angestellt sind, bis zur Dauer von 13 Wochen eingeräumt worden ist. Für die übrigen im Post- und Telegraphendienst beschäftigten Personen (Privat-Gehülfen und Unterbeamte, Aushelfer und Arbeiter) sind im Verfolg des Krankenversicherungsgesetzes vom 15. Juni 1883 im Jahre 1885 Betriebs-(Post-)Krankenkassen, für jeden Bezirk eine, errichtet worden, die ihren Mitgliedern gegen Beiträge in Höhe von höchstens 1 Prozent des Diensteinkommens freie ärztliche Behandlung, freie Arznei und kleine Heilmittel, Krankengelder in Höhe von $2/_3$ des Diensteinkommens bis zur Dauer von 13, einige sogar von 26 Wochen, sowie unter Umständen freie Verpflegung im Krankenhaus und Sterbegelder gewähren. Die Beiträge der Mitglieder haben gegenüber all diesen Leistungen der Kassen so niedrig bemessen werden können, weil die Postverwaltung als Arbeitgeberin bei einigen Kassen ein Drittel, bei anderen die Hälfte der Beiträge bezahlt.

Während auf diese Weise für Unterstützung in Krankheitsfällen ausreichend gesorgt ist, hat sich die Verwaltung auch noch in anderer Hinsicht um das leibliche Wohl ihrer Untergebenen und zwar in diesem Falle besonders der Unterbeamten gekümmert. Zunächst wurde von 1871 ab zu Gunsten der Landbriefträger die Einrichtung getroffen, daß ihnen ihre Dienstkleidung zu bestimmten Zeitpunkten für Rechnung der Postkasse, unter Hinzunahme mäßiger Beiträge der Empfänger, geliefert wurde. Dann aber, um auch den übrigen Unterbeamten zur Beschaffung vorschriftsmäßiger und preiswürdiger Dienstkleidung Gelegenheit zu geben, ordnete das Reichs-Postamt die Einrichtung von Bezirks-Kleiderkassen für Unterbeamte an und gewährt hierzu aus der Postkasse jedem Einzelnen eine etatsmäßige Beihülfe, die im Jahre 1894 bei einem

Bestand von 65 000 Unterbeamten die Höhe von insgesammt 1 950 600 Mark erreicht hat.

Wo aber trotz all dieser im Vorhergehenden aufgeführten Vorkehrungsmaßregeln dennoch die Noth bei Angehörigen der Postverwaltung einkehrt, da stehen dieser ziemlich beträchtliche etatsmäßige Mittel zu Gebote, aus denen sie Unterstützungen gewähren kann: im Jahre 1894 sind deren an 15 000 Beamte und 32 000 Unterbeamte im Dienst in Höhe von 1 400 000 Mark, an 420 Beamte und 1500 Unterbeamte im Ruhestand im Betrage von 68 000 Mark und an 5500 Hinterbliebene in Höhe von 437 000 Mark, zusammen 1 905 000 Mark bewilligt worden.

Es zeugt von dem gesunden Sinn der deutschen Postbeamtenschaft, daß sie sich durch soviele staatliche Fürsorge in ihrem Streben nach Sicherung und Verbesserung ihrer wirthschaftlichen Lage nicht hat einschläfern lassen, sondern der von oben ausgehenden Anregung, nun auch selbst die Hände zu rühren und aus eigener Kraft die naturgemäß auf gewisse Fälle beschränkten Maßnahmen der Verwaltung zu ergänzen, bereitwillig Folge gegeben hat.

Da sind als Organe der Selbsthülfe zunächst zu erwähnen die Post-Spar- und -Vorschußvereine. Angeregt vom General-Postamt, erfolgte deren Gründung 1872 mit über 12 000 Mitgliedern gleich im ersten Jahre. Den Anlaß zu dieser Anregung hatte die Wahrnehmung geboten, daß öfter Beamte, um unbedeutende Schulden begleichen zu können, sich an Wucherer wendeten und daß solche Beamte unter Umständen der Postkasse Verluste verursachten. Um Dies zu vermeiden, wollte man dem Personal die Vortheile wirthschaftlicher Selbsthülfe in erhöhtem Maaße zugänglich machen und arbeitete zunächst unter Benutzung der Erfahrungen bestehender Kreditgenossenschaften ein Normalstatut aus mit dem Grundgedanken, daß die Vereinsmitglieder durch Ansammlung von Spareinlagen in Höhe von mindestens monatlich 1 Mark die Mittel zur Gewährung von Vorschüssen an kreditbedürftige Mitglieder beschaffen sollten.

Diese Einrichtung hat durch rechtzeitige Hülfeleistung und allgemeine Förderung des Sparsinns unendlich segensreich gewirkt und dementsprechend eine großartige Ausdehnung gewonnen, umsomehr als auf ihrer Grundlage den Vereinsmitgliedern auch die Beschaffung nothwendiger Lebens= und Wirthschaftsbedürfnisse erleichtert und verbilligt wird. Den Vereinen, deren je einer in jedem Bezirk besteht, gehörten im Jahre 1894 116000 Mitglieder an, was 78,4 Procent der gesammten Beamtenschaft darstellt; ihr Vermögen betrug am Schlusse des genannten Jahres 27 Millionen Mark; Vor= schüsse wurden gewährt in 34000 Fällen mit 5 Millionen Mark, zurückgezahlt wurden 1800000 Mark. Der günstige Erfolg dieser Vereine ist wesentlich dem Umstande zu danken, daß die Postver= waltung ihnen ihre eigene Organisation als Grundlage darbietet, insofern sie den Zahlungs= und Schriftverkehr vermittelt und die Weiterentwickelung der ganzen Einrichtung bald vorbeugend, bald fördernd mit Wohlwollen verfolgt.

In gleicher Weise ist die Verwaltung anregend und helfend aufgetreten in Bezug auf die Betheiligung ihrer Angehörigen an den Wohlthaten der Lebens= und Rentenversicherung. Nachdem im Jahre 1867 mit mehreren deutschen bewährten Lebensversicherungs= Anstalten ein Abkommen getroffen worden war, das zunächst den Post=Unterbeamten den Zutritt zur Lebensversicherung unter Gewäh= rung eines Zuschusses zur Prämie erleichterte, erweiterte man 1871 den Kreis der betreffenden Anstalten und ließ an den vertrags= mäßig festgesetzten Vergünstigungen die gesammte Beamtenschaft, allerdings unter Wegfall des Prämienzuschusses, theilnehmen. Ab= gesehen von dem wohlthätigen Einfluß, den das Bewußtsein, für die Seinigen nach besten Kräften gesorgt zu haben, auf das Gemüth und die Berufsfreudigkeit eines Jeden ausüben muß, haben die Versicherten auch noch den Vortheil, mit Hülfe ihrer Versicherungs= anstalt im Bedarfsfalle sich die nöthige Kaution leicht und billig zu beschaffen. Ende 1894 bestanden 15000 Lebensversicherungen mit 38 Millionen Mark versicherten Kapitals, davon 3000 mit 3800000 Mark unter Gewährung eines Zuschusses aus der Post= kasse, und 12000 mit 34200000 Mark ohne einen solchen.

Seit 1889 sind ähnliche Vereinbarungen auch mit deutschen Rentenversicherungs=Anstalten getroffen worden, die den etats=

mäßig angestellten Beamten und Unterbeamten, unter Gewährung eines Zuschusses von 20 Prozent der Prämien an die geringer be=soldeten Beamten und alle Unterbeamten, die Versicherung von Ueberlebensrenten an unverheirathet bleibende Töchter, zahlbar vom beginnenden 19. Lebensjahre ab, ermöglichen. Heirathet die Tochter bei Lebzeiten des Vaters, so kann dieser unter Verzicht auf die weiteren Rechte die Auszahlung beanspruchen; dann wirkt die Rente als Aussteuerversicherung.

Dem Wohle hinterbliebener unversorgter Töchter von Ange=hörigen der Postverwaltung gilt auch die neueste, auf der Bethätigung schönsten Gemeinsinnes begründete Stiftung, der „Töchterhort". Seit seinem Entstehen im Jahre 1890 ist durch freiwillige Beiträge der Beamten und Unterbeamten bis Ende 1894 ein Kapital von 340 000 Mark zusammengebracht worden, eine feste Organisation ist überall mit großer Schnelligkeit entstanden, laufende Beiträge in bedeutender Höhe vermehren in überaus erfreulichem Maaße das Grundkapital und die zur Vertheilung verfügbaren Mittel. Der Stiftung ist die Ehre zu Theil geworden, daß die Kaiserin das Protektorat übernommen hat; von dem Kaiser sind ihr die Rechte einer juristischen Person verliehen worden. Auch hier hat die Verwaltung anregend und fördernd gewirkt, und schon jetzt sind durch die Mittel dieser Stiftung zahllose Thränen getrocknet und viele Personen in dem Kampf um das Dasein unterstützt worden, denen dieser bei ihrer geringen Widerstandsfähigkeit natur=gemäß am schwersten fallen muß.

Neben diesen Schöpfungen wirthschaftlicher Selbsthülfe wirken auf die Besserung der materiellen Lage der Post=Beamtenschaft noch zwei Einrichtungen hin, über deren Mittel der Zentralver=waltung die Verfügung zusteht.

Die eine ist die Postunterstützungskasse, die, 1711 in sehr bescheidenen Verhältnissen gegründet, nothleidenden Beamten der unteren Klassen beim Fehlen gesetzlicher Ansprüche Unterstützungen gewähren will; in erster Linie war die Erziehung verwaister Kinder ins Auge gefaßt. Mit dieser preußischen „Postarmen=kasse" wie sie ursprünglich hieß, wurden 1868 die Unterstützungs=

kassen verschiedener, in der Bundespost aufgehender Landespost=
verwaltungen vereinigt zu einer „Postunterstützungskasse" für die
gesammte Bundespostbeamtenschaft. Dadurch daß die Postkasse
die Verpflichtungen der einzelnen Anstalten gegen die Hinter=
bliebenen höherer Beamten auf Bundesmittel übernahm, wurde
die neue Kasse in den Stand gesetzt, ihre ursprünglichen Zwecke
wieder aufzunehmen und nur Beamte und deren Hinterbliebene
vom Postsekretär abwärts zu unterstützen. Mit Hülfe ferner eines
aus der Postkasse gewährten bedeutenden Zuschusses kann die Post=
unterstützungskasse gegenwärtig alljährlich gegen 500000 Mark an
etwa 11000 Personen vertheilen, während ursprünglich nur
400 Thaler für 18 Personen verfügbar waren. In den letzt=
verflossenen 25 Jahren sind aus dieser Kasse gegen 10 Millionen
Mark an etwa 20000 im Ruhestand lebende Vorsteher von Post=
ämtern 3. Klasse, Unterbeamte, Posthalter, Postillone und Wittwen
solcher Personen gezahlt worden: welche Fülle von Segen ist
daraus erflossen!

Die zweite Wohlthätigkeitsanstalt ist die auf Stephans An=
regung gegründete „Kaiser=Wilhelm=Stiftung für die Ange=
hörigen der deutschen Reichs=Postverwaltung". Durch das Gesetz vom
20. Juni 1872 wurde der auf die Reichspost entfallende Theil des
Ueberschusses aus der von deutschen Beamten geführten Verwaltung
der Post in den besetzten französischen Landestheilen im Betrag von
100000 Thalern zum Grundstock einer Stiftung bestimmt, die —
durch kaiserlichen Erlaß vom 29. August 1872 genehmigt — den
Zweck hat, die Wohlfahrt der Angehörigen der Reichs=Postverwal=
tung zu fördern, insbesondere deren Beamten, ihren Familien und
ihren Hinterbliebenen zur Hebung ihrer sittlichen und geistigen
Bildung Unterstützungen zu gewähren. Unter Anderem stehen
jährlich 2400 Mark zu Studienreisen im Auslande zur Verfügung
und der gleiche Betrag für Stipendien, die an Angehörige von
Postbeamten zur Unterstützung in ihren Studien auf Universitäten
oder anderen höheren Lehranstalten verliehen werden. Aus den
Mitteln dieser Stiftung, die sich durch Zuwendungen aus allen
Kreisen stetig vermehren, sind in den 23 Jahren ihres Bestehens

rund 400000 Mark an Unterstützungen und Stipendien gewährt worden.

Kaum irgendwo sonst dürfte ein Beamtenthum in allen schwierigen Lagen des Lebens einen so kräftigen Rückhalt und so ausgiebige Hülfe bei seiner Verwaltung finden. Um so erfreulicher ist es, daß die Bemühungen der Verwaltung, soweit sie auf die Hebung zunächst des wirthschaftlichen Standes ihrer Angehörigen gerichtet sind, auch des weiterhin ins Auge gefaßten Erfolges nicht entbehren, deren sittlichen und damit zugleich ihren gesellschaftlichen Stand zu heben. Immer besser gefeit zeigt sich die Postbeamtenschaft gegen die bei dem riesigen Anwachsen des Verkehrs immer zahlreicher an sie herantretenden Versuchungen, obgleich naturgemäß die Kontrole nicht mehr so ausgiebig wie früher durchgeführt werden kann: 1865 entfiel noch eine Untersuchung auf 160 Beamte; seitdem hat sich diese Zahl unter stetigem Rückgang der Fälle auf 400 Beamte im Jahre 1894 gehoben — sicher die schönste Belohnung, die dem Chef dieser Verwaltung für sein unablässig auf die Verbesserung des Looses seiner Beamten gerichtetes Streben zu Theil werden konnte!

Vom Anbeginn seiner Thätigkeit als Chef der Verwaltung ist Stephan bemüht gewesen, den Bildungsstand seiner Beamten zu heben. Er hielt es für eine Pflicht der Verwaltung, auch in dieser Beziehung Fürsorge zu treffen, und ordnete daher zunächst 1871 an, daß die bei den Ober-Postdirektionen vorhandenen Büchersammlungen, die bis dahin im Wesentlichen eine Sammlung der gesetzlichen und dienstlichen Vorschriften darstellten, reichlicher ausgestattet und allen Beamten des Bezirks zugänglich gemacht werden sollten. Von 1879 ab wurden sie auch mit Lesestoff für die Unterbeamten ausgestattet, die bis dahin im Allgemeinen auf die billige Tagespresse und Hintertreppen-Litteratur angewiesen waren. Aus den etwa 6000 Bänden, die den Bestand aller Bezirksbüchersammlungen 1870 darstellten, sind jetzt deren fast 60000 geworden; Verkehrs- und Staatswissenschaft, Geographie, Geschichte und Naturgeschichte bilden ihren Inhalt, auch die schönen Wissenschaften sind nicht ausgeschlossen.

Am reichhaltigsten ist natürlich die Büchersammlung des Reichs-Postamts mit mehr als 20 000 Bänden, deren Inhalt fast alle Wissenszweige umfaßt; ganz besonders stark vertreten ist die Sprachenkunde. Eine aus etwa 20 000 Blatt bestehende Kartensammlung umfaßt alle Gegenden des Erdballs und giebt außerdem ein lehrreiches Bild von der Entwickelung der geographischen Anschauungen und der kartographischen Technik.

Im Anschluß hieran sei des „Reichs-Postmuseums" gedacht, das sich wiederum als eine ureigenste Schöpfung Stephans darstellt. Zu dieser dem Publikum zugänglichen Sammlung von Gegenständen, die auf das Verkehrswesen aller Zeiten Bezug haben, wurde schon in den ersten Jahren der Amtsführung des General-Postmeisters auf seine persönliche Anregung hin und unter seiner werkthätigen Betheiligung der Grund gelegt. Hervorgegangen aus der Vereinigung verschiedenartiger Anschaffungen, die aus bestimmten einzelnen Anlässen und zu bestimmten dienstlichen Zwecken erfolgt waren, vermehrte sich die Sammlung vorzugsweise durch Gelegenheitskäufe und durch freiwillige Zuwendungen von Behörden und Privatpersonen des In- und Auslands. Seit 1882 stehen etatsmäßige Mittel zur Verfügung, um vorhandene Lücken auszufüllen und so die planmäßige Fortentwickelung der Sammlung zu Unterrichts- und Studienzwecken dauernd sicherzustellen. Auf diese Weise ist vielen zerstreut im Privatbesitz befindlichen Einzelstücken, alten bildlichen Darstellungen, seltenen Druckschriften, Briefen, Urkunden, Karten, Holzschnitten, Stichen und dergleichen hier eine Stätte bereitet worden, wo sie gebührend geschätzt, nutzbringend verwerthet und zugleich vor den Zufälligkeiten des Besitzwechsels geschützt sind. Außerdem sind dank der freundlichen Unterstützung fremdländischer Postverwaltungen, sowie mehrerer Vertreter des Reiches und vieler Reichsangehörigen im Auslande dem Museum geschlossene Sammlungen von großer Reichhaltigkeit aus China, Japan, Indien, Egypten, Italien und anderen Ländern zugegangen.

Nach der Vereinigung der Telegraphie mit der Post wurden auch die von der preußischen, norddeutschen und Reichs-Telegraphen-

verwaltung gesammelten Apparate, Modelle u. s. w., die der Haupt=
sache nach i. J. 1873 auf der Wiener Weltausstellung die Entwicklung
der Telegraphie in Deutschland ungemein lehrreich veranschaulicht
hatten, dem Museum einverleibt.

So bietet die Sammlung in ihrer jetzigen Gestalt ein buntes,
aber planmäßig angeordnetes Bild von dem Werdegange des Welt=
verkehrs und seiner Mittel von seinen Uranfängeu bis zur Gegen=
wart und gewährt nicht nur dem Fachmann ein schier unerschöpf=
liches Material zur Weiterbildung, sondern erregt das Interesse
aller Gebildeten durch ihre Reichhaltigkeit, übersichtliche und dabei
dem feinsten Schönheitsgefühl Rechnung tragende Aufstellung, sowie
durch die mustergültige Katalogisirung.

Es kann nicht Wunder nehmen, daß der Erfolg dieses
ohne Vorgang dastehenden Unternehmens zu Nachahmungen im
In= und Ausland angeregt hat. Als Beweis von der Werth=
schätzung, die es überall genießt, können die zahlreichen schrift=
stellerischen Veröffentlichungen dienen, die sich damit beschäftigen;
eine Aeußerung aus der neuesten Zeit sei hier angeführt, die aus
der Feder eines französischen Fachgenossen stammt und wohl schon
deshalb als mindestens unparteiisches Zeugniß gelten kann.
Eugène Gallois sagt in seinem 1894 erschienenen Buch „la Poste
et les moyens de communication des peuples à travers les
siècles“, besprochen im Archiv für Post und Telegraphie für 1894,
S. 359: „Nicht besser können wir die Post in ihrem ganzen Räder=
werk kennen lernen, als indem wir ein Postmuseum besuchen, wie
es einzig in der Welt dasteht; bedauerlicherweise für uns befindet
es sich nicht in Paris, sondern in Berlin. Dort finden wir eine
hervorragende Sammlung von kostbaren Gegenständen und Schrift=
werken, aus denen die geschichtliche Entwickelung der Post und der
Telegraphie, dieser beiden mächtigen Hebel der menschlichen Thätig=
keit und des Handels zwischen civilisirten Nationen, ebenso wie die
Leistungen einer jeden von ihnen zu ersehen sind; nicht blos dem
Publikum wird damit Belehrung geboten, sondern auch den jungen
Post= und Telegraphenbeamten während des Unterrichtskursus, den
sie in Berlin durchmachen müssen. . . . . In weiten Sälen sind

unzählige Erzeugnisse der Arbeit vergangener Zeiten untergebracht, die uns von den untersten Stufen an die Entwickelung aller Hülfsmittel des Beförderungswesens im Allgemeinen, wie des Postverkehrs im Besonderen vorführen, und diese sind nicht nur wissenschaftlich geordnet, sondern auch noch länderweise aufgestellt. Aber ein solches Museum muß auch einen seiner Bedeutung würdigen Katalog haben, und so hat Herr von Stephan, beseelt von dem Streben nach Vollkommenheit in jeder Hinsicht, seinen Katalog in Bezug auf den Druck, wie auf den Bilderschmuck geradezu glänzend ausgestattet."

Von der richtigen Erkenntniß ausgehend, daß Jedermann im Allgemeinen in erster Linie das Bildungsmittel benutzt, das ihm ins Haus gebracht wird, ordnete Stephan im Jahre 1871 zugleich mit der besseren Ausstattung der Amtsbibliotheken auch die Erweiterung des Postamtsblattes durch einen nichtamtlichen Theil an, worin Aufsätze aus dem Bereich der Staatswissenschaften, der Volkswirthschaft, des Verkehrswesens, der Geschichte und der Geographie, sowie auch Auszüge aus allgemein interessanten Akten veröffentlicht wurden. Seit 1873 erschien dieser nichtamtliche Theil in besonderen Beiheften zum Amtsblatt unter dem Titel „Deutsches Postarchiv" und erwarb sich rasch einen ausgedehnten Leserkreis. Vom 1. Januar 1876 ab wurde das Beiheft zum „Archiv für Post und Telegraphie" erweitert und hat als solches zahlreiche, größere Arbeiten über Gegenstände aus allen Gebieten des Post- und Telegraphenwesens, sowie verwandter Disciplinen gebracht, die zum Theil bleibenden Werth besitzen und durch Wiederabdruck in hervorragenden Zeitungen und wissenschaftlichen Blättern eine weitere Verbreitung erlangt haben. Das Archiv, das gegenwärtig in einer Auflage von mehr als 16000 Exemplaren gedruckt wird, hat sich als ein nachhaltiges Mittel zur Förderung des Bildungstriebes der gesammten Beamtenschaft erwiesen, zugleich aber auch deren befähigteren Mitgliedern willkommene Anregung geboten, sich über ihren eigentlichen Wirkungskreis hinaus auf Gebieten des Allgemeinwissens zu bewegen und schriftstellerisch zu erproben. Kurator des Archivs ist ein vortragender Rath im Reichs-Postamt, dem noch zwei Beamte zur Hülfeleistung bei Sichtung und Bearbeitung des eingesandten Materials beigegeben sind.

Zu den bis jetzt aufgeführten Bildungsmitteln, deren Benutzung immerhin dem Einzelnen freisteht, treten aber noch solche, die in den Rahmen der Organisation des gesammten Postwesens eingefügt sind, und deren Ausnutzung den Beamten dienstlich auferlegt wird. Gleich nach Uebernahme der Geschäfte als General-Postdirektor ging Stephan daran, eine von ihm längst als Bedürfniß erkannte Hebung des Bildungsstandes seiner Beamten und zwar in erster Linie der Beamten der höheren Laufbahn in die Wege zu leiten, um dadurch der Postverwaltung zu der ihr zukommenden Gleichstellung mit den übrigen Zweigen der Staatsverwaltung zu verhelfen.

Zunächst erhöhte er allgemein die an Bewerber um die höheren Stellen der Postverwaltung in den Prüfungen zu stellenden Anforderungen, schuf aber zugleich auch Einrichtungen, um den Beamten die Erfüllung der weitergehenden Ansprüche zu erleichtern. Gemäß seinen Anordnungen wird auf die Ausbildung der Post-Eleven und Praktikanten große Sorgfalt und Mühe verwendet. Nach Erwerbung der nöthigsten Erfahrung und Gewandtheit im praktischen Dienst wird der Eleve zur Theilnahme an dem Unterrichtskursus herangezogen, der am Sitze jeder Ober-Postdirektion eingerichtet ist. Lehrgegenstände sind dort außer dem Inhalt der Dienstvorschriften namentlich: Reichs- und Landes-Verfassungen und Gesetze, soweit sie mit der Post in Zusammenhang stehen, Tarifwesen, Verhältniß der Post zur Eisenbahn, Verkehrsgeschichte, Handels- und Verkehrsgeographie, Weltpostvertrag, internationaler Telegraphenvertrag, Telegraphenbetrieb in einfacher Gestalt u. a. m.

Hat dann der Eleve die Prüfung zum Sekretär bestanden und damit den Grad des Praktikanten erreicht, so wird ihm wiederum von der Verwaltung zur fach- und allgemeinwissenschaftlichen Weiterbildung eine Gelegenheit geboten, wie kaum ein anderes Institut sie seinen Angehörigen unter so günstigen Bedingungen bietet: die Theilnahme an dem Unterricht in der Post- und Telegraphenschule zu Berlin.

Die im Jahre 1859 begründete preußische Telegraphenschule bildete ursprünglich sämmtliche Telegraphenanwärter praktisch (im Telegraphiren) und theoretisch aus; von dem Ausfall einer am Schluß des Lehrkursus abgelegten Prüfung hing die Aufnahme in die Verwaltung ab. Die durch das Anwachsen des Verkehrs und die Erweiterung der preußischen zur Bundes-Telegraphie bedingte Vermehrung der Anwärter nöthigte dazu, die praktische Ausbildung den Bezirksbehörden zu übertragen und den Lehrkursus auf die Theorie: Telegraphentechnik, Verwaltung und Linienbau zu beschränken. 1874 erweiterte man den Lehrplan und berief nur solche Beamte zur Theilnahme am Unterricht ein, die bereits längere Zeit im praktischen Dienst thätig gewesen waren, und von denen man voraussetzen konnte, daß sie nach Schluß des Kursus die Sekretärprüfung bestehen würden. Nach der Verschmelzung von Post und Telegraphie gestaltete man den Lehrplan in dem Sinne um, daß er die Vorbildung geeigneter Beamten für die höheren Stellen der Telegraphenverwaltung fördern sollte.

Von 1878 ab wurde Aehnliches auch den in Berlin vorhandenen Post- und Telegraphenbeamten geboten in Gestalt von akademischen Vorträgen über staats- und fachwissenschaftliche Gegenstände, die während der Wintermonate unter Freigabe der Betheiligung meist von Mitgliedern des Reichs-Postamts gehalten wurden. Hieran schlossen sich vom Winter 1879 ab seminaristische Uebungen, in denen unter Leitung ebenfalls von Mitgliedern der Zentralbehörde die jungen Beamten in der Anfertigung von schriftlichen, mit begründeten Schlußanträgen zu versehenden Darstellungen aus geschlossenen Akten, sowie in der Bearbeitung von Aufgaben aus dem Bereich der Telegraphie unterrichtet wurden. Endlich, vom 1. Oktober 1885 ab, wurden diese nebeneinander hergehenden Veranstaltungen zur Post- und Telegraphenschule vereinigt.

Der Unterricht wird theils von Hochschullehrern, theils von Mitgliedern des Reichs-Postamts in zwei aufeinanderfolgenden Kursen, je während der 6 Wintermonate ertheilt und erstreckt sich auf die Fachwissenschaften: Beamtenrecht, Verkehrsgeschichte, Handelsgeographie, internationale Beziehungen von Post und Telegraphie,

Pferdekunde; auf die Staatswissenschaften: Volks= und Finanz=
wirthschaft, Reichsverfassung, Gerichtswesen, Post= und Telegraphen=
recht; auf die Naturwissenschaften und die Technik: Physik,
Chemie, Mathematik, deren Anwendung für die Zwecke der Tele=
graphie, Gewerbekunde, Elemente der Baukunst. Daneben werden
noch seminaristische Uebungen abgehalten. Die Vorträge sind theils
gemeinschaftlich für alle Beamten eines Kursus, theils getrennt
für die Anwärter auf die höhere Post= und auf die höhere Tele=
graphenlaufbahn bestimmt.

Zur Theilnahme an diesen Kursen wurden anfangs je 30,
dann je 40 Beamte von guter Vorbildung und tadelloser Füh=
rung einberufen; jetzt ist deren Zahl auf je 60 vermehrt worden.
Sie werden auf Grund von Vorschlägen der Ober=Postdirektionen
von der Studienkommission des Reichs=Postamts ausgewählt und
unter Belassung ihrer Dienstbezüge nach Berlin berufen; zum
Besuch der Vorlesungen sind sie sonach dienstlich verpflichtet.
Denen von ihnen, die beide Kurse mit gutem Erfolg besucht
haben, wird dies als genügende Darlegung der Befähigung zur
Prüfung für die höheren Stellen angerechnet, und sie dürfen
sich zu dieser ohne Weiteres melden. Die Beamten, die sich
vorzugsweise der Telegraphie gewidmet haben, werden noch in
Gruppen von 3 oder 4 auf je 3 Monate zum Telegraphen=
Ingenieurbüreau des Reichs=Postamts einberufen, wo sie die
erworbenen Kenntnisse praktisch zu verwerthen Gelegenheit erhalten.
Verschiedentlich haben an den Telegraphenkursen auch schon aus=
ländische Beamte theilgenommen, nachdem ihre Regierungen die
Zustimmung des Reichs=Postamts hierzu eingeholt hatten.

Das soeben erwähnte Ingenieurbüreau ist ebenfalls als
ein Bildungsmittel von hervorragender Bedeutung zu bezeichnen.
Schon der preußischen obersten Telegraphenbehörde hatte ein Tele=
grapheningenieur als technischer Beirath angehört, der zugleich an
der Telegraphenschule zu unterrichten hatte. Als die großen unter=
irdischen Telegraphenlinien vom Jahre 1876 ab hergestellt wurden,
stellte sich das Bedürfniß heraus, in Berlin die nöthigen Einrich=
tungen in technischer und personeller Hinsicht zu treffen. Man

richtete ein Kabelmeßzimmer ein und unterstellte dies dem Tele=
grapheningenieur, dem zwei Meßbeamte beigegeben wurden.

Indessen machten es die Fortschritte in der Elektrotechnik, wie
sie besonders seit der Einführung des Fernsprechers in den Tele=
graphenbetrieb zu Tage traten, sowie die große Zahl von technisch=
wissenschaftlichen Aufgaben, deren Studium im Interesse einer ge=
deihlichen Fortentwicklung des Reichs=Telegraphenwesens lag, sehr
wünschenswerth, eine eigene Dienststelle einzurichten und entsprechend
auszurüsten, die mit der Vornahme derartiger Arbeiten und Versuche
zu beauftragen wäre. Zu diesem Zweck schuf Stephan 1888 das
Telegraphen=Ingenieurbüreau des Reichs=Postamts, dessen Personal
jetzt aus 2 Ober=Telegrapheningenieuren, 4 Telegrapheningenieuren,
6 Büreaubeamten und Hülfsarbeitern, 1 Mechaniker und 2 Unter=
beamten besteht, und das in räumlichen Zusammenhang mit der
Post= und Telegraphenschule gebracht wurde.

Außer der Betheiligung an dem hier zu gebenden Unterricht
liegt es dem Personal des Büreaus ob, die fortlaufende Prüfung
und Messung gewisser von Berlin ausgehender unterirdischer Lei=
tungen zu bewirken, Vorschläge zu Verbesserungen im Telegraphen=
und Fernsprechwesen, in der Anlage und im Betrieb von Rohrposten,
sowie im Postwagenbau abzugeben, zu prüfen und zu bearbeiten, neue
Erfindungen auf diesen Gebieten zu begutachten und zu erproben,
Erscheinungen und Beobachtungen aus dem Telegraphen= und Fern=
sprechbetrieb wissenschaftlich und technisch zu verfolgen und zu ver=
werthen, Kabel, Rohrpostanlagen und Leitungsmaterial, sowie elek=
trische Anlagen in Dienstgebäuden abzunehmen und endlich jüngere
Beamte in der Handhabung der Meßinstrumente und in der Be=
handlung technischer Fragen zu unterweisen.

Das Büreau ist in 23 Räumen untergebracht und mit allen
Hülfsmitteln der modernen Technik zur Erfüllung seiner Aufgaben
ausgerüstet. Es hat sich durch seine Arbeiten, über die bereits ein
stattlicher Band von Veröffentlichungen vorliegt, in der wissenschaft=
lichen und technischen Welt des In= und Auslandes eine geachtete
Stellung erworben und wird mit Vorliebe von Beamten auswär=
tiger Verwaltungen aufgesucht.

Postwesen.

Stephan müßte nicht der Realpolitiker sein, als der er bekannt ist, wenn er für Alles, was er im Interesse seines Personals gethan hat, von diesem nicht auch Gegenleistungen verlangt hätte. In der That sieht Jeder, der die postalische Arbeit von vor 1870 mit der jetzigen zu vergleichen in der Lage ist, welche enormen Fortschritte in Bezug auf Raschheit und Sicherheit in der Bewältigung des Massenverkehrs, auf die Erhöhung der Verantwortlichkeit des Einzelnen auf der einen und die scharfe Abgrenzung dieser Verantwortlichkeit gegenüber seinen Mitarbeitern auf der anderen Seite, endlich auch in Bezug auf die Vielseitigkeit der Ausbildung und die Steigerung der Bildungsfähigkeit des Personals in den verflossenen 25 Jahren gemacht worden sind. Seine Beamten auf diesen Stand zu bringen, war von Anfang an das Endziel der auf den vorstehenden Blättern geschilderten Maßregeln Stephans; denn Niemand wußte besser, als er, daß sie ein bedeutendes Mehr an Wissen und Können gebrauchen würden, wenn erst alle die Pläne zur Hebung und Erleichterung des Verkehrs ausgeführt wären, die er 1870 in seine neue Stellung mitbrachte.

Zunächst bedarf es keiner Erörterung, daß ein Verkehrsmittel um so besser seinen Zweck erfüllt, je mehr seine Benutzung erleichtert wird. Diese Erleichterung kann bestehen in der Vermehrung der Benutzungsgelegenheiten, in der Vereinfachung der Benutzungsformen und in der Herabsetzung des Benutzungspreises.

In erster Hinsicht mußte Stephans Thätigkeit zunächst eine ausgleichende sein: die Zahl der Postanstalten in einigen zum Reichspostgebiet einbezogenen Verwaltungsbezirken stand nicht in dem gleichen Verhältniß zur Einwohnerzahl und zum Flächeninhalt, wie in Preußen. Hier galt es also, Versäumtes nachzuholen. Allein die Vermehrung der Postanstalten in den Formen wie sie bis dahin ausschließlich bestanden hatten, hätte viel zuviel Kosten verursacht, als daß davon eine wirksame Erleichterung des Verkehrs zu erwarten gewesen wäre. Aber, wie schon geschildert, Stephans Scharfblick hatte längst erkannt, daß die überkommene Organisation viel zu schwerfällig und kostspielig war, und er verschaffte sich durch deren Vereinfachung die Mittel, um durch die Einrichtung zuerst der Postagenturen und später der Posthülfstellen dem Verkehrsbedürfniß solcher Bevölkerungsschichten zu genügen, die bis dahin ziemlich stiefmütterlich behandelt worden waren. Auf diese Weise hat die Zahl der Postanstalten im Reichspostgebiet von 4619 i. J. 1870 auf 27372 Ende 1894 vermehrt werden können, sodaß jetzt eine Postanstalt auf 16,3 Quadratkilometer und 1527 Einwohner entfällt gegenüber 96,4 Quadratkilometer und 7435 Einwohnern i. J. 1870.

Außerdem bieten 18035 amtliche Verkaufstellen für Postwerthzeichen — eine im Jahre 1872 getroffene Einrichtung, die sich vorzüglich bewährt hat — dem Publikum Gelegenheit, den Bedarf an Freimarken u. s. w. zu decken, ohne deshalb erst eine Postanstalt aufsuchen zu müssen; solcher amtlichen Verkaufstellen befinden sich 5700 an Orten ohne Postanstalt, wo die gebotene Gelegenheit natürlich doppelt angenehm empfunden wird. Daß das mächtige Aufblühen von Handel und Gewerbe und das stetige Anwachsen der großen Städte den Schwerpunkt des Postverkehrs in diese verschieben mußte, bedarf keiner Erörterung; aber Stephan hat es verstanden, ein Gegengewicht hierzu in der sehr großen Zahl von Postanstalten an Landorten zu schaffen, die jetzt vorhanden sind. Liegen doch von den 26000 Orten mit Postanstalten nur 5500 an Eisenbahnen und befinden sich doch von den 83355 in Ortschaften aufgestellten Postbriefkasten 25500 in Orten ohne Postanstalt. Außerdem aber findet sich ein Briefkasten an jedem Eisenbahnzug, auf jedem Dampfschiff, mit dem Postgegenstände befördert werden, auf jedem Aussichtspunkt und an jedem Ort, wo Menschen das Bedürfniß haben könnten, ein Lebenszeichen in die Ferne zu senden, und Jeder wohl hat es an sich erfahren, wie eindringlich der die Farbe der Treue tragende Behälter lockt: gieb auch du den Deinen einen Beweis treuen Gedenkens!

Die Einrichtung der Posthülfstellen und der amtlichen Verkaufstellen für Postwerthzeichen, wie die weitgehende Vermehrung der Briefkasten auf dem platten Lande stellen nur einzelne Züge dar aus dem Gesammtbild der auf die Verbesserung, ja vielfach erst die Schaffung des Landpostwesens gerichteten Thätigkeit Stephans. Da war namentlich in den Großherzogthümern Mecklenburg-Schwerin und Strelitz, wo eine Landbriefbestellung noch garnicht bestand, und in der Provinz Hannover, wo eine solche bei einer großen Zahl von Postanstalten nur in sehr beschränktem Maße stattfand, sowie auch in dem ehemaligen Taxisschen Postgebiet Beträchtliches nachzuholen.

Dem dringendsten Bedürfniß wurde durch Vermehrung der Landbriefträger um 1100 in den Jahren 1871 und 1872 abgeholfen, gleichzeitig aber durch die Einrichtung von 1441 Postagenturen eine Verkleinerung der Bestellbezirke und Verkürzung der von den Bestellern zurückzulegenden Tagesbestellgänge ermöglicht. Ferner wurde vom 25. Mai 1870 ab die Wirksamkeit der Landbriefträger in Bezug auf Annahme wie Bestellung von Postsendungen bedeutend erweitert. Als die wichtigste Maßregel aber zur Förderung des Landpostverkehrs ist die durch das Gesetz über das Postwesen des Deutschen Reichs vom 28. Oktober 1871 vorgesehene Aufhebung des Landbestellgelds, die mit dem 1. Januar 1872 in Kraft trat, anzusehen. Die rund 500 000 Thaler, auf die Stephan damals zu Gunsten der Landbewohner verzichtete, haben reiche Früchte getragen und den Postverkehr des platten Landes in ungeahntem Maße wachsen lassen.

Dieses Anschwellen des Landpostverkehrs, begünstigt durch die nach dem großen Kriege allgemein hervortretende Steigerung von Handel und Wandel, sowie durch die Freizügigkeit, die ein plötzliches Wachsthum der großen Städte in Folge ländlicher Zuwanderung nach sich zog und damit die Beziehungen zwischen Stadt und Land verhundertfachte, nöthigte aber freilich auch andrerseits die Postverwaltung, auf immer neue Mittel zu sinnen, um den gewaltigen Strom der Postsendungen, der sich zwischen Stadt und Land bewegt, in geräumige, zahlreiche, festufrige Kanäle

überzuleiten. Im Jahre 1880 betrug der Umfang des Landpost=
verkehrs bereits 250 Millionen Sendungen, und trotzdem entbehr=
ten noch 17 000 Ortschaften mit 19 Millionen Bewohnern der
Postanstalten!

Die sich hieraus ergebenden Mißstände erheischten gründliche
Abhülfe, und diese ist vom Staatssekretär des Reichs=Postamts
geschaffen worden! Nach drei Richtungen hin hat er den Land-
postdienst seitdem vervollkommnet. Erstens sind neue Post=
anstalten in Gestalt von Posthülfstellen eingerichtet worden, was
eine erhebliche Beschleunigung der Bestellung der ankommenden und
Vermehrung der Gelegenheit zur Auflieferung abgehender Sendungen herbeigeführt und den Landbewohnern den Bezug von Post=
werthzeichen erleichtert hat; der durch die Posthülfstellen laufende
Verkehr umfaßt jetzt etwa 90 Millionen Sendungen. Zweitens
ist das Landbestellpersonal, das im Jahre 1870 aus 8334, im
Jahre 1880 aus 11480 Köpfen bestand, in fortschreitend steigendem Verhältniß vermehrt und eine sehr große Zahl von Gelegenheiten zum Austausch von Sendungen zwischen benachbarten Be-
stellbezirken geschaffen worden, und drittens ist die Verwaltung
in bedeutendem Umfange zur Ausrüstung der Landbriefträger
mit Fuhrwerk übergegangen. Die jetzt bestehenden 2780 Land=
briefträgerfahrten berühren mehr als 12 000 Ortschaften und legen
täglich rund 38 000 Kilometer zurück. Ihrer Einrichtung ist es zu
danken, daß der Packetverkehr des platten Landes sich außerordentlich gehoben und der gesammte Beförderungsdienst eine bedeutende
Beschleunigung nicht nur, sondern auch eine Erhöhung des Schutzes
der Ladung gegen äußere Einflüsse erfahren hat, zu danken aber auch
die Gewährung eines wohlfeilen Ersatzes für eingegangene anderweite Gelegenheiten zur Personenbeförderung, der gern benutzt wird.

Dank dieser planmäßig vorgenommenen Neuordnung des
Landpostwesens, in deren Rahmen auch noch eine beträchtliche
Vermehrung der Landbriefkasten einzubeziehen ist, erfreut sich die
Landbevölkerung im Reichspostgebiet jetzt einer postalischen Be-
dienung, wie in keinem andern Staate; freilich erfordert diese
einen Aufwand von etwa 18 Millionen Mark jährlich, aber

Niemand kann darüber im Zweifel sein, daß diese Ausgabe eine in mehrfacher Hinsicht produktive ist, indem sie einmal das Publikum veranlaßt, die Post zu benutzen und dadurch dem Staate direkte Einnahmen zuführt, indem sie ferner den Austausch der Produkte zwischen verschiedenen Gegenden erleichtert, den von Carey so hoch gestellten unmittelbaren Verkehr zwischen Landwirth und Konsument ermöglicht und dadurch Werthe schafft, und indem sie endlich durch Anregung zum schriftlichen Gedankenaustausch in Kreisen, wo diese bisher fehlte, den allgemeinen Bildungsstand erhöht.

Der großartige Aufschwung von Handel und Gewerbe nach 1870 äußerte sich nicht zum Wenigsten in einer fast sprunghaften Entwickelung des deutschen Eisenbahnnetzes, woraus der Post wiederum Aufgaben in doppelter Richtung erwuchsen. Zunächst mußte sie darauf Bedacht nehmen, die Eisenbahnen dem Postverkehr dienstbar zu machen, sodann war sie genöthigt, Vorsorge zu treffen, damit durch die Veränderungen im Postengang berechtigte Interessen nicht geschädigt wurden.

Zunächst galt es, die nöthigen Einrichtungen zu treffen, um den Verkehr umzuleiten: Bahnpostämter mußten errichtet, an geeigneten Orten untergebracht und mit dem erforderlichen Personal versehen werden — die Zahl der Aemter ist von 22 im Jahre 1870 auf gegenwärtig 33, die Zahl der im Bahnpostdienste beschäftigten Beamten von 838 auf 1950 gestiegen —, das rollende Material war zu vermehren (von 561 Eisenbahn-Postwagen auf 1600, wozu noch 950 zu Postzwecken benutzte Wagenabtheile treten), die Hülfsmittel für die Leitung der Sendungen bedurften einer gänzlichen Umarbeitung, an sehr vielen Orten machte sich die Verlegung der Postanstalt in die Nähe des Bahnhofs oder die Einrichtung einer Zweigstelle auf dem Bahnhof nöthig, Bahnhofsfahrten mußten eingerichtet und zahlreiche Personenkurse aufgehoben oder der Zeit nach verlegt werden — das gesammte Postkursnetz erfuhr eine völlige Umgestaltung.

Die Lösung dieser Aufgaben wurde besonders in der ersten Zeit nach 1870 dadurch erschwert, daß der Personenbeförderungsdienst in den einzelnen, zur Reichspost vereinigten Landesverwaltungen sehr verschieden gehandhabt worden war und auf zum Theil von einander abweichenden Grundlagen beruht hatte. Mitten in die Bestrebungen, an die Stelle der Zersplitterung Einheitlichkeit zu setzen, fiel die fieberhafte Thätigkeit im Eisenbahnbau und nöthigte die Postverwaltung, auch ihrem Beförderungsdienst auf Landstraßen eine Form zu geben, die sich den veränderten Verhältnissen leichter anpassen konnte, als dies bei Beschränkung auf die vom Staate unterhaltenen Personenposten möglich gewesen wäre.

Die Erleichterungen des freien Fuhrbetriebes und die Vergünstigungen, die den zur Postbeförderung benutzten Privatpersonenfuhrwerken durch das Gesetz vom 28. Oktober 1871 gewährt wurden, verfolgten diesen Zweck. Die Postverwaltung überließ mehr und mehr die Personenbeförderung den Privatunternehmungen und erzielte damit nicht nur eine wesentliche Vereinfachung ihres Geschäftsbetriebes, sondern gewann auch die Mittel, um zahlreiche neue Postverbindungen herzustellen, die erstens bestehenden Postanstalten Ersatz boten für die in Folge der Eröffnung von Eisenbahnen aufgehobenen Personenpostkurse, zweitens neuen Postanstalten willkommenen Anschluß an das Postkursnetz gewährten. So ist es gekommen, daß seit 1870 die Zahl der täglich benutzten Eisenbahnzüge von 1716 auf 8000 gestiegen ist, von denen damals 658 von Beamten, 652 von Unterbeamten begleitet wurden, während die entsprechenden Zahlen jetzt 1030 und 3700 sind. Die Anzahl der Züge, bei denen eine Beförderung von Briefpostgegenständen durch Eisenbahnpersonal stattfindet, betrug damals 406, jetzt beträgt sie 3200. Die gesammten Eisenbahnpostkurse hatten 1870 eine Länge von 13751 km, jetzt sind sie 36000 km lang. Zurückgelegt haben die Bahnposten im Jahre 1870 43763205 km, im Jahre 1894 152 Millionen km.

Demgegenüber ist auch die Zahl der Postkurse auf Landstraßen für die beiden Vergleichsjahre von 3361 auf 10400, ihre Länge von 62033 km auf 93500 km gestiegen, aber die Zahl der Personenposten hat sich von 1903 auf 820 und naturgemäß dementsprechend auch die Zahl der damit beförderten Personen vermindert, wogegen sich die Zahl der zu Postzwecken benutzten Privatpersonenfuhrwerke von 180 mit einer Kurslänge von 2385 km auf 1600 mit einer Kurslänge von 16 300 km vermehrt hat. Es bedarf kaum der Erwähnung, daß auch die auf Wasserstraßen verkehrenden Beförderungsmittel dem Postverkehr mehr und mehr dienstbar gemacht worden sind; die Länge der Postkurse auf Wasserstraßen innerhalb des Reichspostgebiets ist von 1905 km auf 2500 km gewachsen.

Diese wenigen Zahlen zeigen ohne Weiteres die tiefgreifende Aenderung, die das gesammte Gepräge des Postwesens in diesem Vierteljahrhundert erlitten hat. Vergleicht man dann noch die Postkurskarten für diese Zeit, vielleicht von 5 zu 5 Jahren, so lehrt deren Betrachtung, daß seit 1870 die Postverwaltung nicht aufgehört hat, die Maschen des Postkursnetzes nicht blos durch die vorerwähnten Maßnahmen, sondern auch durch Einrichtung von Landbriefträgerfahrten, Botenposten zu Fuß, Verbindungen zwischen Landbestellbezirken immer enger zu gestalten und lose Fäden dieses Netzes thunlichst mit einander zu verknüpfen.

Hand in Hand mit der Umgestaltung und Verdichtung des Postkursnetzes ließ Stephan solche Maßnahmen gehen, die geeignet waren, im Volke die Neigung zur Benutzung der Posteinrichtungen zu fördern. Sein erster Schritt in dieser Richtung war die Einführung der „Korrespondenzkarten", von der schon die Rede gewesen ist.

Trotz des Portos von anfangs 1 Groschen verschafften sie sich wegen der bei ihrer Benutzung hervortretenden Ersparniß an Zeit und Mühe beim Publikum raschen Eingang. Wegen ihrer Zulassung im Verkehr mit den süddeutschen Staaten und dem Auslande fanden unverzüglich Vereinbarungen statt, die binnen kurzer Zeit zu ihrer Annahme im internationalen Verkehr und in allen Postgebieten mit geregelter Verwaltung führten. Im Reichspostgebiet durften sie bald auch zu portofreien Schreiben der Behörden, als Begleitbriefe zu Packetsendungen, sowie zu Postvorschüssen, und vom 17. Oktober 1871 ab zu Drucksachensendungen gegen das ermäßigte Porto von $\frac{1}{3}$ Groschen benutzt werden. Am 1. Januar 1872 wurden Postkarten mit bezahlter

Antwort ausgegeben. Vom 1. Juli 1872 ab ermäßigte sich die Beförderungsgebühr auf die Hälfte des Briefportosatzes, und damit wurde die Postkarte das beliebteste aller Korrespondenzmittel, wie es ihr Erfinder richtig vorhergesehen hatte. Ihr Verbrauch beläuft sich gegenwärtig auf mehr als 250 Millionen Stück jährlich allein im Reichspostgebiet, sodaß die mit ihrer Herstellung betraute Reichsdruckerei an jedem Werktag etwa 800000 Stück anfertigen muß. Die anfänglich von mancher Seite gehegte Befürchtung, daß der ausgedehnte Gebrauch der Postkarten eine nachtheilige Wirkung auf den Briefverkehr ausüben werde, ist nicht eingetroffen, er hat im Gegentheil zur Erhöhung der Portoeinnahmen beigetragen.

Eine fernere Vermehrung der Anlässe, von den Diensten der Post Gebrauch zu machen, schuf Stephan in den am 15. Oktober 1871 eingeführten „Postmandaten" (jetzt „Postaufträgen"), die dem Handelsstande, einem öfters geäußerten Wunsche entsprechend, eine neue und bequeme Gelegenheit zur Einziehung von kleineren Geldbeträgen gegen Vorlegung der betreffenden Schuldurkunde (Rechnungen, Koupons, Schuldscheine, Wechsel ꝛc.) darbieten. Gleich im ersten Jahre ihres Bestehens (1872) gingen 143000 Stück solcher Aufträge den Reichspostanstalten zu mit einem Nennwerth von nahezu 10 Millionen Mark. In der Folge wurde die Gebühr für die Postaufträge von 5 Groschen auf 3 Groschen herabgesetzt, und das Verfahren 1876 dahin erweitert, daß Postaufträge auch zur Vorzeigung von Wechseln behufs Einholung der Annahmeerklärung seitens des Bezogenen benutzt werden können, und daß, wenn diese Erklärung nicht zu erhalten ist, die Post auf Wunsch des Absenders die Weitergabe des Wechsels an eine zur Protesterhebung befugte Person oder an eine dritte Person innerhalb Deutschlands besorgt. Diese Maßregel unterstützt namentlich die Abwickelung von Geldgeschäften in kleineren Plätzen, die einer Bankstelle entbehren.

Es kann nicht Wunder nehmen, daß das Publikum sich zu der neuen Einrichtung im Laufe der Zeit immer sympathischer stellte, je mehr der Betrag erhöht wurde, auf den der einzelne Postauftrag lauten durfte; ursprünglich auf 400, dann auf

600 Mark festgesetzt, ist dieser Betrag zuletzt auf 800 Mark gestiegen. Die im Jahre 1894 im Wege des Postauftrags von Reichspostanstalten eingezogene Summe belief sich für 6,7 Millionen Aufträge auf rund 575 Millionen Mark, was einen Schluß gestattet auf den Umfang dieses wesentlich zum Vortheil des geschäftlichen Mittelstandes geschaffenen Verfahrens.

Sind die Postkarten und Postaufträge als eigentliche Schöpfungen Stephans zu betrachten, so haben doch auch alle anderen Korrespondenzmittel hervorragende Förderung durch ihn erfahren. Noch im Jahre 1870 wurden die Gebühren für die Ueberweisung der Zeitungen herabgesetzt, 1871 wurde die Zeitungsbestellung durch die Landbriefträger erlaubt, die Zulassung von Drucksachen als außergewöhnliche Zeitungsbeilagen gegen die Gebühr von $\frac{1}{4}$ Pfennig für das Stück ausgesprochen, die Einrichtung der Bücherbestellzettel getroffen, das zulässige Meistgewicht für Drucksachen von 15 Loth auf 1 Kilogramm erhöht und eine Ermäßigung der Landbestellgebühren für Zeitungen bewilligt; später wurde die Bestellung der Zeitungen auf einen kürzeren Zeitraum als ein Vierteljahr und die unentgeltliche Ausgabe der Zeitungen durch die Posthülfstellen nachgelassen, das Porto für Drucksachen im Gewicht von 50 bis 100 Gramm von 10 auf 5 Pfennig herabgesetzt.

Ebenso ist die Benutzung des Nachnahmeverfahrens im Jahre 1890 durch Herabsetzung der Gebühren und einfachere Gestaltung des Tarifs wesentlich erleichtert und durch Erhöhung des Meistbetrags der einzelnen Nachnahme auf 400 Mark gefördert worden; Das ist besonders deshalb erfreulich, weil dies Verfahren, wobei Gegenstände mit der Post gegen Entnahme eines bestimmten Betrags versandt werden, zur Gewöhnung des Publikums an die im volkswirthschaftlichen Interesse wünschenswerthe Baarzahlung beiträgt. Der Umfang dieses Verkehrs innerhalb des Reichspostgebiets ist seit 1870 von rund 1,6 Millionen Stück mit 27 Millionen Mark nachgenommener Gelder auf rund 5,3 Millionen Stück mit 140 Millionen Mark gestiegen.

Von weitreichender Bedeutung war die Fürsorge, die Stephan einem anderen nicht minder wichtigen Dienstzweige, dem Packetverkehr, angedeihen ließ. Gleich zu Beginn seiner Amtsthätigkeit ermäßigte er die Anforderungen an die Verpackung und den Verschluß der für den Postversand bestimmten Packete und sorgte für die Aufnahme weiterer im selben Sinne gehaltenen Bestimmungen in die Postordnung vom Jahre 1874. Seit 1880 werden dringende Packete zur Versendung mit Schnell- und Kurierzügen zugelassen. Des Gesetzes vom 17. Mai 1873, dem die Einführung der Einheitstaxe und des Fünfzonentarifs zu danken ist, haben wir schon (S. 31) gedacht. Welch riesigen Aufschwung der Packetverkehr genommen hat, zeigen die Vergleichszahlen für das Reichspostgebiet 1873: 33 Millionen, 1894: 127 Millionen.

In ähnlicher Weise ist dem Postanweisungsverkehr, der sich als das Gegenstück des Postauftrags- und Nachnahmeverfahrens darstellt, durch eine Reihe von Erleichterungen, wie Erhöhung des Meistbetrags einer Postanweisung auf 400 Mark, Ermäßigung des Portos, Zulassung telegraphischer Postanweisungen in erweitertem Umfange u. a. m. ein außerordentlich günstiger Boden zur Entwickelung geschaffen worden. Vom 1. Oktober 1883 datirt auch die Einführung des Verfahrens, wonach die auf Postanweisungen eingehenden Gelder an Giro-Kunden der Reichsbank auf Wunsch nicht baar ausgezahlt, sondern ihnen bei dieser gutgeschrieben werden. Es dient Dies gleichzeitig dem Interesse der Empfänger, wie der Verwaltung (durch Verminderung des Baarverkehrs). Dies Verfahren kommt daher immer mehr in Aufnahme und wird auch schon mit gutem Erfolg zur Einziehung der Fernsprechgebühren angewendet.

Es bedarf kaum besonderer Erwähnung, daß mit den Bestrebungen, der Post Verkehr zuzuführen, die Vorkehrungen gleichen Schritt halten mußten, die darauf gerichtet waren, diesen Verkehr zu bewältigen, in geordnete Bahnen zu lenken und die Versandgegenstände den Empfängern zuzuführen. Unmöglich ist es, hier auf Einzelheiten einzugehen; nur die leitenden Gesichtspunkte lassen sich kurz andeuten, und diese sind dieselben, wie sie uns überall in dem Wirken Stephans ungesucht entgegentreten: Einheitlichkeit und Vereinfachung des Dienstbetriebes sowie der Buchführung und des Kassen- und Rechnungswesens, und doch dabei Anpassung an ört-

liche oder sonstige besondere Verhältnisse, Beseitigung veralteter
Formen bei sorgfältiger Schonung des berechtigten Kerns, scharfe
Abgrenzung der Verantwortlichkeit jedes Einzelnen unter Wahrung
der Haupterfordernisse des Versandverkehrs, als da sind Ausnutzung
der Zeit, Uebersichtlichkeit der Geschäfte, Sicherheit der Kontrole
u. a. m. Insbesondere ist das Bestellgeschäft auf der Grundlage
der vorerwähnten Anforderungen sowohl auf dem Lande, wovon
schon die Rede war, wie auch in den Städten stetig weitergebildet
und vervollkommnet worden, indem die Befugnisse der Besteller
mannigfache Erweiterungen, die Bestellungen aber durchgehends
Vermehrung und Beschleunigung erfahren haben. Hervorragend
entwickelt ist das Geschäft des Einsammelns und Bestellens der
Sendungen in Berlin mit seinen 900 Briefkasten, 46 Bestellpost=
anstalten und der eigenartigen Einrichtung der „Straßenposten" —
regelmäßig von Postamt zu Postamt fahrende Wagen, in denen
die Briefe während der Fahrt von Beamten sortirt werden.

Ueberall passen sich die Bestellgänge den Ankunftszeiten, wie die
Leerungen der Briefkästen den Abgangszeiten der Posten an, überall
ist die Zahl der Besteller vermehrt und dadurch eine Verkleinerung
der Bestellreviere erzielt worden. Auf dem platten Lande werden
die Postsachen täglich mindestens einmal und höchstens dreimal be=
stellt; in mittleren Städten finden täglich bis acht, in den größten
Städten bis zwölf Bestellungen statt. Entsprechend ist auch das
Briefeinsammlungsgeschäft geordnet. Ueberall ist die Packetbe=
stellung durchgeführt und die Einsammlung von Packeten auf den
Bestellfahrten nachgegeben; kurz, wohin wir blicken, finden wir
stetiges Vorwärtsschreiten, reges Streben nach Vervollkommnung,
riesiges Anwachsen des Verkehrs auf allen Gebieten Hand in Hand
mit allerlei Maßnahmen, die es der Verwaltung ermöglichen, diesen
Verkehr zu beherrschen und den Rahmen des Postwesens zur Auf=
nahme vorauszusehenden weiteren Wachsthums geschickt zu machen.

Es kann nicht Wunder nehmen, daß eine so vielfach verzweigte
und mit dem ganzen Wirthschaftsleben des Volkes so eng ver=
knüpfte Anstalt, wie die Post es ist, auch mit der Hülfeleistung
bei Erledigung allgemein staatlicher Kulturwerke befaßt

worden ist. Bei Durchführung der Münzreform haben die Post=
kassen in erster Linie durch Einlösung, Beförderung und Aufbe=
wahrung der einzuziehenden Geldsorten mitgewirkt: gegen 1000
Millionen Mark sind zu diesem Zweck seit dem 1. August 1873
durch die Post bearbeitet worden. Daneben hatte sie bei der Zeich=
nung, Einzahlung und Verzinsung der Bundesanleihen, sowie bei
der Einlösung von Bundesschatzanweisungen in weitem Umfange
Hülfe zu leisten. Ferner ist sie seit 1880 an dem Vertrieb der
Reichswechselstempelmarken und der Werthzeichen zur Erhebung der
Gebühr für die Waarenstatistik hervorragend betheiligt: die hierfür
bei den Postanstalten vereinnahmten Summen betragen bis jetzt
in 15 Jahren 95 und 9 Millionen Mark.

Am umfangreichsten ist aber die Mitwirkung der Post bei der
Durchführung der sozialpolitischen Gesetze: sämmtliche Einzelzahlungen
für Rechnung der Berufsgenossenschaften und Ausführungsbehörden,
sowie der Landesversicherungsanstalten sind von den Postanstalten
zu leisten (im Jahre 1894 rund 67 Millionen Mark); der Ver=
kauf der Beitragsmarken liegt ihnen ob (im selben Jahre sind
rund 380 Millionen Stück im Werthe von 80 Millionen Mark,
meist in kleinen Einzelbeträgen, von ihnen abgesetzt worden); der
außerordentlich große Schriftwechsel und das Rechnungswerk be=
schäftigen die Verkehrsanstalten, wie die Bezirksbehörden und die
Zentralstelle in steigendem Maße, sodaß bei der immer intensiveren
Wirkung dieser Gesetze eine Grenze für die Leistungen der Post in
dieser Beziehung gar nicht abzusehen ist.

In gleicher Weise, wie für den Verkehr innerhalb Deutsch=
lands hat Stephan auch für die Förderung des Verkehrs
zwischen dem Reichs=Postgebiet und dem Ausland gewirkt,
ja hier tritt uns eigentlich die universelle Bedeutung des ersten
Leiters der Reichspost am deutlichsten und packendsten entgegen,
wenn wir seines großartigsten Werkes gedenken, des Weltpostver=
eins. Schillers Wort: „Immer strebe zum Ganzen!“ könnte man
einer Geschichte der Entstehung dieses Völkerbundes unter fried=
lichem Banner als Motto voransetzen, denn in der That haben alle
Bestrebungen Stephans von dem Zeitpunkte an, als er zum ersten

Mal zur Mitwirkung beim Abschluß eines Postvertrages berufen ward, der Vorbereitung und Durchführung der Einheit und Freiheit auf dem Gebiete des internationalen, des Welt-Postverkehrs gegolten.

Was uns der Weltpostverein gebracht hat, lehrt ein kurzer Rückblick auf den Stand der Dinge, wie er vordem war. Auf das Wirrsal der Tax- und Verwaltungsgrundsätze, das in Deutschland vor 1864 herrschte, haben wir schon bei der Besprechung der Thurn- und Taxisschen Lehnspost hingewiesen. Gleichwie hier jede Postverwaltung ihre eigenen Taxen festsetzte und erhob, ihren Dienstbetrieb selbständig regelte, thaten dies auch die übrigen europäischen und außereuropäischen Postverwaltungen, nur daß diese noch freiere Hand hatten als die deutschen, die doch wenigstens durch die Zugehörigkeit zum deutsch-österreichischen Postverein in gewisser Beziehung genöthigt waren, Rücksicht auf einander zu nehmen.

So lange der Postverkehr sich in engen Grenzen und an eine beschränkte Anzahl bestimmter Beförderungswege hielt, ließ das Vorherrschen der Sonderinteressen jeder einzelnen Verwaltung als Grundlage der Beziehungen von Land zu Land sich allenfalls ertragen. Als aber mit der Vermehrung der Vekehrsgelegenheiten auch die Verkehrsbeziehungen sich in steigendem Maße vervielfältigten, da drängten die Verhältnisse mit zwingender Gewalt zum Verlassen der altgewohnten, ausgetretenen Pfade und zum Aufsuchen neuer Bahnen, auf denen der Postverkehr einherwandeln konnte. Wir haben schon an anderer Stelle erwähnt, wie viele Postverträge in Folge der 1866 in Deutschland eingetretenen politischen Veränderungen und nach der Einrichtung der norddeutschen Bundespost mit fremden Ländern abgeschlossen werden mußten; nun denke man zurück an die Zeit vor der Gründung des deutsch-österreichischen Postvereins von 1850, als noch jede der damals bestehenden Landespostverwaltungen mit all den dort genannten Ländern im Vertragsverhältniß stand, und man wird ermessen können, welches Chaos von Tarifen und Bestimmungen zu jener Zeit auf dem Gebiet des internationalen Postverkehrs die Regel bildete!

Das Unhaltbare dieser Zustände schon zu einer Zeit erkannt zu haben, als noch Niemand im entferntesten auf eine Aenderung hoffen durfte, und mit zäher Thatkraft für eine Aenderung der Verhältnisse in der Richtung der Vereinigung und Einheitlichkeit bemüht gewesen zu sein — das ist das Verdienst Stephans! Als Vertreter der Postverwaltungen aller civilisirten Staaten 1874 nach Bern eingeladen wurden, um über den Zusammenschluß zu einer postalischen Gemeinschaft zu berathen, da war die Frucht reif und brauchte nur noch gebrochen zu werden, aber es ist eine gütige Fügung der Vorsehung gewesen, daß der Mann die Frucht vom Baume pflücken durfte, der diesen gepflanzt und als sorgsamer Gärtner seit vielen Jahren gehegt und gepflegt hatte. Denn Stephan hat schon 1858 in seiner „Geschichte der Preußischen Post" den deutsch-österreichischen Postverein prophetisch als eine Gemeinschaft bezeichnet, „die der Kern und Ausgangspunkt weiterer, umfassenderer genossenschaftlicher Bildungen der europäischen Staaten sein und ein wichtiges Hülfsmittel zur Erfüllung der geschichtlichen Mission unseres Zeitalters bilden wird".

Seit 1862 hat Stephan dann in klarer Erkenntniß des erstrebten Zieles darauf hingearbeitet, in allen Verträgen, bei deren Zustandekommen er mitzuwirken hatte, die bis dahin bestehende Mannigfaltigkeit der Tarife und Unsicherheit der Bestimmungen durch ein einfaches, auf einheitlichen und durchsichtigen Grundsätzen beruhendes Taxirungs- und Abrechnungsverfahren und ebensolche Vereinbarungen über die Behandlung der Sendungen zu ersetzen. War man erst durch Einzelverträge einer größeren Anzahl von Staaten auf eine einheitliche Grundlage gelangt, so war zu hoffen, daß ein engeres Aneinanderschließen erfolgen und damit der feste Kern geschaffen sein würde, an den die noch außerhalb stehenden Staaten sich angliedern könnten.

Unter diesem Gesichtspunkt hat Stephan die am 4. November 1863 dem Generalpostamt vorgelegte Denkschrift abgefaßt, worin er die Postverhältnisse zwischen Preußen und den Staaten der pyrenäischen Halbinsel eingehend darlegt und Vorschläge zu ihrer Verbesserung auf dem Wege der Vertragschließung macht. Seine Chefs erklärten sich mit seinen Ausführungen einverstanden und veranlaßten seine Entsendung nach Madrid und Lissabon, wo er nach langen und schwierigen Verhandlungen Postverträge auf der von ihm in Aussicht genommenen Grundlage zu Stande brachte: ein Erfolg, der um so höher anzuschlagen war, als die schon seit 1859 schwebenden Verhandlungen bisher stets ergebnißlos verlaufen waren. Es war dies die erste Gelegenheit, bei der Stephans Befähigung zur Führung internationaler Verhandlungen, unterstützt durch seine Sprachkenntnisse, zur Geltung kam.

Selbstredend waren zu einer Umgestaltung der Verhältnisse in der vorher geschilderten Richtung Jahre erforderlich, und diese hätten sich vielleicht zu Jahrzehnten ausgedehnt, wenn nicht die drei großen deutschen Kriege den Umbildungsprozeß gewaltig beschleunigt hätten, und wenn nicht 1870 der Urheber des eben geschilderten Gedankenganges an die Spitze der Bundespost berufen worden wäre. Inzwischen hatte 1863 die von 14 Staaten auf Veranlassung der nordamerikanischen Union beschickte internationale Postkommission zu Paris einigermaßen aufklärend und vorbereitend gewirkt; den Verwaltungen, mit denen die preußische und die norddeutsche Post Uebereinkommen im Sinne Stephans abgeschlossen hatten, war Zeit gelassen worden, die Vorzüge des neuen Systems kennen und schätzen zu lernen, und diese Verwaltungen waren nicht nur selbst geneigt, dessen Schöpfer auch noch weiter auf seinem Wege zu folgen, sondern wurden auch zur werbenden Kraft gegenüber anderen, noch unbetheiligten Verwaltungen, indem sie sich bemühten, in die mit solchen zu verhandelnden Verträge die als richtig erkannten Grundsätze einzuführen. So geschah es, daß auch in dem Postvertrage, der nach dem Abschluß des Frankfurter Friedens zwischen dem Deutschen Reich und Frankreich am 14. Februar 1872 in Paris zu Stande kam, die Stephanschen Grundsätze zur Anwendung gelangten — zum ersten Mal zwischen zwei durch Größe, Lage, Verkehr und Kultur gleich bedeutenden Ländern.

Nunmehr durfte der Zeitpunkt als gekommen erachtet werden, um den Plan zur Gründung einer engeren Gemeinschaft auf postalischem Gebiete, der schon in einer 1868 von Stephan verfaßten und vom Bundeskanzler gebilligten Denkschrift dargelegt, aber in Folge des deutsch-französischen Krieges einstweilen zurückgestellt worden war, einem allgemeinen Post-Kongreß zu unterbreiten. Am 19. Januar 1874 ließ auf Ersuchen Deutschlands die Schweiz an die auswärtigen Regierungen die Einladung zur Beschickung eines nach Bern zu berufenden Post-Kongresses ergehen. Am 15. September 1874 traten in Bern die Bevollmächtigten sämmtlicher Staaten Europas sowie der Vereinigten Staaten von Nordamerika und Egyptens zusammen. Die allgemeine Stimmung war den deutschen Vorschlägen günstig; die Strömung der Zeit und die fast allerwärts vorliegende übereinstimmende Erfahrung ließen die in dem Vertragsentwurf niedergelegten Gedanken den Meisten als richtig und das gesteckte Ziel als das aus den thatsächlichen Verhältnissen mit Naturnothwendigkeit folgende Endergebniß der vorhergegangenen Entwicklung der Dinge erscheinen. So kam es, daß schon nach drei Wochen, am 9. Oktober 1874, der Grundvertrag des allgemeinen Postvereins von allen anwesenden Bevollmächtigten unterzeichnet wurde; nur Frankreich zauderte noch, trat aber nach kurzer Zeit dem Vertrage ebenfalls ohne Vorbehalt bei.

In der Rede, mit der die Verhandlungen von dem zum Vorsitzenden des Kongresses erwählten Herrn Borel, Chef des eidgenössischen Postwesens, geschlossen wurden, konnte dieser mit Befriedigung hervorheben, daß der durch Vertreter von 22 Ländern mit einer Bevölkerung von mehr als 350 Millionen Seelen und einem Umfange von ungefähr 37 Millionen Quadratkilometer unterzeichnete Vertrag bestimmt sei, in nächster Zukunft alle Mitglieder der großen menschlichen Familie, so weit es ihren Postverkehr betreffe, zu verbinden. Er durfte die Hoffnung aussprechen, die Frucht der Berathungen: die Bildung eines allgemeinen Weltpostvereins, werde zur Folge haben, daß der ganze Postdienst in den weiten Gebieten, die der Verein umfaßt, zu einer einheitlichen Ordnung gelangen werde.

Am 1. Juli 1875, wie verabredet, trat der allgemeine Postverein ins Leben, mit ihm das internationale Postbüreau in Bern. Wenn auch dem großen Publikum zunächst die Errungenschaft des für einen so ansehnlichen Theil des Erdballs hergestellten billigen Einheitsportos für Briefe, Postkarten, Drucksachen, Waarenproben und Mustersendungen, Zeitungen und Zeitschriften zum Bewußtsein kam, und wenn auch jetzt Millionen von Menschen täglich diese große Erleichterung des Weltverkehrs für das Geistes-, Geschäfts- und Familienleben als etwas Selbstverständliches hinnehmen, so verdient doch andererseits hervorgehoben zu werden, daß von nicht minder großer Bedeutung für den ganzen Kulturwerth der Postanstalt die Herstellung des völlig freien Verkehrs war, die Beseitigung der Gebietsgrenzen, der Fortfall der Transitplackereien, die Gestattung der jederzeitigen freien Benutzung sämmtlicher Postlinien jedes Vereinslandes für die Verwaltung und die Zwecke jedes anderen. Ja man kann sagen, daß dies die Haupterrungenschaft war, besonders wenn man sich die früheren Zustände vergegenwärtigt.

Zwar war ein Punkt des ursprünglichen Programms: die Unentgeltlichkeit des Transits, noch nicht erreicht; aber seine Freiheit — und das war die Hauptsache — war gewährleistet. Früher oder später: die Abschaffung der Transitgebühr wird erfolgen; es ist dafür gesorgt, daß diese Frage nicht wieder von der Tagesordnung der Postkongresse verschwindet, bis sie eine für den Weltverkehr günstige Lösung erfahren hat.

Endlich darf das ideale Moment nicht unterschätzt werden, das in der freiwilligen Vereinigung so vieler Völker zur gemeinsamen Verfolgung eines Kulturzweckes, in der Gewöhnung an übereinstimmendes Handeln und in der Unterwerfung an ein selbstgegebenes gemeinsames Gesetz unter allen Umständen liegt.

In der Sitzung des deutschen Reichstags, in der diesem der Berner Vertrag zur Genehmigung vorgelegt wurde, äußerte Stephan u. A. Folgendes:

„Der vorliegende Vertrag bezweckt nicht eine Vereinigung zu einem bestimmten Unternehmen, die sich auflöst, wenn der Zweck dieses Unternehmens erfüllt ist; er ist auch nicht darauf berechnet, nur für gewisse Zeiten und für gewisse, hoffentlich immer seltener werdende Lagen in Anwendung zu kommen, in denen die Völker blutige Krisen durchschreiten. Er will auf seinem Gebiet eine dauernde Einrichtung, einen fortlebenden Organismus schaffen; seine Anwendung wird täglich und stündlich, von Land zu Land, von Welttheil zu Welttheil stattfinden, sei es in dem weiten Gezweige der Geschäftsverbindungen oder in den stetigen Vorkommnissen des Familienlebens, sei es in dem großartig zunehmenden Austausch der Erzeugnisse der Presse oder in den Beziehungen der Männer der Kunst und Wissenschaft. Niemand in dieser Hohen Versammlung wird an den Wirkungen des Vertrages unbetheiligt und von ihnen unberührt bleiben. Deutschland wechselt schon gegenwärtig mit den hier in Betracht kommenden Ländern, ungeachtet der jetzigen hohen Taxen, 150000 Briefe und Drucksachen täglich, das ist in jeder Stunde 6000 Stück. Für die Beamten der Postverwaltung wird der Vertrag seine Wirkung dahin äußern, daß durch eine weitgehende Vereinfachung des Dienstmechanismus ihnen die Bewältigung der Arbeit erleichtert und mithin eine korrektere Handhabung dieser, mit der erhebliche Interessen des Publikums verknüpft sind, ermöglicht wird.

Wir werden eine einheitliche Brieftaxe von 2 Silbergroschen bei dem gleichförmigen Gewichte von 15 Gramm haben, und für Zeitungen, Drucksachen, Bücher, für die Erzeugnisse der graphischen Kunst und die Kompositionen der Musik, sowie für Handels- und Geschäftspapiere eine Taxe von $\frac{1}{2}$ Silbergroschen bei dem gleichförmigen Gewicht von 50 Gramm. Diese Taxen werden, auch wenn die französische Republik, deren freier Entschließung der Beitritt oder Nichtbeitritt zum Vereine jetzt noch offen steht, es in ihrem Interesse liegend erkennen sollte, sich von dem allgemeinen Konzert der übrigen kultivirten Länder und deren Regierungen auszuschließen, gleichwohl Anwendung finden auf ein Gebiet von über 700000 Quadratmeilen, die bewohnt werden von mehr als 300 Millionen Menschen, die den civilisirten Nationen der Erde angehören. In diesem weiten Gebiete sind für den hier in Betracht kommenden Zweck die politischen Grenzen niedergelegt, und die Waffe war der Gedanke. —

Soweit Preußen dabei in Betracht kommt, wird es vielleicht für das Hohe Haus von Interesse sein, wenn ich einen kurzen Rückblick auf die Entstehungsgeschichte des Vertrages werfe, und da habe ich zu erwähnen, daß durch die persönliche Entschließung Sr. Majestät des Kaisers bereits 1868 Schritte zur Einleitung von Verhandlungen mit anderen europäischen Regierungen anbefohlen wurden, um Einverständnisse mit Deutschland herbeizuführen, wie sie jetzt angenommen worden sind. Eine erneute Anregung zu diesem Werke des Friedens, wie es genannt wurde, erfolgte durch einen Erlaß an den Kaiserlichen Botschafter in Paris, der das Datum des 6. Juni 1870 trug, und es ist wirklich eine interessante aktenmäßige Thatsache, daß wir so wenige Tage vor dem Ausbruche des blutigen Krieges eine so geringe Ahnung davon hatten, daß uns ein solcher Kampf bevorstand. Als der Klang der Waffen verhallt war, wurde u. a. auch diese Friedensarbeit wieder vorgenommen und so weit gefördert, daß wir hoffen durften, den Kongreß 1873 zu Stande kommen zu sehen. Es traten im letzten Augenblicke Schwierigkeiten ein, und es mußte der Aufschub bis 1874 erfolgen, ein Aufschub, der dem Werke indessen nur förderlich gewesen ist, da die darin vorgeschlagenen Ideen mehr Eingang fanden und die Geister mit manchen Vorschlägen, die anfangs für unausführbar gehalten wurden, sich doch so sehr befreundeten, daß diese Vorschläge Farbe und Gestalt gewannen. Von großem Einflusse war dabei die Thatsache, daß zwischen Deutschland und Oesterreich seit Jahren bereits ein Postverein bestand, der die Nützlichkeit, die Möglichkeit und Zweckmäßigkeit solcher Einrichtung in ausgezeichneter Weise dargethan hatte.“

Diesen Worten folgte anhaltender Beifall von allen Seiten des Hauses. Auch der Reichskanzler Fürst Bismarck schloß sich mit dem Ausdrucke freudiger Theilnahme den Zeichen der Anerkennung des Reichstages für den General-Postdirektor an.

Der Weltpostvertrag wurde ohne weitere Erörterung sofort in erster und zweiter Berathung mit Einstimmigkeit genehmigt.

Es konnte nicht ausbleiben, daß die Festsetzungen des Vertrages einen bestimmenden Einfluß auf die innerhalb der einzelnen Länder des Vereins geltenden internen Vorschriften ausübten, und daß in Folge davon allmählich eine sehr erwünschte Gleichmäßigkeit an die Stelle der vielfach bestehenden Verschiedenheiten trat. Ganze Postdienstzweige (Packetpost, Geldpost u. s. w.), die in einer Anzahl von Staaten noch gar nicht bestanden, sind inzwischen in den meisten eingeführt worden.

Das durch den Berner Vertrag, wie Moritz Mohl sagt, „der civilisirten Welt geschenkte ewig denkwürdige Werk der geistigen, sittlichen und materiellen Hebung der Menschheit mußte nothwendig in unendlicher Progression fortwuchern". Ein so großer Körper, wie der Verein mußte nach dem Gesetz der Massenanziehung wirken; sehr bald traten ihm bei: Ostindien, Kanada und eine größere Anzahl anderer unter britischer Schutzherrschaft stehenden Länder und Kolonien, ferner die sämmtlichen niederländischen und die spanischen Kolonien, ferner Japan, Brasilien, die portugiesischen Kolonien, Persien, Argentinien, Grönland und die dänischen Antillen, und als nach kaum vier Jahren die zweite Vereins-Konferenz am 2. Mai 1878 in Paris eröffnet wurde, waren außer den Bevollmächtigten der in Bern vertreten gewesenen Staaten noch gegenwärtig: die Abgesandten von Argentinien, Brasilien, Britisch Indien, der französischen Kolonien, Japan, Persien, Kanada, Chile, Haiti, Hawai, Liberia, Mexiko, Peru, Salvador, Uruguay und Venezuela. Im Ganzen waren in Paris 28 Staaten vertreten, deren Gebiete sich auf alle Welttheile vertheilten, weshalb der Name „Weltpostverein" angenommen wurde.

Die Verhandlungen dieses Kongresses wurden unter der Leitung des Unterstaatssekretärs im Finanz-Ministerium, nachmaligen Ministers der französischen Posten und Telegraphen, Herrn Cochery, in der verhältnißmäßig kurzen Zeit bis zum 4. Juni zu Ende geführt.

Von den zahlreichen und wichtigen Vorlagen seien nur genannt: die namhafte Erweiterung des Vereinsgebiets durch neue Beitrittserklärungen, die thunlichste Beseitigung der im Vertrage

von Bern vorbehaltenen Uebergangs= und Ausnahmebestimmmungen,
namentlich die schärfere Abgrenzung der einheitlichen Portosätze in
der Absicht weiterer Ermäßigung, die Einführung der internatio=
nalen Packetpost, Geldpost und des Postanweisungsdienstes, ferner
die Festsetzung eines einzigen, von der Entfernung unabhängigen
Vergütungssatzes für den Landtransit an Stelle von zwei verschie=
denen Sätzen, und die beträchtliche Herabsetzung der Seetransitge=
gebühr für Briefpostsendungen, die Beseitigung der Abrechnung
über die Korrespondenz mit den nicht zum Verein gehörigen Län=
dern, die Erhöhung des Meistgewichts für Drucksachen und Ge=
schäftspapiere auf 2 Kilogramm, die Beschränkung der Ausnahme=
bestimmungen über die Ersatzverbindlichkeit für Einschreibsendungen,
endlich die Einführung von Erleichterungen für die Aufnahme
fremder Länder in den Verein.

Der in Paris am 1. Juni 1878 von 32 Staaten abgeschlossene
Weltpostvereins=Vertrag brachte Deutschland eine einzige Taxe von
20 Pfennig für den einfachen gewöhnlichen Brief für den gesamm=
ten Vereinsbereich anstatt der noch im Jahre 1874 vorhandenen
65 verschiedenen Portosätze für frankirte und 28 für unfrankirte
Briefe und ermöglichte es dadurch, den Inhalt des noch im Jahre
1867 332 Druckseiten enthaltenden Briefposttarifs auf zwei Zeilen
unterzubringen. Die Höhe der früheren Taxen für Briefe nach
dem Ausland steht bei den älteren Zeitgenossen sicher noch zu
sehr in wenig angenehmer Erinnerung, als daß wir Beispiele an=
zuführen brauchten.

Das am selben Tage von 18 Staaten unterzeichnete Ueber=
einkommen über den Austausch von Werthbriefen trat für
Deutschland an die Stelle von 13 Einzelverträgen; das über den
Austausch von Postanweisungen wurde von 16 Staaten am
4. Juni vollzogen und ersetzte 10 Einzelverträge mit 19 verschie=
denen Portosätzen, die bedeutend höher waren als die durch dies
Uebereinkommen festgelegten Taxen.

Zur Einführung eines internationalen Packetpostdienstes
kam es damals noch nicht, weil sie bei den Staaten auf Schwierig=
keiten stieß, die in ihrem inneren Verkehr noch keine Fahrpost=

einrichtung besaßen. Unter ausdrücklicher Anerkennung des von Deutschland ausgehenden Vorschlages wurde beschlossen, zur endgiltigen Regelung dieser Angelegenheit späterhin eine besondere Konferenz zu berufen.

Diese Konferenz fand in der Zeit vom 9. Oktober bis zum 3. November 1880 in Paris statt und führte zum Abschluß einer am 3. November 1880 von 22 Staaten unterzeichneten Uebereinkunft, auf Grund deren die postmäßige Beförderung von Packeten gegen einheitlich bemessene Gebührensätze, sowie die übereinstimmende Behandlung dieser Packete in den verschiedenen Vereinsländern eingeführt worden ist. Dieser Uebereinkunft sind nachträglich zahlreiche Staaten beigetreten.

Zu dem in der Zeit vom 4. Februar bis 21. März 1885 zu Lissabon abgehaltenen Kongreß entsandten 46 Vereinsländer ihre Bevollmächtigten. Es war ihm nicht beschieden, weitgreifende Neuerungen und Umgestaltungen zu beschließen, vielmehr hatte er vorwiegend für die innere Befestigung des Vereins und den weiteren Ausbau seiner Einrichtungen zu wirken. Seine Beschlüsse wurden, da sie den wesentlichen Bestand der Vertragsbestimmungen nicht veränderten, in der Form von Zusatzartikeln zu den Pariser Verträgen und Uebereinkommen gefaßt.

Wichtiger noch als deren innere Vervollkommnung war die Ausdehnung ihres Geltungsbereichs in Folge des auf dem Kongresse erfolgten Beitritts einer Reihe von Staaten. Denn durch die Ausbreitung dieser besonderen Postbetriebsdienste wird die Interessengemeinschaft der Vereinsverwaltungen vertieft, die Verkehrsbeziehungen der Vereinsländer werden erweitert und gekräftigt, und endlich äußert sich die Wohlthat doppelt für solche neu hinzutretenden Länder, denen aus der Einführung eines besonderen, ihnen bisher fehlenden Dienstzweiges, z. B. des Packetdienstes, im internationalen Verkehr zugleich dessen Einführung im inneren Betriebe erwächst.

Im Uebrigen ist ein neuer Dienst auch von dem Lissaboner Kongreß in den Bereich der vertragsmäßigen Vereinsbeziehungen aufgenommen worden: der Postauftragsdienst, der bis dahin nur zwischen Deutschland und sieben anderen Ländern auf Grund besonderer Vereinbarungen bestanden hatte. Ein von Deutschland in Gemeinschaft mit Belgien und Luxemburg ausgearbeiteter Entwurf zu einem hierauf bezüglichen Uebereinkommen wurde vom Kongreß den Berathungen zu Grunde gelegt und im Wesentlichen angenommen. Die Unterzeichnung erfolgte am 21. März 1885 von zunächst zwölf Staaten, wobei der 1. April 1886 als Zeitpunkt des Inkrafttretens in Aussicht genommen wurde. Auch zu diesem Uebereinkommen sind seitdem zahlreiche Beitrittserklärungen erfolgt.

Die einheitliche Regelung des internationalen Post-Zeitungsbezugs, worüber dem Lissaboner Kongreß außer von Deutschland auch von anderen Staaten Vorschläge zugegangen waren, blieb dem 1891 in Wien stattgehabten Kongreß vorbehalten, nachdem die Angelegenheit 1890 auf einer besonders zu diesem Zweck nach Brüssel einberufenen Konferenz von Vertretern dieser Länder berathen und vorbereitet worden war. Der aus diesen Berathungen hervorgegangene, im Wesentlichen auf den altbewährten Einrichtungen des deutschen Post-Zeitungsbetriebes beruhende Entwurf wurde dem Wiener Kongreß vorgelegt und am 4. Juli 1891 zunächst von 15 Staaten angenommen. Am 1. Januar 1893 ist das Uebereinkommen in Kraft getreten und hat die vielseitigen Beziehungen, wodurch die Verkehrseinrichtungen der Länder des den ganzen Erdball umfassenden Weltpostvereins mit einander zu einem großen Gesammtorganismus vereinigt werden, um ein neues kräftiges Band vermehrt.

Als fernere Errungenschaft des Wiener Kongresses ist die Annahme des deutschen Vorschlags, betreffend die Einrichtung einer Zentral-Abrechnungsstelle bei dem internationalen Büreau des Weltpostvereins zu verzeichnen. Die Thätigkeit dieser Zentralstelle erstreckte sich zunächst nur auf die Abrechnungen aus dem Postdienst, doch ist sie in der Folge auch auf Zahlungen aus dem Telegraphenverkehr ausgedehnt worden. Durch das neue Verfahren ist es gelungen, die Zahl der zwischen den einzelnen Vereinsverwaltungen zu erledigenden Abrechnungen wesentlich zu verringern und den durch Wechsel oder Baarzahlung zu bewirkenden Ausgleich von Schuld und Forderung unter ihnen auf das denkbar geringste Maaß zurückzuführen. Naturgemäß wird der hierdurch erzielte Vortheil um so deutlicher hervortreten, je mehr die Zahl der Theilnehmer an dem vereinfachten Ausgleichungsverfahren wächst.

Auch im Uebrigen hat der Wiener Kongreß durch den weiteren Ausbau der früheren Verträge und Uebereinkommen im Sinne der Förderung des Postverkehrs durch Vereinheitlichung der Betriebsbestimmungen, Erleichterung der Versandbedingungen, Herabsetzung der Taxen wieder Hervorragendes geleistet, und Stephan durfte mit Recht sagen: „Der Berner Kongreß hat unser Werk gegründet und das Gebäude errichtet. Der Pariser hat es erweitert, der Lissaboner hat es gefestigt, der Wiener Kongreß hat es vollendet und gekrönt. Er hat auf ihm die Flagge aufgepflanzt, die hinfort als ein Zeichen neuzeitiger Gesittung und brüderlicher Gesinnung der Völker über den fünf Welttheilen wehen wird!" Denn durch den Beitritt der australischen Kolonien ist das letzte Glied in der Kette geschlossen worden, nachdem auch die einzigen noch fehlenden beiden Länder, der Oranje-Freistaat und die Kapkolonie sich dem Verein angeschlossen haben. Damit ist, wie Stephan auf die Anzeige hiervon dem englischen General-Postmeister schrieb: „dem Bunde, der vor nun 20 Jahren gegründet wurde zur Erleichterung des geistigen Verkehrs der Völker untereinander, zu ihrer Annäherung und gegenseitigen Verständigung, also in seinem Endziel für den Frieden auf Erden, das Schlußglied eingefügt worden."

So ist denn das Gebiet des Vereins von 37 Millionen Quadratkilometer mit 350 Millionen Einwohnern bei seiner Gründung auf rund 100 Millionen Quadratkilometer mit über 1000 Millionen Einwohnern gewachsen. Innerhalb seines Bereichs werden auf der Grundlage des Weltpostvereins-Vertrags und der sonstigen Uebereinkommen jetzt täglich etwa 50 Millionen Briefpostsendungen, 0,2 Million Werthsendungen, 1 Million Packete, 0,8 Million Postanweisungen, die eine Summe von 36 Milliarden Mark darstellen und 0,14 Million Postauftrags- und Nachnahmesendungen zwischen den Vereinsländern ausgetauscht. Die von den Vereinsverwal= tungen täglich vermittelten, angegebenen Werthe belaufen sich auf etwa 200 Milliarden Mark.

Von den grundsätzlichen Fragen, mit denen die bisher abge= haltenen Kongresse sich beschäftigt haben, blieb allein die Frage der Unentgeltlichkeit des Transits ungelöst: Sache des nächsten, für 1897 nach Washington einzuberufenden Kongresses wird es sein, auch sie einer für den Weltverkehr gedeihlichen Lösung entgegen= zuführen. Daß in der Zwischenzeit die vorbereitende Thätigkeit nicht ruht, bedarf wohl keiner besonderen Erwähnung.

So steht denn zu hoffen, daß mit dem Abschluß des ersten Vierteljahrhunderts seit der Gründung des Weltpostvereins das ganze, dem Berner Kongreß unterbreitete Programm erledigt sein, und die Welt in dem Ganzen der dann bestehenden Verträge und Uebereinkommen eine Errungenschaft in das neue Jahr= hundert mit hinübernehmen wird, wie sie in solcher Vollendung sich selbst die erleuchtetsten Geister noch um die Mitte unseres Jahrhunderts nicht haben träumen lassen! Wir glauben diesen Abschnitt nicht würdiger abschließen zu können, als daß wir die Worte wiedergeben, die auf dem Wiener Kongreß von dem geistigen Urheber des Weltpostvereins, als der Stephan unbestritten gilt, über das Entstehen dieses Kulturwerkes geäußert worden sind: „Die Ideen sind nicht das Eigenthum eines sterblichen Men= schen. Sie schweben in der Atmosphäre der ganzen Zeitepoche, zuerst unbestimmt, dann in bestimmterer Weise, bis sie sich ver= dichten und niederschlagen, indem sie Gestalt gewinnen und ins Leben treten. Der Gedanke der Vereinigung entspricht den Be= strebungen unseres Jahrhunderts, er beherrscht viele Gebiete der Thätigkeit des heutigen Menschengeschlechts und bildet eine wahr= hafte Triebkraft der modernen Civilisation. Er wurde überdies für unser großes Triebwerk des internationalen Verkehrs befördert durch die unwiderlegliche Thatsache, daß die ungeheueren in Be= wegung zu setzenden Massen, die von Tag zu Tag mehr anwuchsen und sich von Grenze zu Grenze bis zu den fernsten Meeren und Gestaden ausbreiteten, gebieterisch eine Vereinfachung des ganzen

Mechanismus erheischten als das einzige Mittel, um den fast über alles Maaß hinausgewachsenen Bedürfnissen zu genügen und die unerläßliche Schnelligkeit und Regelmäßigkeit aufrechtzuerhalten. Das sind die Naturelemente, die die wahren Schöpfer des Weltpostvereins gewesen sind. Darin liegt auch der Grund seiner Stärke."

Bis zur Herstellung seiner politischen Einheit war Deutschland für die Beförderung seiner überseeischen Korrespondenz vielfach auf Schiffe fremder Nationen angewiesen. Als dann nach 1871 die deutsche Unternehmungslust sich mehr als bisher der Betheiligung am großen Seeverkehr zuwendete, ergriff Stephan gern und eifrig die Gelegenheit, zunächst die Beförderung der deutsch=amerikanischen Post soviel als thunlich heimischen Unternehmungen zuzuwenden und diese durch die ihnen damit gewährte finanzielle Unterstützung zum Wettbewerb mit den älteren gleichartigen Anstalten des Auslandes immer mehr zu befähigen. Wie ihm Dies gelungen ist, das lehrt ein Blick auf die Liste der Seepostverbindungen, die gegenwärtig durch Schiffe deutscher Dampfer=Gesellschaften vermittelt werden.

Um mit dem Nächstliegenden zu beginnen, so bestehen deutsche Seepostlinien zwischen Kiel und Korsoer, Lübeck, Kopenhagen und Malmö, Warnemünde und Gjedser, Stralsund und Malmö, Stettin und Kopenhagen. Ferner laufen unter der deutschen Postflagge Dampfer des Norddeutschen Lloyd zwischen Bremerhaven und New York oder Baltimore und solche der Hamburg=Amerikanischen Packetfahrt=Aktien=Gesellschaft zwischen Hamburg oder Kuxhaven und New York. Unterwegs laufen diese Dampfer Southampton oder Havre an. Der Norddeutsche Lloyd und die Hamburger Packetfahrt befördern gegenwärtig rund die Hälfte der von Amerika ausgehenden Briefposten, während sich in die andere Hälfte elf ausländische Linien zu theilen haben. Die beiden deutschen Gesellschaften verdanken diesen Erfolg der Schnelligkeit und Zuverlässigkeit ihrer Schiffe, die in dieser Hinsicht fast alle anderen überflügelt haben.

Nicht genug damit, haben die Postverwaltungen des deutschen Reichs und der Vereinigten Staaten von Nordamerika im beiderseitigen Einvernehmen seit dem 1. April 1891 auf diesen Schiffen auch noch Seeposten eingerichtet, das heißt, jedes Postschiff wird von je einem deutschen und amerikanischen Beamten und einem deutschen Unterbeamten begleitet, die schon während der Fahrt die Sendungen sortiren und so vorbereiten, daß sie bei der Ankunft im Hafen sofort mit den nächsten Gelegenheiten weitergehen oder bestellt werden können. Diese Einrichtung bedeutet eine Beschleunigung der Beförderung am Lande um 6 bis 24 Stunden und bietet den Reisenden die gern benutzte Gelegenheit zur Auflieferung und Empfangnahme von Postsendungen und Telegrammen an Bord. Außerdem führen die genannten beiden Gesellschaften Postfahrten nach Mittel- und Südamerika aus, wohin auch die Hamburg-Südamerikanische Dampfer-Gesellschaft und die Gesellschaft „Kosmos" Postverbindungen unterhalten.

Einen großartigen Aufschwung aber haben die von Deutschland ausgehenden Seepostverbindungen genommen. Schon 1884 hatte Stephan dem Fürsten Bismarck eine Denkschrift vorgelegt zur Begründung der Nothwendigkeit, für längere Jahre Mittel zu erhalten, um nach dem Vorgang anderer Staaten einheimische Rhedereien durch Gewährung jährlicher Beihülfen zur Einrichtung und Unterhaltung deutscher Postdampferlinien nach Ostasien und Australien zu veranlassen. Das Ergebniß der Anträge des Staatssekretärs, die von dem Reichskanzler und von den verbündeten Regierungen, sowie namentlich im Staatsrath durch den Kronprinzen warm befürwortet wurden, war eine Vorlage beim Reichstag, worin für 15 Jahre jährlich 4 Millionen Mark für den gedachten Zweck verlangt wurden. Diese Vorlage, als deren „Pflegevater" Fürst Bismarck in seiner für die Entwickelung unserer Kolonialpolitik hochbedeutsamen Rede vom 26. Juni 1884 Stephan bezeichnete, wurde nach wechselvollen parlamentarischen Schicksalen am 6. April 1885 zum Gesetz.

Schon im folgenden Jahre wurden die Postdampferlinien von Bremerhaven aus nach China mit Anschluß nach Japan, sowie nach Australien mit Anschluß nach den Tonga= und Samoa=Inseln, und ferner eine Anschlußlinie von Triest über Brindisi nach Alexandrien durch den Norddeutschen Lloyd eingerichtet. Am 30. Juni 1886 ging der erste Reichs=Postdampfer die „Oder" unter erhebenden Feierlichkeiten und in Anwesenheit hoher Reichs= und Staatsbeamten, sowie sonstiger hervorragender Persönlichkeiten, von Bremerhaven nach Ostasien ab.

„Wir alle, meine Herren, sagte dabei Stephan, haben das Bewußtsein, daß der heutige Tag ein für das Vaterland bedeutungsvoller ist; ein historisches Ereigniß ist es, daß das erste Schiff, das dazu berufen ist, an seinem Topp die Reichspostflagge zu hissen und in die fernsten Weltgegenden deutsche Produkte, aber auch deutsche Sympathien und Grüße hinauszutragen, heute in See geht. Auch bei diesem neuen Unternehmen, das mit Hülfe des Reichs ins Leben tritt, zeigt sich die gewaltige Macht des heutigen Verkehrs. Der Verkehr ist in unserem Zeitalter das herrschende Prinzip, wie es zu den Zeiten der Hellenen die schönen Künste und Wissenschaften, der Römer das Staats= und Rechtsleben, zur Zeit der arabischen Herrschaft der religiöse Fanatismus, im Mittelalter die religiöse Vertiefung war, die sich mit romantischen Ideen verknüpfte, endlich in der zunächst hinter uns liegenden Zeit die humanistischen und philantropischen Ideen. Heute ist der Verkehr die beherrschende Macht. Keineswegs etwa ist ein solches Wort gleichbedeutend mit Herrschaft des Materialismus. Fördert der Verkehr doch nicht blos den Austausch der Güter, sondern auch den der Ideen, Gefühle und Empfindungen, wie die Ergebnisse der geistigen Forschung und vereinigt so die ideelle und reale Seite des Lebens."

Der Redner hatte die Bedeutung des festlich begangenen Ereignisses richtig erkannt; ein neuer Abschnitt in der Entwickelung unseres postalischen Ueberseeverkehrs nicht nur, sondern auch der deutschen Dampfschifffahrt nach dem fernen Osten, sowie später nach dem dunklen Erdtheil hat mit dem 30. Juni 1886 begonnen.

Andere Postdampferlinien folgten: die deutsche Ostafrika=Linie in Hamburg unterhält seit Juli 1890 gegen eine im selben Jahre vom Reichstag bewilligte Beihülfe von jährlich 900 000 Mark mo-

natlich einmalige Fahrten zwischen Hamburg und der Delagoabay
mit Zweiglinien von Dar=es=Salaam nach den deutschen und von
Zanzibar nach den portugiesischen Küstenplätzen; die Deutsche
Dampfschiffs=Rhederei in Hamburg läßt ihre Dampfer zwischen
Hamburg und Soerabaya, die Neu=Guinea=Kompagnie zwischen
Soerabaya und Stephansort laufen, die Woermann=Linie in Ham-
burg zwischen Hamburg und einer Reihe westafrikanischer Küsten-
plätze.

Wie sehr diese Postdampferlinien zur Verbreitung und Erhöhung deutschen Einflusses in jenen entfernten Gegenden beigetragen und damit dem deutschen Handel genützt haben, darüber
ist wohl heute kein Kundiger mehr im Zweifel, wie denn auch
schon während der Berathung der Dampfervorlage im Reichstage
1884 und 1885 nationale Gesinnung und Sachverständniß sich
die Hand reichten in dem Bemühen, den Widerstand der Gegner
des Regierungsantrags unschädlich zu machen. Nannte doch der
Professor der Theologie, Dr. Fricke in Leipzig, in einer am
2. März 1885 gehaltenen Festrede Stephan „den Helfer Bis-
marcks bei seinen Verdiensten um den deutschen Handel, gleich-
sam seinen Doppelstern, der jetzt wieder dabei sei, durch subventio-
nirte Postdampferlinien dem Handel neue Bahnen zu eröffnen“,
und die Straßburger Post führte in ihrem ersten Blatt vom
25. Juni 1884 aus: „In der ganzen kaufmännischen Welt gilt
der Grundsatz: der Handel folgt der Flagge und dem Handel
folgt die Kultur. Wir haben es in unserer Zeit nicht mehr nöthig,
von vornherein Schiffe mit Gewappneten als Vorläufer und
Entdecker auszusenden. Unser Kolumbus soll Stephan heißen und
der „Stephan zur See“ wird sich vermuthlich ebenso tüchtig und
erfolgreich zeigen, wie der zu Lande.“ Das hat er denn auch im
vollen Maaße gethan, indem er nicht nur die deutsche Postflagge in
den fernsten Meeren wehen läßt, sondern überall da, wo es nützlich erschien und angängig war, der deutschen Post selbst an fremden
Küsten Heimstätten errichtete.

Bis zum Jahre 1886 bestand nur eine deutsche Postanstalt
außerhalb der Reichsgrenzen: das am 1. März 1870 errichtete

deutsche Postamt in Konstantinopel, dessen Bestehen für solange gesichert erscheint, als die Türkei nicht ihr Landespostwesen in einer den heutigen Ansprüchen genügenden Weise umgestaltet. Der Umfang der Geschäfte dieses Postamts nimmt beständig in erfreulichem Maaße zu.

Zur Schaffung deutscher Postanstalten in überseeischen Ländern, soweit dort ein geordnetes Postwesen fehlt, lag der Keim schon in dem mit dem Norddeutschen Lloyd wegen der Linien nach dem Osten abgeschlossenen Vertrage, da er die Gesellschaft verpflichtete, da, wo sie Agenten unterhält, diesen die Wahrnehmung von Postgeschäften aufzuerlegen. Diese Maßregel ist indeß nur an Plätzen von untergeordneter Bedeutung anwendbar, denn die Agenten sind Kaufleute, und die übrigen Kaufleute am selben Ort wollen natürlich nicht ihre Briefe durch die Hände Derer gehen lassen, mit denen sie im Wettbewerb stehen. So wurde denn in Shanghai gleich am Tage der Ankunft des ersten Reichspostdampfers, dem 16. August 1886, eine deutsche Postagentur unter der Verwaltung eines Berufsbeamten errichtet, bald darauf auch eine Zweigstelle beim deutschen Konsulat in Tientsin und eine Annahmestelle für gewöhnliche Briefsendungen in Tschifu eingerichtet. Der Verkehr bei der Zweigstelle in Tientsin wurde in kurzer Zeit so stark, daß auch hier eine selbständige Postagentur errichtet werden mußte. Die deutschen Anstalten haben es verstanden, einen großen Theil des Verkehrs an sich zu ziehen, der vorher von denen anderer Staaten befördert worden war; ihre Einrichtung hat sich in jeder Beziehung als vortheilhaft erwiesen.

Mit der Festigung des deutschen Kolonialbesitzes in Afrika trat das Bedürfniß nach postalischem Anschluß an das Mutterland hervor. Diesem Bedürfniß zu genügen, hatte oft seine Schwierigkeiten. So konnten die Ansiedler in Kamerun bis 1882 brieflich nur durch englische Dampfer, also über Liverpool, mit der Heimat verkehren. Dann richtete die Hamburger Rhederei Woermann regelmäßige Dampferfahrten nach westafrikanischen Plätzen ein und das Reichs-Postamt übertrug dieser Firma die Beförderung der Post nach und von Kamerun. Nachdem Ende März 1887 die

Ambas-Bai zu dem Schutzgebiete getreten war, wurden weitere Postagenturen in Viktoria, 1891 in Bibundi und 1893 in Kribi und Groß-Batanga errichtet. Der Gesammtverkehr des Schutzgebietes im Jahre 1894 betrug rund 11800 Briefe und 684 Packete; auf 514 Postanweisungen wurden rund 93000 Mark ein- und ausbezahlt.

Im Togo-Gebiet wurde die erste Postagentur in Klein-Popo am 1. März 1888 eröffnet, der am 1. März 1890 eine zweite in Lome folgte. Der Verkehr nach außerhalb wird von Klein-Popo aus durch die Dampfer der Woermann-Linie monatlich dreimal, sowie über Kotonu durch englische Dampfer ebenso oft vermittelt; außerdem gehen regelmäßige Botenposten zwischen Klein-Popo und Quittah, dem Hauptort der englischen Goldküstenkolonie, in der nördlichen, sowie zwischen Klein-Popo und dem Hauptort der französischen Nachbarbesitzung, Grand-Popo, in der südlichen Richtung. Beide Postagenturen werden seit 1894 von Postbeamten verwaltet, nachdem Dies bis dahin Zollbeamte im Nebenamte gethan hatten.

Im südwestafrikanischen Schutzgebiet wurde am 16. Juli 1888 zu Othimbingue eine Postagentur errichtet, die aber wegen der mit dem Hottentottenführer Hendrik Witboi geführten Kämpfe längere Zeit keine bleibende Stätte finden konnte, bis sie im September 1891 nach Windhoek, dem neuen Sitz der Regierung, verlegt wurde. Ihren postalischen Anschluß erhält die Agentur über Walfischbai, wo in längeren Zwischenräumen Hamburger Schiffe und alle vier Wochen englische Dampfer, zwischen dort und Kapstadt verkehrend, anlegen.

Das deutsche Schutzgebiet in Ostafrika ist verhältnißmäßig spät in den Genuß einer regelmäßigen Postverwaltung gelangt, hat sich dafür aber postalisch um so rascher entwickelt. Die erste deutsche Postanstalt wurde im April 1888 auf der Insel Lamu errichtet und von einem Beamten der Witu-Gesellschaft verwaltet; sie fristete ein kümmerliches Dasein. Nachdem am 23. Juli 1890 der Betrieb der deutschen Postdampferlinie nach Ostafrika eröffnet worden war, folgte die Einrichtung einer zweiten Agentur in Zanzibar. Beide Anstalten wurden wieder aufgehoben, als Lamu und Zanzibar durch das am 1. Juli 1890 zwischen Deutschland und England getroffene Abkommen als im englischen Einflußbereich liegend anerkannt worden waren. Es trat nun eine Verlegung des Schwerpunktes der deutschen Kolonialbestrebungen nach dem Festland ein, und diesem Wechsel entsprach die Errichtung von zwei neuen Agenturen in Dar-es-Salaam und Bagamoyo, jenes Regierungssitz und guter Hafenplatz, dieses von jeher Ausgangspunkt der nach dem Innern, besonders nach Tabora und den großen Seen führenden Karawanenstraßen. Weitere fünf Postagenturen in Tanga, Pangani und Saadani nördlich und in Kilwa und Lindi südlich von Dar-es-Salaam sind in den Jahren 1891 und 1892 eröffnet worden; 1894 ist ihnen die in Mohorro, zwischen Kilwa und Lindi, gefolgt. 1892 ist die Agentur in Dar-es-Salaam in ein unmittelbar dem Reichs-Postamt unterstehendes Postamt erster Klasse mit einem Postinspektor als Vorsteher umgewandelt worden, der mit der Beaufsichtigung des gesammten Dienstbetriebes in Deutsch-Ostafrika betraut ist. Der Verkehr zwischen den Kolonial-Postanstalten wird durch die Dampfer der von der deutschen Ostafrikalinie unterhaltenen Zweiglinien sowie durch die Regierungsdampfer vermittelt. Im Jahre 1894 hat der Gesammtverkehr der acht Postanstalten mehr als 200 000 Briefpost- und 2642 Packetsendungen umfaßt; die auf 8032 Postanweisungen ein- und ausgezahlte Summe betrug 1 319 000 Mark.

Auch die deutschen Schutzgebiete im Stillen Ozean entbehren der Wohlthat deutscher Postanstalten nicht. Im Schutzgebiet der Neu-Guinea-Gesellschaft wurden im Jahre 1888 gleichzeitig mit der Errichtung von Stationen Postagenturen eröffnet, deren Verkehr durch die Dampfer des Norddeutschen Lloyd vermittelt wird.

In dem kleinsten deutschen Schutzgebiete, dem der Marschall-Inseln, besteht eine Postagentur seit dem 29. März 1889 in dem Hauptorte Jaluit; sie wird vom Hafenmeister verwaltet und befaßt sich nur mit der Annahme und Ausgabe von Briefsendungen. Die Beförderung der Briefe erfolgt mit jeder sich bietenden Schiffsgelegenheit zwischen Jaluit einer- und Sydney, Honolulu, San Francisco oder Manila andrerseits.

Endlich befindet sich noch eine deutsche Postagentur in Apia, dem Hauptort der unter dem Protektorat von Deutschland, England und den Vereinigten Staaten stehenden Samoa-Inseln. Sie ist im Jahre 1886 eröffnet worden und wird von einem Konsulatsbeamten verwaltet.

Es bedarf kaum der Erwähnung, daß sämmtliche deutschen Schutzgebiete dem Weltpostverein angehören. Zwischen den Postanstalten eines und desselben Gebietes gelten die für den innerdeutschen Verkehr festgesetzten Taxen; aller Verkehr nach außerhalb unterliegt dagegen den Taxen des Weltpostvereins.

Telegraphen- und Fernsprechwesen.

Das Telegraphenwesen der einzelnen deutschen Staaten ging mit der Gründung des Norddeutschen Bundes auf diesen und demnächst auf das Deutsche Reich über.

In Preußen war die Staats-Telegraphie von ihrer Entstehung an mit der Postverwaltung vereinigt gewesen. Ihre mit dem 1. Januar 1866 erfolgte Loslösung von der Post und Ausgestaltung als selbständiger Zweig der Verwaltung hatte sich weder als im öffentlichen Interesse liegend gezeigt, noch in administrativer und finanzieller Hinsicht bewährt. Die Kosten für Diensträume, Ausstattungsgegenstände, Amtsbedürfnisse und Beamte erreichten in Folge der Trennung eine nicht vorhergesehene Höhe; es stellte sich bei der Telegraphenverwaltung ein Defizit ein, das von Jahr zu Jahr wuchs, bis es für 1874 den Betrag von mehr als 3 Millionen Mark erreichte. Das hätte sich am Ende bei einer für das allgemeine Wohl so unentbehrlichen Verkehrsanstalt noch tragen lassen. Aber das Bedenkliche lag darin, daß hierdurch die wünschenswerthe Entwickelung des wichtigen Instituts in hohem Maaße gehemmt wurde. Unter diesen Umständen war es geboten, nach einem Wege zu suchen, auf dem die Telegraphie ihrem Ziele, der Allgemeinheit zu dienen, sicherer und rascher, unter gleichzeitiger Verminderung der Betriebskosten entgegengeführt werden konnte.

Dieser Weg war von vornherein gegeben in der Wieder=
vereinigung mit der Post, deren in den Stürmen der Jahr=
hunderte bewährter Bau verläßliche Anlehnung für das auf un=
sicherem Baugrund errichtete Gebäude der Telegraphie darbot.

Der vom General=Postdirektor Stephan für die Verschmelzung
der beiden Verkehrsverwaltungen aufgestellte Organisationsplan er=
hielt auf den Antrag des Reichskanzlers am 22. December 1875
die kaiserliche Genehmigung und wurde unverzüglich verwirklicht.
Durch die überall durchgeführte Gemeinsamkeit der Einrichtungen
für den Betrieb, wie für das Kassen= und Rechnungswesen wurden
nicht nur bedeutende Summen erspart, sondern es ließen sich auch
die Betriebsmittel der Post besser, als bisher möglich war, zum
Vortheil des Telegraphendienstes und damit des telegraphirenden
Publikums ausnutzen.

Schon während des Jahres 1875 war man damit vorgegangen,
die Postbeamten im Telegraphen= und die Telegraphenbeamten im
Postdienst im weitestmöglichen Umfange auszubilden und, soweit
die verfügbaren Mittel es zuließen, solche Postanstalten an das
Telegraphennetz anzuschließen, für die es besonders wünschens=
werth und ohne Aufwendung großer Kosten zu erreichen war.
Hierdurch wurde die Vermehrung der Reichs=Telegraphen=
anstalten von 1686 Ende Januar 1875 auf 1945 Ende Dezember
desselben Jahres erreicht.

Aber es blieb noch viel zu thun übrig, sollte das Deutsche
Reich hinsichtlich der Ausbreitung seiner Telegraphenanlagen den
ihm gebührenden Platz unter den Kulturstaaten einnehmen. Hier
entfiel Ende 1874 je eine Staats=Telegraphenanstalt auf 263,9
Quadratkilometer und 20355 Einwohner gegen 202,7 und 13843
in Frankreich, 85,5 und 8532 in England und gar 54,5 und 3275
in der Schweiz. Zwar stand in Deutschland dem Privat=Tele=
grammverkehr auch noch eine größere Zahl von Eisenbahn=Tele=
graphenstationen offen, aber deren Benutzung kann wegen ihrer
ursprünglich anderweiten Bestimmung immer nur aushülfsweise
und in beschränktem Maaße erfolgen. In einer ausführlichen Denk=
schrift vom 14. September 1876 legte Stephan die Nothwendigkeit

dar, außer den im genannten Jahre eingerichteten 550 Reichs-Telegraphenanstalten deren noch mindestens 2000 zu eröffnen und hierfür 8 Millionen Mark aufzuwenden. Diesem Ziel war man schon Ende 1878 sehr nahe gekommen, da zu diesem Zeitpunkt 4143 Reichs-Telegraphenanstalten vorhanden waren gegenüber 1686 Ende Januar 1875, also mehr 2457. Gegenwärtig bestehen im Reichs-Telegraphengebiet 13225 Reichs-Telegraphenanstalten, davon 13068 mit Postanstalten vereinigt; es entfällt sonach je eine auf 33,7 Quadratkilometer und 3160 Einwohner, ein Verhältniß, das in keinem anderen Kulturstaat von ähnlichem Umfang und entsprechender Einwohnerzahl auch nur annähernd erreicht ist.

Diese Vermehrung der Telegraphenanstalten ließ sich selbstverständlich nicht erreichen ohne einen umfassenden Ausbau des Liniennetzes. Auch diesen sah die erwähnte Denkschrift vor, zeigte aber zugleich einen Weg, auf dem — freilich unter Aufwendung bedeutender Kosten — die Sicherheit der telegraphischen Uebermittelung gegenüber äußeren Einflüssen bedeutend gesteigert werden konnte.

Schon bei der ersten Berathung eines Gesetzes über die Aufnahme einer Anleihe für Zwecke der Telegraphenverwaltung am 22. November 1875 hatte der General-Postdirektor darauf hingewiesen, daß die unvermeidlichen Mängel der oberirdischen Telegraphenleitungen, die sich mit der Zunahme der Linienbelastung bis ins Unerträgliche steigern, ebenso wie die Begrenzung der Zahl der an einem Gestänge überhaupt anzubringenden Leitungen unwiderstehlich dazu drängten, die in den vierziger Jahren mißlungenen Versuche zur unterirdischen Führung längerer Leitungen auf der Grundlage der inzwischen gewonnenen Erfahrungen und der auf dem Gebiet der Kabelfabrikation erzielten Fortschritte wieder aufzunehmen. Er schlug daher die Anlage einer Versuchslinie von Berlin bis Halle a. d. Saale vor. Nachdem der Reichstag sich hiermit einverstanden erklärt hatte, war diese Linie in der Zeit vom 13. März bis zum 28. Juni 1876 von der Firma Felten und Guilleaume in Köln am Rhein unter der Leitung eines höheren Telegraphenbeamten ausgeführt und sofort in Betrieb genommen worden.

Dank dem systematischen Vorgehen bei der Anordnung und dem ebenso regen, als andauernden Interesse der betheiligten Beamten bei der Ausführung der auf dem Kabel angestellten Sprech= und Arbeitsversuche hatte man darthun können, daß die Korrespondenz auf den Kabeladern ebenso gut, ja unter Umständen noch besser von Statten gehet als auf oberirdischen Leitungen.

Auf Grund dieser günstigen Erfahrungen erbat der General= Postmeister in der vorher erwähnten Denkschrift die Genehmigung zur Aufnahme einer Anleihe von 34 Millionen Mark zur Her= stellung eines Systems unterirdischer Telegraphenlinien, die sich strahlenförmig von Berlin aus nach den wichtigsten Plätzen in den Grenzgebieten des Reiches verzweigen und dabei die Orte von strategischer oder politischer Bedeutung, sowie die Haupt= Handels= und Industriestädte unter einander verbinden sollten. Der Antrag erhielt die verfassungsmäßige Genehmigung, und der neue Chef der deutschen Telegraphen=Verwaltung ging an die Verwirklichung des vorgelegten Planes, für die ein Zeitraum von 7 Jahren, von 1877 bis 1883, in Aussicht genommen war. Bereits Ende Juni 1881 waren sämmtliche Anlagen im Betrieb. Ein großes Werk von hoher Bedeutung für die Bedürfnisse der Landesvertheidigung, sowie für die Interessen des allgemeinen Ver= kehrs war damit vollendet, eine Arbeit gethan, die der deutschen Telegraphenverwaltung mit einem Schlage die erste Stelle unter allen Ländern in Bezug auf die technische Vollkommenheit ihres Leitungsnetzes verschaffte. Nur noch kurze Strecken sind später den ursprünglichen Linien angefügt worden, theils um längere, an deutschen Küsten gelandete Seekabel in sicherste Verbindung mit den für ihren Betrieb wichtigsten Telegraphenämtern zu setzen, theils um den Hauptstädten der beiden süddeutschen Königreiche Anschluß an die unterirdischen Linien des Reichs=Postgebietes zu gewähren, theils um die Kabelanlagen in Grenzbezirken in wünschenswerthem Umfange zu ergänzen. So erstrecken sich jetzt die im Besitz der Reichs=Postverwaltung befindlichen unterirdischen Kabel von Mül= hausen im Elsaß bis Königsberg, von Metz bis Thorn, von Aachen bis Breslau, von Emden bis zur badisch=württembergischen Grenze,

von Hof bis zum Fuß des Fichtelgebirges, von den großen
Kriegs= und Handelshäfen an Nord= und Ostsee bis an die Süd=
grenzen des Reichs, „von Ost nach West, vom Fels zum Meer,
dem Volk zu Nutz, dem Reich zur Wehr!"

Die großen unterirdischen Linien enthalten 5960 Kilometer Kabel
mit 40322 Kilometer Leitungen; sie verbinden gegen 250 Städte des
Reichs=Telegraphengebiets und durchschreiten alle größeren Flüsse,
die es durchströmen. Der Werth dieses Verkehrsmittels wird je länger,
je mehr und allgemeiner anerkannt, das von Deutschland gegebene
Beispiel von anderen Ländern in immer steigendem Maaße befolgt.

Und nicht blos den Nutzen einer erhöhten Sicherheit der
Depeschenbeförderung hat das Vorgehen Stephans dem Reiche ge=
bracht: auch die Gewerbethätigkeit hat unmittelbaren Vortheil da=
durch gehabt, daß ihr die Aufgabe gestellt wurde, Kabel für den
geplanten Zweck nach bestimmten Bedingungen anzufertigen. Bis
1878 bestand in Deutschland keine Fabrik, die im Stande gewesen
wäre, diese Aufgabe zu lösen. Noch die zu den ersten Anlagen
verwendeten Kabel waren zum Theil ganz, zum Theil insoweit es
die Adern betraf, in englischen Fabriken gefertigt; Felten und
Guilleaume bezogen die fertigen Kabeladern aus England und
stellten daraus die Kabel in ihrer Fabrik zu Mülheim am Rhein
her, Siemens und Halske bezogen die Kabel fix und fertig aus
dem Kabelwerk von Siemens Brothers in Woolwich. Im Laufe
der nächsten Jahre aber machten sich beide deutschen Firmen völlig
unabhängig vom Ausland und nahmen die Kabelfabrikation nach
ihrem ganzen Umfange in ihren Geschäftsbetrieb auf; gegenwärtig
liefern sie nicht nur den gesammten Kabelbedarf der Reichs=Tele=
graphenverwaltung, sondern haben sich auch im Ausland ein er=
giebiges Absatzgebiet erworben — ja wie wir gleich hier vorweg
bemerken wollen, die stetige Steigerung des Bedarfs an Kabeln
zu Fernsprech= und Starkstromzwecken hat inzwischen die Gründung
noch weiterer Kabelfabriken zur Folge gehabt. Es darf sonach mit
Recht behauptet werden, daß auch in dieser Beziehung Deutschland
seinem ersten General=Postmeister eine Erhöhung seines Wohlstandes
im Innern und seines Ansehens im Ausland zu danken hat.

Im Laufe der Jahre machten die baulichen und Verkehrsver=
hältnisse in den größeren Städten die Beibehaltung der oberirdi=
schen Linien innerhalb der Städte immer schwieriger. Auch hier
ist nach Maßgabe der verfügbaren Geldmittel und des Zuwachses
von reichseigenen oder für längere Jahre ermietheten Dienstge=
bäuden in weitestmöglichem Umfange Wandel geschaffen worden:
beispielsweise liegen in Berlin 646 Kilometer Kabel mit 18377
Kilometer Leitungen in gemauerten Kanälen, die durch 356 Ein=
steigeöffnungen zugänglich sind.

Ebenso haben sich die telegraphischen Verbindungen zwi=
schen dem Festland und den Inseln in erfreulichem Maaße
vermehrt: gegenüber 116 Kilometer Kabel und 119 Kilometer
Leitungen im Jahre 1875 sind jetzt vorhanden 500 Kilometer
Kabel mit 556 Kilometer Leitungen, die den telegraphischen Ver=
kehr der deutschen Inseln mit dem Festland vermitteln.

Einer nicht minder großartigen Vermehrung haben sich die
oberirdischen Telegraphenanlagen in den zwanzig Jahren,
die seit der Wiedervereinigung der Telegraphie mit der Post ver=
flossen sind, zu erfreuen gehabt. Aus den 33245 Kilometer
Linien (darunter 1493 Kilometer mit zwei Stangenreihen) mit
120779 Kilometer Leitungen, die Ende Januar 1875 vorhanden
waren, sind gegenwärtig 132020 Kilometer Linien (darunter
7300 Kilometer mit doppeltem und 13 Kilometer mit dreifachem
Gestänge) und 515178 Kilometer Leitungen geworden.

Was die Verbesserungen in der Herstellung der Linien
und Leitungen betrifft, so sei nur an die umfangreiche Verwendung
von Querträgern auf den an Eisenbahnen entlang geführten Linien
und die dadurch erzielte bessere Ausnutzung der Gestänge und über=
sichtlichere Gruppirung der Leitungen erinnert, sowie an die Ver=
wendung besseren Leitungsmaterials; mehrfach sind internatio=
nale Leitungen versuchsweise aus Bronzedraht anstatt aus dem
sonst im Telegraphenbau allgemein gebräuchlichen Eisendraht her=
gestellt worden. Während in diesem Falle auf die Erhöhung des
Leistungsmaaßes der Anlagen bedeutende Kosten verwendet worden
sind, hat der Leiter des Reichstelegraphenwesens als gewiegter

Finanzpolitiker neuerdings in Erwägung genommen, ob der Anschluß der Telegraphenanstalten von geringerer Bedeutung, wie er nach dem jetzigen Stande des Telegraphennetzes nur noch in Frage kommen kann, nicht billiger, als seither geschehen, erfolgen könne. Um Dies zu erreichen, hat man seit einigen Jahren umfassende Versuche mit der Verwendung von rohen unzubereiteten Holzstangen, kleineren Isolationsvorrichtungen und schwächerem Eisendraht zur Errichtung von Nebenlinien angestellt, deren bisherige Ergebnisse als in jeder Beziehung günstig zu bezeichnen sind.

In gleicher Richtung, wie in der Verbesserung der telegraphischen Verkehrswege, haben sich dauernd die Bemühungen Stephans in der Verbesserung der im Gebrauch befindlichen oder der Erprobung und Einführung neuer Apparate, Schaltungsweisen und Stromquellen in den Betrieb bewegt. Es sei nur erwähnt die fortschreitende Vervollkommnung des Hughes-Apparates, der Instrumente zur Untersuchung der Leitungen, die Einführung des Meyerschen Multiplex-Apparates, der Systeme von Estienne, Wheatstone, Thomson, Lauritzen, des Siemensschen Börsendruckers, der Schaltungen für Mehrfachtelegraphie, die der Reihe nach erprobt worden sind, die Ersetzung der primären Batterien bei größeren Aemtern durch Sammlerbatterien nach eingehendsten, jahrelangen Versuchen, und endlich die Einführung des Fernsprechers. Namentlich die Wichtigkeit und Bedeutung dieses Instruments hat Stephan sofort erkannt und seinen Betrieb unverzüglich als unter das Telegraphenregal fallend für den Staat in Anspruch genommen.

Es darf als bekannt vorausgesetzt werden, daß der Gedanke, die an einem Ort erzeugten Töne mit Hülfe des elektrischen Stromes an einem andern Orte wieder hervorzubringen, zuerst von Philipp Reis im Jahre 1861 in einer allerdings zu Verkehrszwecken nicht verwendbaren Form verwirklicht worden ist*). Seine Versuche

---

*) Das von Reis hergestellte Original-Instrument befindet sich im Reichs-Postmuseum zu Berlin. — Die Wittwe des Erfinders hat bis zu ihrem am 11. Januar 1895 erfolgten Tode ein Gnadengehalt von jährlich 1000 Mark bezogen, das ihr der Kaiser auf Stephans Antrag bewilligt hatte.

wurden in Amerika von verschiedenen Gelehrten und Technikern aufgenommen, und von diesen gelang es zuerst Graham Bell, ein zum Sprechverkehr geeignetes Instrument herzustellen. Die erste Nachricht von dessen Verwendung zum Sprechen gelangte durch die am 6. Oktober 1877 in New York erschienene Nummer des Scientific American zur Kenntniß der obersten Telegraphen= behörde in Berlin. Sofort verschrieb Stephan diese Nachbildungen des Bellschen Telephons aus Amerika; noch vor deren Eintreffen aber erhielt er von dem Vorsteher des Londoner Telegraphen= Amtes, Herrn Fischer, zwei solcher Instrumente als Geschenk.

Am 25. Oktober wurden damit Sprechversuche innerhalb der Geschäftsräume des in der französischen Straße belegenen General= Telegraphenamts, am 26. zwischem diesen und dem Zentralbüreau des General=Postmeisters in der Leipzigerstraße, am 30. unter Be= nutzung von 2 Adern des neuverlegten Kabels der unterirdischen Linie Berlin=Magdeburg zwischen Berlin und Schöneberg (6 Kilo= meter), Potsdam (26 Kilometer) mit guter, Brandenburg (61 Kilo= meter) mit genügender, am 31. zwischen Berlin und Magdeburg (150 Kilometer) mit ungenügender Verständigung angestellt; am 5. November wurde der erste Fernsprechdienst zwischen den Amts= zimmern des General=Postmeisters und dem Direktor des General= Telegraphenamts auf die Entfernung von etwa 1 Kilometer einge= richtet; am 9. November verfaßte Stephan eigenhändig seinen be= rühmt gewordenen, mehrfach veröffentlichten Bericht an den Fürsten Reichskanzler über die Verwendung der neuen Erfindung für den Nachrichtenverkehr.

Darauf ordnete schon am 10. der Reichskanzler telegraphisch die Vorführung des Fernsprechers in Varzin an, die am 12. er= folgte, und am selben 12. November schon wurde das erste Fern= sprechamt für den öffentlichen Verkehr in Friedrichsberg bei Berlin eingerichtet: die Erwartung, die in einem zu Anfang November im Archiv für Post= und Telegraphie erschienenen Aufsatz über „die Telephonie in Deutschland" ausgesprochen worden war, „daß die Reichs=Telegraphenverwaltung das wundervolle Instrument nicht zur Unterhaltung einiger Sensationsbedürftigen, sondern zum praktischen Gebrauch in der Nachrichtenübermittelung dienstbar zu machen wissen werde", hatte sich auf das Glänzendste erfüllt.

Durch den am 28. November erfolgten Erlaß der „Dienstanweisung für den Betrieb von Telegraphenlinien mit Fernsprechern" wurde die Einreihung der Telephonie in den praktischen Dienst der Verkehrsanstalten des Reichs förmlich vollzogen, und damit übernahm Deutschland die Führung in der Ausbildung und Nutzbarmachung des Fernsprechers, der dem Nachrichtenverkehr schon jetzt unschätzbare Dienste leistet und dazu bestimmt erscheint, gemäß dem Fortschreiten der Wissenschaft und Technik auf diesem Gebiete die Begriffe von Raum und Zeit aus der Nachrichtenübermittelung, soweit Dies bei Menschenwerk überhaupt möglich ist, außer Betracht zu setzen.

Daß Deutschland sich die einmal übernommene Führung nicht wieder entreißen lassen würde, dafür durften die Erfolge Stephans auf den übrigen ihm unterstellten Verkehrsgebieten von vornherein Gewähr leisten, und in der That ist das deutsche Fernsprechwesen, dank dem hohen Interesse, das sein Leiter ihm fortdauernd entgegenbringt, sowohl nach seiner Ausdehnung und nach dem Maaß seiner Benutzung, als auch nach dem Stande seiner technischen Einrichtungen auf eine so hohe Stufe der Vollendung gelangt, daß kein anderes Land sich einer gleichwerthigen Anstalt rühmen kann.

Schon Ende März 1879 betrug im Reichs=Telegraphengebiet die Zahl der Fernsprechanstalten für den öffentlichen Verkehr 389; gegenwärtig sind deren 7225, darunter 1435 Hülfstellen, im Betriebe und leisten in Folge der stetigen, außerordentlichen Vervollkommnung ihrer Apparate vorzügliche Dienste.

Gegenüber den Stimmen, die neuerdings vielfach den Fernsprecher als ein Luxus=Verkehrsmittel für die begüterten Klassen bezeichnen, verdient es immer wieder hervorgehoben zu werden, daß er durch Stephan von vornherein in erster Linie in den Dienst des öffentlichen Nachrichtenverkehrs gestellt und daß durch diesen ebenso genial erfaßten wie thatkräftig durchgeführten Gedanken die Wohlthat der Einbeziehung in den telegraphischen Wirkungskreis gerade den Bevölkerungsklassen in hervorragendem

Maaße zu Theil geworden ist, die in dieser Hinsicht vordem in Deutschland zu den „Enterbten" gerechnet werden konnten, wie sie es in anderen Ländern noch jetzt sind. Erst nach mehreren Jahren ist der Fernsprecher in Verbindung mit dem inzwischen vom Professor Hughes, dem Erfinder des ausgezeichneten, nach ihm benannten Typendruck=Apparates, ersonnenen Mikrophon dem Verkehr von Haus zu Haus in den Städten dienstbar gemacht worden.

Vorgreifend sei gleich hier noch darauf hingewiesen, daß die 7225 Fernsprechämter für den öffentlichen Verkehr, die gegenwärtig im Reichs=Postgebiet vorhanden sind, den Nachrichten=Schnelldienst für eine weit größere Zahl von Menschen und zwar mit der ganzen Welt vermitteln, als Dies durch die rund 89000 Anschlüsse an Stadt=Fernsprecheinrichtungen und Privat=Fernsprechstellen geschieht. Daß es aber für die Bewohner des platten Landes eine weit größere Wohlthat ist, dem Telegraphennetz durch den Fernsprecher um 10, 20, 30 Kilometer näher gerückt und dadurch in vielen Fällen überhaupt erst in die Lage, den Telegraphen zu benutzen, versetzt zu sein, als für den Städter, dem allerlei andere Verkehrs= mittel jederzeit zu Gebote stehen, in der Beschleunigung des Nach= richtenaustausches um vielleicht eine Stunde liegt: darüber kann ein Zweifel wohl kaum aufkommen. Zudem sei noch daran er= innert, daß es gestattet ist, sich der sonst für den öffentlichen Ver= kehr bestimmten Fernsprechleitungen gegen die geringe Gebühr von 1 Mark zum Gespräch mit einer, am andern Ort heranzuholenden Person zu bedienen.

Ferner ist zu bedenken, daß es lediglich in Folge der aus der Einführung des Fernsprechers hervorgegangenen Verdichtung des Telegraphennetzes auf dem platten Lande möglich geworden ist, den Bewohnern kleinerer Landorte, die bei Unglücksfällen auf Hülfe aus benachbarten Ortschaften angewiesen sind, die Wohlthat des Unfall=Meldedienstes zu erweisen. Dieser Dienst wurde im Jahre 1887 ins Leben gerufen und besteht jetzt bei 7612 Anstalten; 1894 ist durch diese segensreiche Einrichtung in 12916 Fällen von Feuers= oder Wassersnoth, plötzlicher Erkrankung und dergleichen,

und zwar meist während der Nacht oder außerhalb der Dienst=
stunden, Hülfe erbeten und beschafft worden. Außerdem ist sowohl
für die Küstenstrecken, wegen herannahender Stürme, wie für die
Ueberschwemmungsgebiete der größeren Flüsse ein eigener Melde=
und Warnungsdienst eingerichtet, der schon vielfach außerordentlich
segensreich gewirkt hat.

Während in Deutschland der Fernsprecher zuerst, wie geschil=
dert, vom Staate in den Dienst des öffentlichen Verkehrs aufge=
nommen wurde, hatte er sich in seinem Adoptiv=Vaterlande Amerika
sofort der eigentlichen Geschäftswelt zur Verfügung stellen müssen.
In Europa vergingen Jahre, bevor er auch im geschäftlichen Leben
zur vollen Geltung gelangte, und zwar war es auch hier wieder
Stephan, der anregend und fördernd wirkte. Am 14. Juni 1880
erließ er einen Aufruf zur Betheiligung an einer Stadt=Fern=
sprecheinrichtung in Berlin, worauf 193 Anschlüsse angemeldet
wurden und die Anlage ins Leben trat. Dasselbe geschah gleich=
zeitig auf Betreiben der Handelskammer zu Mülhausen im Elsaß
und bald darauf in Hamburg.

Nachdem so der Anfang gemacht war, bildete sich das Stadt=
Fernsprechwesen mit außerordentlicher Schnelligkeit zu einem
Dienstzweige aus, der gegenüber den älteren Betrieben, Post und
Telegraphie, in ganz besonderem Maaße die Fürsorge der Ge=
sammtverwaltung für sich in Anspruch nimmt.

Gegenwärtig bestehen in 387 Orten des Reichs=Postgebiets
Stadt = Fernsprecheinrichtungen mit 407 Vermittelungsanstalten
und zusammen 89 000 Theilnehmerstellen, darunter Berlin als die
größte der Welt mit 23 000 Anschlüssen, deren Verkehr durch
7 Fernsprechämter mit 957 Beamten (überwiegend weiblichen Per=
sonen) vermittelt wird; ferner Hamburg mit 9000, Dresden mit
3300, Leipzig mit 3300, Cöln am Rhein mit 2750, Frankfurt am
Main mit 2700, Breslau mit 2200 Theilnehmerstellen. Außer=
dem bestehen rund 3000 Fernsprechanlagen mit rund 7000 Sprech=
stellen, die von der Verwaltung hergestellt und Privaten zur Ver=
bindung ihrer Grundstücke oder Geschäftsräume untereinander oder
mit Reichs=Telegraphenanstalten miethweise überlassen sind.

Die Leichtigkeit und Bequemlichkeit des Verkehrs durch den Fernsprecher machte besonders in Geschäfts- und Handelskreisen sehr bald den Wunsch nach der Verbindung benachbarter Orte mit Stadt-Fernsprecheinrichtungen rege. Stephan entsprach derartigen Anträgen auf Herstellung besonderer Leitungen zu diesem Zweck, wenn auch unter gebotener Rücksichtnahme auf das zu erwartende Verhältniß zwischen Herstellungskosten und Einnahme, von Anfang an auf das Bereitwilligste, sodaß schon Ende 1885 33 solche Fernsprech-Verbindungsanlagen mit 1689 Kilometer Leitung im Betrieb waren. Damals betrug die weiteste Entfernung, auf die zwei Orte verbunden waren, 178 Kilometer — zwischen Berlin und Magdeburg. Heute bestehen im Reichs-Postgebiet 521 Verbindungsanlagen mit 11073 Kilometer Linie und 46653 Kilometer Leitung, die sämmtliche Stadt-Fernsprecheinrichtungen im Reichs-Postgebiet mit wenigen Ausnahmen unter einander verbinden; jedoch ist für jeden einzelnen Ort nach Maßgabe seines Verkehrsbedürfnisses und der in Betracht kommenden technischen Verhältnisse festgesetzt, mit welchen anderen Orten die Theilnehmer zum Sprechverkehr zugelassen werden dürfen.

Abweichend von der sonst allgemein geltenden Regel, daß Fernsprecheinrichtungen nur für geschlossene Orte und deren unmittelbare Umgebung zur Ausführung kommen, sind in gewissen Landestheilen, wo bestimmte Industrien ihren Sitz haben, dergleichen Anlagen unter wesentlich erleichterten Bedingungen hergestellt worden; so im oberschlesischen Berg- und Hüttenbezirk, im Crefelder Sammt- und Seidenbezirk, im Ruhrkohlenrevier, im bergischen Industriebezirk, im Kali- und Salzrevier am Südharze, in der sächsischen und preußischen Oberlausitz, für Frankfurt am Main und Umgebung, im Bereich der sächsischen Wollen- und Tuchwaaren-Industrie, im Hirschberger Thal und im Lugau-Oelsnitzer Kohlenrevier. Es bedarf keines Hinweises auf den außerordentlichen Nutzen, der den betheiligten gewerblichen Unternehmungen aus solchen Verkehrserleichterungen im großen Stile erwachsen ist; sie haben es entweder den größeren Betrieben ermöglicht, dem Wettbewerb des Auslands zu widerstehen, oder den kleineren, ein alteingesessenes Gewerbe, das Gefahr lief, aus der betreffenden Gegend nach anderen, im Verkehrsnetz günstiger gelegenen Orten fortgezogen zu werden, in seinem Heimatsgebiet festzuhalten und so eine große Zahl von Arbeitern in der gewohnten Beschäftigung und im Genuß eines sicheren Verdienstes zu belassen.

Inzwischen ist es dank dem hohen persönlichen Interesse, das Stephan unausgesetzt allen, auf die Vervollkommnung des Fernsprechwesens gerichteten Versuchen gewidmet hat, gelungen, eine tadellose Sprechverständigung auf der längsten Verbindungsanlage im Deutschen Reich, zwischen Berlin und Memel, auf mehr als 1000 Kilometer Entfernung zu erzielen; aber auch Dies ist nur als eine Zwischenstation auf der Bahn der Erfolge anzusehen, denen das deutsche Fernsprechwesen unter der Führung seines nimmer rastenden Chefs entgegengeht. Schon hat, wie wir vorgreifend gleich hier erwähnen wollen, der Sprechverkehr die Grenzen des Reichs=Postgebietes mehrfach überschritten: zahlreiche reichsdeutsche Anstalten stehen mit Anstalten in Bayern, Württemberg, Oesterreich und der Schweiz in Fernsprechverbindung, die Leitungen Berlin=München und Berlin=Wien sind derart in Anspruch genommen, daß schon auf ihre Vermehrung Bedacht genommen werden muß, und in allen Richtungen drängt der Fernsprechverkehr nach Beseitigung der Schlagbäume, die ihn am Ueberschreiten dieser oder jener Grenzen verhindern wollen.

Die Gebührenfrage ist für das Fernsprechwesen höchst einfach geregelt. Die Jahresmiethe für einen Stadt=Fernsprechanschluß, die ursprünglich 200 Mark betrug, ist bald auf 150 Mark bei einer Entfernung der Sprechstelle vom Vermittelungsamt bis zu 5 Kilometer, für jede ferneren 100 Meter auf 3 Mark mehr festgesetzt worden. Einzelgespräche bis zu 3 Minuten Dauer kosten im Stadt= und Vororteverkehr 25 Pfennig, bis 30 Kilometer Entfernung 50 Pfennig, auf größere Entfernungen 1 Mark, nach dem Ausland 2 und 3 Mark. Außerdem sind im Vor= und Nachbarortsverkehr Dauerkarten zu 50 Mark jährlich zu haben. Für besondere und Neben=Telegraphenanlagen (2 Betriebsstellen, 1 Kilometer Leitung) sind jährlich zu entrichten beim Betriebe mit Morse

125 Mark, mit Fernsprecher 75 Mark, für jedes weitere Kilometer Leitung je nachdem 20 bis 45 Mark.

Die Aufgaben, deren Lösung von der Reichs-Telegraphenverwaltung in Folge der stetigen Ausdehnung und Steigerung des Fernsprechverkehrs in und zwischen den Haupt-Handels- und Verkehrsplätzen unternommen werden mußte und mit bestem Erfolge durchgeführt worden ist, waren mannigfacher Art und zum Theil sehr schwieriger Natur. Die Sprech- und Hörapparate, die anfangs nur für kurze Strecken den Nachrichtenaustausch von Mund zu Mund gestatteten, mußten so verbessert werden, daß sie eine gleichmäßig gute Verständigung in der Nähe, wie auf die größten Entfernungen vermitteln: Dies ist bei den jetzigen Normal-Mikrophonen und Fernhörern erreicht. Die Umschalte-Apparate auf den Vermittlungsämtern bedurften beim Anwachsen der Zahl eingeführter Leitungen über ein gewisses Maaß .hinaus einer Umänderung in dem Sinne, daß jeder Beamte ohne Weiteres von seinem Platze aus jede an den von ihm bedienten Umschalter herangeführte Theilnehmerleitung mit jeder anderen in dasselbe Amt einmündenden Leitung verbinden kann; in Städten mit mehreren Vermittlungsämtern müssen jedem Schaltbeamten ebenso auch die Verbindungsleitungen von Amt zu Amt zugänglich sein: diesen Anforderungen wird durch die in verschiedenen Formen hergestellten Vielfachumschalter entsprochen. Die Stromquellen für den Sprech- und Weckbetrieb mußten leistungsfähiger, ausdauernder und weniger überwachungsbedürftig gemacht werden: durch die Einführung der Trockenelemente als Sprechstromerzeuger und des Induktionsweckbetriebes ist auch Das erreicht worden.

Die anfängliche Verwendung von Gußstahldraht in den Städten und von Eisendraht für die Verbindungsanlagen ist wegen der dabei hervorgetretenen Mängel aufgegeben worden; der jetzt allgemein verwendete Bronzedraht hat es ermöglicht, die auf Häusern errichteten Gestänge mit einer bedeutend größeren Anzahl von Leitungen zu belasten und den Fernverkehr in dem vorher erwähnten Maaße auszudehnen. In Städten, wo die Anschlußleitungen wegen ihrer übergroßen Zahl nicht durchweg oberirdisch geführt werden konnten, hat man sie nach Bedarf in unterirdisch verlegten Röhren in der Form von Kabeln untergebracht. Das bedeutendste derartige Netz besteht in Berlin mit einer Ausdehnung von 50 Kilometer der verlegten Röhren, die bis zu 65 Kabel mit je 56 Adern, somit zusammen 3640 Leitungen aufnehmen können.

Auch diese neuen Aufgaben, ein besseres Leitungsmaterial für die oberirdische Führung, sowie Kabel für Fernsprechzwecke zur Führung unter der Erde oder durch Gewässer herzustellen, hat der deutschen Industrie vielfache Anregung und Förderung gewährt und sie im Wettbewerb mit dem Auslande nachhaltig unterstützt.

Welches Ansehen das deutsche Fernsprechwesen im Ausland genießt, beweisen die zahlreichen Entsendungen ausländischer Beamten nach Deutschland zu dem Zweck, es kennen zu lernen; am deutlichsten ausgesprochen aber hat es auf dem Elektrotechniker-Kongreß zu Frankfurt am Main 1891 ein Engländer, Dr. Maier aus London, der sich folgendermaßen äußerte:

„Mein Vorschlag ist, daß der Kongreß folgende Erklärung abgebe: „„Es liegt im Interesse des Gemeinwohls, daß die Telephonnetze in derselben Weise wie die Telegraphennetze von den betreffenden Regierungen als Monopol betrieben werden.““ Für Sie in Deutschland ist dieser Vorschlag ein zweckloser; mit Stolz können Sie darauf hinweisen, daß an der Spitze Ihres Verkehrswesens ein Mann steht, der die Bedeutung des Telephons als eines neuen und wichtigen Verkehrsmittels sofort erkannt hat, und lange ehe ein solcher Gedanke von den Autoritäten irgend eines anderen Staates nur gefaßt wurde, das wunderbare neue Instrument als eine dem Telegraphen ebenbürtige Erfindung sofort für den Staat in Beschlag nahm und dessen allgemeine Einführung aufs Energischste betrieb. Seither hat sich das Telephon unter der erleuchteten Fürsorge des deutschen Reichs-Postamtes in einer Weise entfaltet, die Sie alle mit berechtigtem Stolze erfüllen kann.“

Wie auf dem platten Land zum Unfall-Meldedienst, so werden die Fernsprecheinrichtungen in den Städten dazu benutzt, beim Ausbruch eines Schadenfeuers die Meldung davon so schnell wie möglich der nächsten Feuerwache zu übermitteln. Um Dies auch während der Nacht, wo die Vermittlungsanstalten mit Beamten nicht besetzt sind, zu ermöglichen, werden Abends bei Dienstschluß die Stellen, deren Inhaber Dies wünschen, für die Dauer der Dienstruhe mit den Feuerwachen verbunden.

Während Stephan in der geschilderten Weise für die Ausdehnung der Telegraphenanlagen und die technische Vervollkommnung der Leitungen und Apparate Sorge trug, regte er, ebenso wie bei der Post, durch eine Reihe von Maßregeln das Publikum zur häufigen Benutzung der dargebotenen Verkehrsmittel an. Er beseitigte eine Anzahl von Erschwerungen, denen die Telegrammauflieferung früher unterlegen hatte, und erleichterte sie nach Möglichkeit: Bahnposten, Telegraphenboten und Landbriefträger nehmen jetzt Telegramme an, Theilnehmer an Fernsprecheinrichtungen können solche mit dem Fernsprecher dem Telegraphenamt zurufen oder sich von diesem zusprechen lassen, selbst durch die Briefkasten kann man sie aufliefern, wobei auch unzureichend oder garnicht frankirte Sendungen befördert werden; der Unterschriftzwang ist weggefallen, die Aufschrift darf in abgekürzter Form gegeben, das auf ein Viertel ermäßigte, einheitliche Botenlohn nach Landorten vorausbezahlt werden; dringende Telegramme sind zugelassen, die Frankirung durch Briefmarken ist gestattet, die Benutzung des Telegraphen zur Geldüberweisung erweitert worden.

Der Verkehr der Börsen unter einander hat durch Herstellung und Bereithaltung besonderer Telegraphen- und Fernsprech-Leitungen zwischen den Haupt-Börsenplätzen, durch Einrichtung von Annahme- und Ausgabestellen, sowie von eigenen Fernsprechstellen in den Börsengebäuden, und endlich durch die Zulassung besonders vereinfachter Formen für die ganze technische Behandlung der Börsentelegramme eine bedeutende Förderung erfahren. Der Presse ist nachgelassen worden, während der späten Abend- und Nachtstunden Leitungen zur Beförderung der Zeitungskorrespondenz zu ermäßigten Preisen anzumiethen. Endlich haben auch der Zeitball- und Sturmwarnungsdienst an den deutschen Küsten, sowie die Wettertelegraphie und der Signalverkehr mit Schiffen auf hoher See mancherlei Verbesserungen erfahren.

Als Ergänzung der Einrichtungen, die den Nachrichtenschnell= dienst in der Großstadt vermitteln, ist ferner die Rohrpost her= vorzuheben, wie sie gegenwärtig in Berlin mit Charlottenburg, in Hamburg und Frankfurt am Main besteht. Die Berliner Rohrpost wurde am 1. Dezember 1876 mit 16 Aemtern und 4 Maschinen= stationen eröffnet und umfaßt gegenwärtig 49 Rohrpostämter und 6 Maschinenstationen. Das Röhrennetz, das ursprünglich in der Form mehrerer, sich in einem Punkt berührender Kreise angelegt war, ist im Jahre 1884, um die Leistungsfähigkeit der Anlage zu steigern, in der Weise umgestaltet worden, daß jetzt die Röhren= stränge sich von einem Amte aus nach den übrigen Aemtern strahlen= förmig erstrecken; das Netz enthält 62 Kilometer Röhren. Die Rohrpost dient zur Beförderung der beim Haupt=Telegraphenamt von außerhalb eingehenden Telegramme nach den Bestellpostanstalten, ferner der bei den Annahmestellen aufgelieferten Telegramme zum Haupt=Telegraphenamt, und endlich der Rohrpost=Briefe und =Karten nach und von allen Postämtern der Stadt. Die Beförderung geschieht in Lederhülsen, die in Folge der Verdünnung der Luft vor und Erzeugung von Luftdruck hinter ihnen durch die Röhren getrieben werden.

Durch die Rohrpost sind im Jahre 1894 4 Millionen Sen= dungen befördert worden, darunter 3 Millionen Telegramme. Die Gebühr für einen Rohrpostbrief beträgt 30, für eine Rohrpostkarte 25 Pfennig.

Wenn auch alle vorgenannten Maßnahmen und Einrichtungen fördernd auf den telegraphischen Verkehr eingewirkt haben, so ist doch in dieser Hinsicht bei Weitem das Meiste durch die Aende= rung der Grundsätze der Tarifbildung geleistet worden. Vor der Uebernahme der obersten Leitung des Telegraphenwesens durch Stephan bestand ein auf drei Entfernungsstufen und dem Normaltelegramm von 20 Worten beruhender Tarif, den Stephan am 1. März 1876 durch den Worttarif mit nur einer Taxe von 5 Pfennig für alle Entfernungen innerhalb des Reichs=Tele= graphengebiets unter vorläufiger Beibehaltung einer Grundtaxe von 20 Pfennig für jedes Telegramm ersetzte. Der neue Tarif hat seinen Zweck, die Gebührenerhebung zu vereinfachen und dabei einerseits dem Aufgeber die Entscheidung über die Länge seines Telegramms völlig zu überlassen, andrerseits aber die Gebühren in ein richtiges Verhältniß zur Leistung der Verwaltung zu setzen, durchaus erfüllt. Da jedes Wort bezahlt werden muß, hat sich das Publikum daran gewöhnt, seine Mittheilungen möglichst zusammen=zudrängen: die durchschnittliche Länge der Telegramme ist von 18,3 Worten vor 1876 auf 11,5 Worte zurückgegangen. Durch diese Verkürzung ist eine bedeutende Ersparniß an Arbeit und eine entsprechende Entlastung der Leitungen herbeigeführt worden, während die Einnahmen sich in erfreulichem Maaße vermehrten: von 10,6 Millionen Mark im Kalenderjahre 1875 auf 12,85 Mil=lionen im Etatsjahr 1878/79 oder um 21,24 Prozent. Diese günstigen Ergebnisse ermuthigten zu weiterem Fortschreiten auf der betretenen Bahn: zuerst ließ Stephan unter Erhöhung der Wortgebühr auf 6 Pfennig die Grundtaxe fallen und ermäßigte sodann vom 1. Februar 1891 ab die Worttaxe wieder von 6 auf 5 Pfennig.

Die alte Erfahrung, daß große Gedanken eine werbende Kraft besitzen, bewährte sich auch hier. Auf der Telegraphen=Konferenz, die im Jahre 1879 in London zusammentrat, wurde der Wort=tarif, zunächst ebenfalls unter Beibehaltung einer Grundtaxe, auch für den internationalen Verkehr allgemein angenommen. Die Beseitigung der Grundtaxe und Annahme des reinen Worttarifs blieb der Telegraphen=Konferenz zu Berlin 1885 vorbehalten.

Hand in Hand mit den Bemühungen Stephans, den Wort=tarif in den Weltverkehr einzuführen, ging sein Streben nach allgemeiner Ermäßigung der Taxen, als dessen Endziel für den Verkehr innerhalb Europas der Uebergang zu einer einheitlichen Wortgebühr und der Wegfall jeglicher Abrechnung zwischen den betheiligten Verwaltungen zu betrachten ist. Hierauf abzielende Vorschläge unterbreitete Stephan schon der Londoner und demnächst der Berliner (1885) sowie der Pariser Konferenz (1890), jedoch konnte sich ein Theil der Verwaltungen, ohne die Vortheile des vorgeschlagenen Verfahrens zu verkennen, wegen deſſen durchgreifender Bedeutung und aus finanziellen Rückſichten noch nicht zur Annahme der deutſchen Anträge entſchließen. Dieſe ſind inzwiſchen vom internationalen Telegraphen-Büreau in Bern zum Gegenſtand einer ſehr verſtändigen Arbeit gemacht worden, die ſämmtlichen Verwaltungen als Grundlage für weitere Erwägungen über die Frage des Einheitstarifs zugegangen iſt. Die deutſchen Vorſchläge werden auf der nächſten Konferenz, die 1896 in Budapeſt ſtattfinden ſoll, den hauptſächlichſten Gegenſtand der Berathungen bilden und hoffentlich dort zu einer günſtigen Löſung gebracht werden.

Inzwiſchen iſt die deutſche Worttaxe auch für den Verkehr mit Oeſterreich-Ungarn und Luxemburg eingeführt, und die Abrechnung über die aus dem Wechſelverkehr zwiſchen Deutſchland einerſeits und Oeſterreich-Ungarn, Frankreich, ſowie mehreren anderen Staaten andererſeits erwachſenden Gebühren durch Sonderverträge zwiſchen den genannten Staaten ganz oder theilweiſe abgeſchafft worden.

Daß Stephan ſein Ziel: Vereinfachung der Betriebsformen, auch hinſichtlich des internationalen Telegraphendienſtes nie aus den Augen verloren hat, bedarf keiner Erwähnung. So ſind denn zahlreiche Erleichterungen im Telegrammverkehr von Land zu Land ſeiner Anregung zu danken, darunter namentlich die durchgreifende Vermehrung der zum unmittelbaren Verkehr zwiſchen deutſchen und ausländiſchen Plätzen beſtimmten Leitungen. Hierher iſt auch zu rechnen die Uebernahme des deutſch-norwegiſchen, ſowie des deutſch-engliſchen Kabels zwiſchen Emden und Valentia in das Eigenthum des Reichs, und die Herſtellung neuer Kabelverbindungen zwiſchen Warnemünde und Gjedſer, ſowie zwiſchen Emden und Bacton auf Koſten der betheiligten Staaten. Gleichzeitig mit der Erwerbung des Emden-Valentia-Kabels wußte Stephan dem deutſch-amerikaniſchen Verkehr eine direkte Verbindung zwiſchen Valentia und New-York mittels der Kabel der Anglo-Amerikaniſchen Geſellſchaft zu ſichern, wodurch die Beförderungsdauer für die auf dieſen Weg geleiteten Telegramme weſentlich verkürzt wurde.

Daß Stephans Ruf als Begründer des Weltpostvereins und Leiter einer Verkehrsverwaltung von anerkannter Musterhaftigkeit sehr viel zur Ausdehnung des Gebietes beigetragen hat, auf dem der internationale Telegraphenvertrag Geltung besitzt, ist nicht zu bezweifeln.

Gegenwärtig stehen fast alle Staaten mit geordneter Telegraphenverwaltung auf dem Boden dieses Vertrags, und auch die großen unterseeischen Kabelunternehmungen, die sich davon bis jetzt noch ausgeschlossen haben, sehen sich mehr und mehr genöthigt, ihre bisherige ablehnende Haltung aufzugeben.

Ebenso ist es mit in erster Linie dem Betreiben Stephans zu danken, daß in Voraussicht der künftigen Bedeutung des Fernsprechers auf internationalem Gebiete auf der Berliner Telegraphen-Konferenz im Jahre 1885 Bestimmungen über den Fernsprechverkehr von Land zu Land in den internationalen Telegraphenvertrag aufgenommen worden sind. Diese Festsetzungen werden, im Hinblick auf die inzwischen stattgehabte Zunahme des gedachten Verkehrs, auf der nächstjährigen Konferenz bedeutend umfangreicher und mehr in das Einzelne gehend zu gestalten sein.

Um die Darstellung der Thätigkeit Stephans auf telegraphischem Gebiete abzuschließen, erübrigt noch, auf die Herstellung von Telegraphenanlagen in den deutschen Schutzgebieten und deren Anschluß an das Welttelegraphennetz hinzuweisen.

Zuerst erfolgte die Verbindung der in Bagamoyo und Dar-es-Salaam zu errichtenden Telegraphenanstalten unter sich und mit Zanzibar durch ein von der Eastern and South African Telegraph Company gelegtes Kabel, das im September 1890 in Betrieb genommen wurde. In den nächsten zwei Jahren wurde eine oberirdische Telegraphenlinie in Länge von 184 Kilometer von Bagamoyo über Saadani und Pangani bis Tanga unter Einrichtung von Telegraphenanstalten zum Betrieb mit Morse- und Fernsprechapparaten in den genannten Orten hergestellt. Nach der Beruhigung der südlichen Gegenden des Schutzgebietes schloß sich hieran die 280 Kilometer lange Linie von Dar-es-Salaam über Mohorro bis Kilwa mit Telegraphenanstalten in den letztgenannten beiden Orten;

sie ist seit dem 2. März 1894 im Betriebe. Die Taxen in allen Schutzgebieten sind dieselben, wie in Deutschland. Der Verkehr in Ostafrika ist in lebhaftem Steigen begriffen: im Jahre 1894 sind von den dortigen Anstalten rund 40000 Telegramme bearbeitet und 3040 Gespräche im Innern vermittelt worden.

Kamerun ist im Februar 1893 durch ein von Bonny nach dort von der African Direct Telegraph Company gelegtes Kabel dem Weltverkehr angegliedert worden. Im Jahre 1894 sind dort 784 Telegramme ein= und ausgegangen.

Das Togogebiet hat im Januar 1894 durch eine oberirdische Linie von Klein=Popo über Lome nach der englischen Goldküsten= Kolonie Anschluß an deren Telegraphenlinien und damit über Accra Verbindung mit dem westafrikanischen Kabelnetz erhalten. In Klein= Popo und Lome sind Telegraphenanstalten errichtet worden, die unter sich ebenfalls sowohl mittels Morse wie mittels Fernsprechers verkehren. Außerdem steht der Anschluß an die Telegraphenlinien der östlich gelegenen französischen Kolonie Bénin in Grand=Popo unmittelbar bevor und damit die Herstellung einer zweiten Ver= bindung mit den Seekabeln über Kotonou, was im Hinblick auf den Eintritt von Unterbrechungen des Weges über Accra von wesentlicher Bedeutung ist. Seit der Eröffnung des Telegraphen= betriebes im Togogebiet sind von den dortigen Anstalten 2700 Tele= gramme bearbeitet und 720 Gespräche vermittelt worden.

Im südwestafrikanischen Schutzgebiet bestehen Telegraphen= anlagen noch nicht, doch schweben zur Zeit Erwägungen über die Möglichkeit, solche dort herzustellen und an die Linien der Kap= Kolonie anzuschließen. Unzweifelhaft wird Stephan auch hier, wie in den übrigen Schutzgebieten, seine Erfahrung und Thatkraft in den Dienst der kolonialen Bestrebungen des Reichs und damit der Förderung des allgemeinen Volkswohlstandes stellen, sobald die Vor= bedingungen für eine gedeihliche Wirksamkeit des Telegraphen er= füllt sein werden.

Postbauwesen.

Das Erbtheil, das Stephan in baulicher Beziehung übernahm, war ärmlich zu nennen. Die Postverwaltung hatte sich in den Jahren vor und nach der Einführung des einstufigen Briefportos genöthigt gesehen, die Ausgaben für den Betrieb soweit als irgend thunlich einzuschränken und Neubauten, die schon lange erforderlich gewesen wären, bis dahin zurückzustellen, wo die Finanzlage deren Ausführung gestatten würde. In Folge dessen war die Beschaffen=heit der Diensträume an vielen Orten dürftig, stellenweise sogar unwürdig geworden. Hiermit trafen eine Anzahl von Umständen zusammen, die das Bedürfniß nach der Herstellung neuer Dienst=räume besonders fühlbar machten.

In den nach 1866 und 1870/71 neu hinzugetretenen Landes=theilen hatte die Verwaltung eine ganze Reihe von Posthäusern in unzulänglichem, zum Theil sogar baufälligem Zustande über=nommen. In Schleswig=Holstein, Mecklenburg, Hannover, dem früher Thurn und Taxisschen Postbezirke, im Königreich Sachsen, in Baden und in Elsaß=Lothringen war nach dem Zuschnitt der Betriebsverhältnisse der früheren Landespostverwaltungen für das räumliche Bedürfniß der Post meistens nur kärglich gesorgt*). Dazu kam, daß die Entwickelung des deutschen Eisenbahnnetzes in einer großen Anzahl von Orten den bisherigen Brennpunkt des postalischen Verkehrs verschoben und dadurch die Postverwaltung genöthigt hatte, gemäß der neuen Gestaltung des Bedürfnisses an anderen Punkten, oft auf isolirt gelegenen Bahnhöfen eigene Post=gebäude zu errichten.

Diese unleidlichen Verhältnisse wurden schier unerträglich, als nach glücklicher Beendigung des deutsch=französischen Krieges der postalische Verkehr einen ungeahnten Aufschwung nahm, und ein Raummangel sich fast plötzlich auch in solchen Posthäusern fühlbar machte, in denen unter den früheren Verhältnissen die vorhandenen Diensträume dem Bedürfnisse noch für längere Zeit genügt hätten. Am greifbarsten traten solche Zustände da hervor, wo man schon

---

*) Vgl. Archiv für Post= und Telegraphie, Jahrg. 1881 S. 467.

seit längerer Zeit mit der Anpassung der Räume an die Erfordernisse des wachsenden Verkehrs zurückgeblieben war. In Berlin zum Beispiel hatte sich seit beinahe einem halben Jahrhundert keine Vermehrung der dem Postfiskus gehörenden Grundstücke vollzogen, und hier wie bei den Bezirksbehörden saßen die Beamten nach einer im Reichstage 1871 gefallenen Aeußerung Stephans „zwar noch nicht wie der Vogel auf dem Dache, aber doch dicht unter dem Dache".

Ende 1870 waren nur 233 Postämter in fiskalischen Grundstücken, die übrigen 4408 Betriebs-Postanstalten aber miethweise untergebracht. Nur bei wenigen waren heizbare Schalterräume und Packkammern zu finden, überall sonst wurde das Publikum in Hausfluren, Durchfahrten oder in den Dienstzimmern selbst an Holzbanden, in der besseren Jahreszeit sogar unter freiem Himmel abgefertigt. Sichere Rechtszustände gab es selbst für die fiskalischen Grundstücke nicht; sie wurden erst durch das Gesetz vom 25. Mai 1873 über die Rechtsverhältnisse der zum dienstlichen Gebrauch einer Reichsverwaltung bestimmten Gegenstände geschaffen.

Mit der im Jahre 1876 vollzogenen Vereinigung von Post und Telegraphie trat die Nothwendigkeit hervor, für die Unterkunft der Telegraphenanstalten in den Postdiensträumen zu sorgen, wenn anders die erwarteten großen Vortheile erreicht werden sollten. Endlich erwuchs der Verwaltung aus der Herstellung der großen unterirdischen Telegraphenlinien die Verpflichtung, an deren Anfangs- und Endpunkten, sowie an den besonders wichtigen Orten, wo die Leitungen zum Betrieb eingeführt werden sollten, reichseigene Gebäude zu beschaffen, damit Verlegungen der Kabel von einem Lokal in das andere mit den daraus entstehenden Kosten und dienstlichen Unzuträglichkeiten von vornherein vermieden würden.

Wollen wir endlich die Entstehung größeren Raumbedarfs bis in die neueste Zeit verfolgen, so ist als eine wesentliche Ursache seit der großartigen Entwickelung des Stadt-Fernsprechwesens die Nothwendigkeit der Beschaffung großer Säle mit zahlreichen Nebenräumen für die Vermittlungsanstalten zu nennen. Daß das Erforderniß, die Leitungen von den zur Unterbringung der Stadt-

Fernsprechämter dienenden Gebäuden hoch über die Dächer der Nachbarhäuser hinwegzuführen, auch auf den Baustil selbst einge= wirkt hat, sehen wir an zahlreichen Beispielen bestätigt.

Stephan fand sonach beim Eintritt in die Stellung als General=Postdirektor auch in baulicher Hinsicht ein weites Feld der Thätigkeit vor.

Bis zum Jahre 1875 wurde der technische Theil des Postbau= wesens durch Vermittelung der Bauverwaltungen der einzelnen Bundesstaaten unentgeltlich besorgt. Die Beibehaltung dieses Ver= hältnisses wurde jedoch von verschiedenen Bundesregierungen, ins= besondere der preußischen, für nicht angängig erklärt und erschien auch gegenüber dem Umfange und der Wichtigkeit der Geschäfte nicht mehr zulässig. So wurde denn mit Beginn des Jahres 1875 eine eigene Post=Bauverwaltung eingerichtet, bestehend aus einem bautechnischen Mitgliede des General=Postamts und 13 den Ober= Postdirektionen zugetheilten Postbauräthen und Postbau=Inspek= toren; die Zahl dieser Beamten ist inzwischen in Folge Ver= mehrung des Grundbesitzes der Reichs=Postverwaltung und der bautechnischen Geschäfte im Allgemeinen auf 28 gestiegen. Erst nach Errichtung dieser Behörde war es Stephan möglich, bei den Postbauten seine Absichten in vollem Umfange durchzuführen, und auch dann noch mußte eine gewisse Zeit verfließen, ehe alle Post= baubeamten sich daran gewöhnten, auf seine Gedanken und Wünsche einzugehen.

In seinen Bauten spiegelt sich der ganze Mann wieder, und der hat als echter Deutscher über den Anforderungen des täglichen Lebens, der Praxis, die Liebe zum Idealen nie vergessen. So er= füllen denn die Stephanschen Bauten in erster Linie ihren dienstlichen Zweck in hervorragendem Maaße, und keine Stimme ist jemals laut geworden, die das Gegentheil zu begründen vermocht hätte. Die darin bereitgestellten Diensträume sind sämmtlich unter Zugrunde= legung einer steigenden Zunahme des Verkehrs auf eine längere Reihe von Jahren berechnet und mit aller Rücksichtnahme auf die Gesundheit der darin beschäftigten Beamten eingerichtet. Ebenso ist überall der Verpflichtung der Post gegen das Publikum ent=

sprochen, die Warteräume in genügender Größe bereit zu stellen und mit den zur Erhaltung der Gesundheit und zur Bequemlichkeit der Wartenden nöthigen Heiz= und Schreibvorrichtungen auszustatten. Daß ferner an Gebäude, in denen, wie in den Posthäusern, ein ununterbrochener Betrieb die Regel ist, und ein fortwährendes Kommen und Gehen, Herbei= und Fortschaffen stattfindet, die höchsten Anforderungen hinsichtlich der Güte der Ausführung und des Materials gestellt werden müssen, bedarf keiner Erörterung; es hat also auch Niemand etwas daran aussetzen können, daß Stephan die Postbauten auf das Solideste und aus dem besten Material hat herstellen lassen.

Wohl aber sind in anderer Beziehung Bedenken — sagen wir gleich unberechtigte — gegen die Art und Weise ihrer Ausführung vorgebracht worden.

Da war es zunächst ein im Jahre 1878 ergangener Erlaß des General=Postmeisters über die Bevorzugung inländischen Materials vor ausländischem von gleicher Güte, der gewisse Kreise zum Widerspruch reizte. Daß sich deren Groll gerade gegen Stephan richtete, lag daran, daß seine Verwaltung die erste war, die zu jener Zeit des ausgesprochenen Freihandels im Sinne des Schutzes nationaler Arbeit vorging. Damals schrieb die Deutsche volkswirthschaftliche Korrespondenz zu dieser Angelegenheit in einem Artikel „Dr. Stephan und die Freihändler" Folgendes: „Der Mann des Weltverkehrs, dessen Namen bekannt ist, wo Menschen wohnen, dessen Verdienst in Millionen Kundgebungen über Land und Meere fährt, jagt und eilt und durch die Lüfte zuckt, er hat trotz seiner, die ganze Welt umspannenden Thätigkeit sein liebes Vaterland nicht aus den Augen verloren. Die Noth der vaterländischen Industrie ist auch an sein Ohr gedrungen und hat zu einer Maßnahme Veranlassung gegeben, die wenigstens in Deutschland Nichts als Dank und Anerkennung finden sollte."

Seitdem sind der Postverwaltung alle anderen Verwaltungen gefolgt, und gegenwärtig fände ein Verwaltungschef, der in entgegengesetztem Sinne handeln wollte, in Deutschland kaum eine Stimme zu seiner Vertheidigung.

Eine andere, viel umstrittene Frage ist die: sollen die Post=
bauten nur nützlich oder dürfen sie auch künstlerisch schön sein?
Stephans Ansicht hierüber darf wohl als übereinstimmend ange=
nommen werden mit einem Aufsatz im Archiv für Post und Tele=
graphie, Jahrgang 1881, S. 385 ff., betitelt: „Das Bauwesen der
deutschen Reichspost= und Telegraphen=Verwaltung", wo es u. A.
heißt: „Eine angemessene Kunstform der Gebäude, ihre Ausführung
in gutem, dauerhaftem Material, ohne Putz und leicht vergänglichen
Zierrath ist keine Verschwendung, sondern wirthschaftlich voll ge=
rechtfertigt, und Schönheit und stilistische Würde kann in der Bau=
kunst ebenso wenig entbehrt werden, wie Kunst und Wissenschaft
in der Erziehung gebildeter Menschen.

Wenn die Nation aus ihren Mitteln Gebäude errichten läßt,
so hat sie ein Recht darauf, daß mit ihren Mitteln wirthschaftlich
verfahren werde, und dazu gehört vor allen Dingen, daß die Ge=
bäude in geräumiger, zweckmäßiger Anlage aus solidem Material
und in tüchtiger Arbeit nach einem werthvollen und kunstgerechten
Plane errichtet werden. Denn Bauwerke, die diese Bedingungen
nicht erfüllen, sind zwar scheinbar billig, in Wirklichkeit aber recht
theuer, weil in höherem Maaße vergänglich, für den materiellen
Zweck weniger nutzbar und für den idealen Beruf gänzlich ver=
loren . . . .

So lange es Kulturvölker gegeben hat, haben diese ihre öffent=
lichen Gebäude als Gegenstände kunstschöpferischer Darstellung be=
handelt, und es genügt nicht zum Beweise für die Bildung eines
großen Volkes, daß es die steinernen Zeugen vergangener Zeiten
ehrt und beschützt. Nicht der Archäologie allein, auch der Archi=
tektur der Gegenwart gebührt ihr Recht. Auch das lebende Ge=
schlecht soll der Nachwelt seine Geschichte verzeichnen in Stein und
Erz, als die Geschichte eines Kulturvolkes, und in solchem Streben
sollen das Reich, der Staat, die Kirche, die Gemeinde das Beispiel
geben.

Wenn aber öffentliche Gebäude in erster Reihe dazu berufen
sind, den Kulturstand eines Volkes zu kennzeichnen, so werden die
Post= und Telegraphengebäude keine Ausnahme zu machen haben;

im Gegentheil, ihre Bestimmung trägt unverkennbar den Stempel der neuen Zeit, und darum sind diese Gebäude besonders geeignet, unsere Zeit mit ihren mächtigen Verkehrsfaktoren, Post und Telegraphie, durch baukünstlerische Behandlung und Ausstattung zu kennzeichnen."

Die hier ausgesprochenen Anschauungen finden wir in allen Postbauten des letzten Vierteljahrhunderts in Stein und Erz ausgedrückt. Erzeugte auch diese Art und Weise der Ausführung öffentlicher Gebäude seiner Zeit die Legende von den „Postpalästen", einfach weil man nicht gewöhnt war, den Staat als Bauherrn sich über das landläufige Nützlichkeitsprinzip erheben zu sehen, so sind doch je länger je mehr die Tadler verstummt. In der That hat in keinem Falle der Vorwurf, als habe die Post zu theuer gebaut, begründet werden können. Mit vollem Recht durfte Stephan vor einigen Jahren im Reichstag auf die Bestimmung der Postbauordnung verweisen, die vorschreibt:

„Wirthschaftlichkeit kommt für die architektonische Gestaltung und Ausstattung wesentlich in Betracht. Eine wohlerdachte, stilgerechte und geschickt behandelte Gesammtgliederung der Bauwerke, verbunden mit einer gediegenen Ausbildung der Einzelform, ist für die Wirkung der Fassaden entscheidend. Hierauf ist höherer Werth zu legen, als auf eine über das ästhetische Bedürfniß hinausgehende und stilistisch willkürliche Anhäufung von Architekturmotiven. Die architektonische Würde eines öffentlichen Bauwerks wird ferner nicht bedingt durch die Fülle ornamentalen und bildnerischen Beiwerks; bei Anordnung dieses Beiwerks ist daher ein sparsames Maßhalten am Platze."

Der Umstand übrigens, daß tadelnde oder nörgelnde Aeußerungen nicht aus den Kreisen der Sach- und Kunstverständigen hervorgingen, daß hier vielmehr sein Vorgehen jederzeit volle Zustimmung und Anerkennung gefunden hat, konnte Stephan nur ermuthigen, auf dem betretenen Wege weiter zu gehen. Einige Aeußerungen von bauverständiger Seite seien als typisch für die dort herrschenden Ansichten über Stephans Maßnahmen hier wiedergegeben.

„Mehr als in jeder anderen Kunstform prägt sich in der Architektur der Charakter eines Volkes aus"; heißt es in einer Besprechung des 1874 vollendeten Gebäudes des General-Postamts, „hat es dem sparsamen Sinne des preußischen Wesens von jeher ferngelegen, auch solche Gebäude, die den Bedürfnissen des täglichen Lebens und Verkehrs dienen, künstlerisch zu gestalten, so steht dem reichen Deutschland wohl an, was dem haushälterischen Preußen mit Recht versagt sein mochte. Nicht der gemeine Nutzen allein, der sich bei Heller und Pfennig berechnen läßt, darf das Leben eines mächtigen Reichs beherrschen, seine öffentlichen Gebäude dürfen nicht allein praktischen Zwecken dienen. Es ziemt sich vielmehr, daß sie der zeitgenössischen Baukunst würdige Aufgaben bieten und ein bildendes Element werden für den künstlerischen Sinn der heranwachsenden Generation."

Julius Rodenberg sagt in einem 1880 erschienenen Aufsatz: „Die Baureform und das Abgeordnetenhaus" beiläufig:

. . . „Welche Wichtigkeit gerade für unsere mittleren und kleineren Städte eine nach künstlerischen Gesichtspunkten geleitete Bauthätigkeit hat, ist leicht ersichtlich. Welch eine Fülle von Anregungen vermag sie den Gewerben um sich her zu gewähren, und welch eine würdige Aufgabe für den Staat, nicht durch Beschränkung, sondern durch Freigebung der schöpferischen Kraft zu wirken. Es war ein fröhlicher und erfrischender Anblick für uns, während einer im Herbst durch die westlichen und südlichen Provinzen unseres Staates unternommenen Reise an vielen Orten die neuen Postgebäude zu sehen, die eben vollendet waren oder sich der Vollendung nahten. In einer kleinen Stadt hatten wir Gelegenheit, das neuerrichtete Seminargebäude mit dem neuerrichteten Postgebäude zu vergleichen: wie trocken und schablonenhaft das eine, dessen Entwurf gemacht zu sein schien ohne die geringste Rücksicht auf die Umgebung; wie munter und lebendig das andere, als ob etwas von dem Geiste des genialen Mannes darin sei, der an der Spitze unseres Postwesens steht, und der kurz vorher selbst an Ort und Stelle gewesen war."

. Aus dem Jahre 1888 liegen Urtheile von zwei berufenen

Richtern vor, W. Lübke und Julius Lessing. Lübke sagt in einem Aufsatz, den er dem damals erschienenen Werke: „Postbauten des deutschen Reichs" widmet, u. A. Folgendes:

„Eine äußere Veranlassung, dies Thema einmal etwas eingehender zu behandeln, liegt gerade jetzt vor, da unter dem Titel „Postbauten des deutschen Reichs" eine Veröffentlichung von dreißig dieser neuen Reichspostbauten in Lichtdruckbildern nach photographischen Aufnahmen mit begleitendem Text erschienen ist.

Bis vor kurzer Zeit waren die Staatsbauten fast überall der Ausdruck büreaukratischen Schablonenwesens. Davon ist hier nun keine Spur zu bemerken. Wie der oberste Leiter unseres Postwesens in diese ganze großartige Verwaltung einen frischen Luftzug, den Hauch einer neuen Zeit gebracht hat, so gilt dasselbe von seiner Bauthätigkeit. Man merkt, daß Herr von Stephan ein Mann ist, der selbst lebendiges Interesse, Verständniß und Freude an architektonischen Schöpfungen hat und der seinen eigenen Bauten das Gepräge einer starken und charaktervollen Persönlichkeit aufzudrücken weiß. Er hat erkannt, daß die Bauten der besten Kunstepochen durch den Charakter von Land und Volk, durch die Bodenbeschaffenheit und das Material, durch eine Summe von Ueberlieferungen, die aus physischen und geistigen Elementen sich zusammensetzen, bedingt werden. Während so oft die Produkte geistloser büreaukratischer Schablone als wildfremde Gebilde in eine heterogene Umgebung hineinzuschauen pflegten und deshalb fremdartig, ja fast feindlich den Beschauer berührten, ist bei allen neuen Postbauten des deutschen Reiches das Streben darauf gerichtet gewesen, sie in Harmonie mit ihrer Umgebung und ihren lokalen Traditionen zu setzen, und dies Streben ist fast immer vom glücklichsten Erfolg gekrönt gewesen. Sowohl in der Wahl der Stilformen als in der Verwendung und Behandlung des Materials ist die Rücksicht auf die lokalen Eigenthümlichkeiten und die Ueberlieferungen aus den besten Epochen der Kunstblüthe bestimmend gewesen.

So kommt es denn, daß das Mittelalter und die Neuzeit, daß italienische und deutsche Renaissance, Gothik und romanischer

Stil, Backstein und Quaderbau, oder auch gemischte Systeme in besonderer Abwägung der lokalen Verhältnisse zur Anwendung gekommen sind. Selbst dem Barock und Rokoko hat man in maßvoller Weise Zutritt gestattet. Mit Befriedigung nehmen wir wahr, daß überall das Streben darauf gerichtet ist, jeder besonderen Aufgabe ihre individuelle Lösung zukommen zu lassen und sie in freier baukünstlerischer Weise zu gestalten. Was sodann bei allen diesen Bauten wohlthuend berührt, ist die Echtheit des Materials, die Abwesenheit täuschender Surrogate, die Gediegenheit der Durchführung, die Opulenz der Behandlung, die, fern von Luxus und Uebermuth, auf Angemessenheit und monumentale Würde abzielt. Und hier ist denn mit aller Entschiedenheit zu betonen, daß eine Verwaltung, die das Unzureichende, Kümmerliche, ja Erbärmliche früherer Zustände in so energischer Weise beseitigt und einem der größten und mächtigsten modernen Betriebe, der einer der mühsamsten, aber zugleich auch einer der segensreichsten ist, angemessene und würdige Stätten für die Entfaltung ihrer Thätigkeit zu schaffen wußte, sich in hohem Grade um die Ehre und die Wohlfahrt des neuen deutschen Reiches verdient gemacht hat.

Was den Bauten der Postverwaltung einen besonderen Reiz verleiht, ist die unerschöpfliche Mannigfaltigkeit der Bauprogramme, die nicht blos durch die wechselnde Größe der Aufgabe, die reiche Abstufung der dabei maßgebenden Bedingungen, sondern auch durch die Rücksichten auf die lokalen Erfordernisse des Verkehrs, der Situation, der zu wählenden Stilform und des Materials bedingt wurden.

Bei unserer kurzen Skizze dürfen wir noch einen wesentlichen Punkt nicht vergessen: den äußerst fördersamen Einfluß, den an vielen Orten diese künstlerisch geleitete Bauthätigkeit auf die umgebenden Kreise ausgeübt hat. Namentlich in manchen kleineren Städten, die von der großartigen Baubewegung der neuesten Zeit kaum berührt worden waren, hat die Aufführung eines stattlichen, künstlerisch durchgebildeten Monumentalbaues anregend gewirkt und einen Wetteifer hervorgerufen, dessen Folge nicht selten eine ganz neue künstlerische Thätigkeit geworden ist. Und es blieb dann nicht bei einer Bewegung im Gebiete der Architektur, sondern die begleitenden Kunstgewerbe, vor Allem Schreinerei, Schlosserei und Schmiedearbeit erhielten nach langer im üblichen Schlendrian hingebrachten Lethargie neue Impulse zur künstlerischen Gestaltung ihrer Hervorbringungen. Uns sind manche Fälle bekannt, wo auf diese Weise die Kunstgewerbe zu einer völligen Erneuerung im Sinne stilvollen Fortschritts gelangt sind. Auch dies ist ein nicht gering anzuschlagendes Verdienst, und so dürfen wir der weiteren planmäßigen Durchführung des umfangreichen und großartigen Bauprogramms des deutschen Reichspostwesens eine fernere ersprieß= liche Entfaltung wünschen."

In demselben Sinne äußert sich Julius Lessing in einem Auf= satz: „Das Arbeitsgebiet des Kunstgewerbes", der im November= heft 1888 der Deutschen Rundschau erschienen ist. Es heißt da u. A.:

„Vielfach fehlt eine zielbewußte Verwendung der Staatsmittel innerhalb der Architektur und fast vollständig innerhalb der mit ihr verbundenen dekorativen Künste, des Kunstgewerbes. Gerade auf dem Gebiete der Architektur ist die schaffende Thätigkeit des Staates die allergrößeste. Bilder kann man entbehren, Bauten für bestimmte Verwaltungszwecke sind unerläßlich. Aber Bestel= lungen auf Bilder, mögen die dafür bestimmten Summen noch so klein sein, sind unter allen Umständen direkte Beförderungen der Kunst. Die Bauten können jedoch, ohne daß die Benutzbarkeit leidet und ohne daß ein augenblicklicher Schaden ersichtlich ist, auf das Allerbilligste und Allerschlechteste hergestellt werden.

Hier ist der Punkt, wo die weitsichtigeren Bestrebungen ganz vornehmlich einsetzen müssen. Selbst Männer, die geistigen Fragen ein wohlwollendes Verständniß entgegenbringen, sprechen nicht selten von einer Verschwendung für Staatsbauten, sobald Summen bean= sprucht werden, wie sie eine monumentale Ausgestaltung statt eines einfachen Nützlichkeitsbaues erheischt. Nichts ist verkehrter als diese Anschauung, die sich der „altpreußischen Sparsamkeit" berühmt.

Die einzige Civilbehörde, die die Bedeutung dieser Fragen voll begriffen und mit fester Hand die Konsequenzen gezogen hat, ist

die Verwaltung der Deutschen Reichspost. Nahezu dreihundert Post=
gebäude sind während der letzten siebzehn Jahre im deutschen
Reiche errichtet und mit Liebe und Hingebung durchgeführt, und
jedes — mögen im Einzelnen die Kunstformen etwas besser oder
etwas schlechter gerathen sein — sagt an seiner Stelle: „Hier
stehe ich, hier steht das Deutsche Reich!" Es ist keine Aeußer=
lichkeit, wenn in Lübeck auf dem Markte, dessen eine Seite
der Dom, die andere Seite das Rathhaus einnimmt, die dritte
Seite in voller Länge nach Niederlegung aller hier befindlichen
Häuser eingenommen wird durch das Reichspostgebäude, dessen
Mauern und Zinnen sich den dort herrschenden Bauformen ein=
fügen: Hier inmitten der freien deutschen Stadt steht das Deutsche
Reich, in der einzigen ihm zustehenden Verwaltung, herrschend
neben den Denkmalen der alten Zeit.

In Berlin macht sich ein derartiger Eindruck der Postbauten
unter der Fülle der öffentlichen Gebäude nicht bemerkbar; aber
wer in die Provinzen kommt, wer einmal Gelegenheit hat, durch
Pommern oder Preußen hintereinander weg eine Reihe von größeren
und kleineren Städten zu besuchen, der wird sich dieses wahrhaft
beherrschenden Eindrucks nicht erwehren. Wenn man in einer
Provinzialstadt das Regierungsgebäude sucht, so fragt man sich
durch drei, vier Straßen und findet irgendwo einen nüchternen
zweistöckigen Kasten mit schmaler Hausthür, engen Treppen, nied=
rigen und unfreundlichen Zimmern. Aber am Hauptplatze der
Stadt, in hervorragender Lage, weithin strahlend in luftiger, der
Umgebung liebevoll angepaßter Architektur steht das Gebäude der
Reichspost. Jenes Regierungsgebäude wirkt wie eine drückende
Polizeiverordnung, der man sich mürrischen Sinnes zu entziehen
sucht; dieses Postgebäude als Repräsentation eines großen Staates,
der freudig eintritt für die Bedürfnisse seiner Bewohner.

Was man hier Luxus nennt oder verschwendetes Geld, das
ist Kapitalsanlage in dem Besten und Unbezahlbarsten, was die
Menschheit besitzt: eine Kapitalsanlage für den Sinn der Gesetz=
lichkeit, der Ordnung, der Achtung vor der Behörde und den selbst=
geschaffenen Einrichtungen. Wenn aus unseren Kreisen heraus der

Ruf erschallt, daß man würdig und monumental bauen solle, so kommt uns nicht selten die Antwort zurück, die Staatsgelder seien nicht da, um beschäftigungslustigen Architekten und Kunstgewerb=treibenden aufzuhelfen. Nein! so steht es nicht, meine Herren Nützlichkeitsapostel! Weit mehr als die Kunst des Staates bedarf, bedarf der Staat der Kunst. Er bedarf ihrer, um zum Sinne der Bevölkerung in weiten Kreisen zu sprechen, um nach Außen hin würdig und hoheitsvoll dazustehen."

Auch von solcher Seite, die in keiner Weise als für Stephans Thätigkeit voreingenommen gelten kann, wird seinem Wirken auf baulichem Gebiet neuerdings volle Anerkennung zu Theil. So sagt die Breslauer Zeitung vom 21. Januar 1892 gelegentlich der Be=sprechung einer Reichstagsverhandlung über die Baubedürfnisse der Postverwaltung:

„Die Postverwaltung baut ziemlich viel. Um mit dem stetigen Aufschwunge des Verkehrs Schritt halten zu können, muß sie alljährlich eine beträchtliche Zahl von neuen großen Dienst=gebäuden errichten. Wie weit sie dabei bloße Nützlichkeitsbauten schaffen soll, oder wie weit sie künstlerischen Rücksichten Rechnung tragen darf, ist schon so lange streitig, als unter dem gegenwärtigen Chef der Reichs=Postverwaltung die Postbauten thatsächlich höheren ästhetischen Ansprüchen gemäß entworfen und ausgeführt werden. Darüber kann kein Zweifel bestehen, daß eigentlich luxuriös, d. h. verschwenderisch, keine aus öffentlichen Mitteln schöpfende Behörde bauen sollte. Ob in früheren Jahren in dieser Hinsicht von der Postverwaltung gefehlt worden ist, bleibe dahingestellt. Die Bauten der letzten Jahre, sowie die Pläne, die diesmal dem Reichstage vorgelegen haben, zeigen, daß die Postarchitekten zwar gediegen und solide, daß sie zwar stilvoll, künstlerisch, aber nicht luxuriös im tadelnswerthen Sinne des Wortes bauen. Es hat sich im Laufe der Zeit eine gangbare Mittelstraße ausfindig machen lassen, auf der auch die sparsamen Reichsboten der Postverwaltung Heeres=folge leisten können. Nicht immer sind die im Entstehen billigsten Bauten auch am billigsten auf die Dauer. Gutes Material hält den Einflüssen der Witterung besser Stand als schlechtes.

In künstlerischer Beziehung ist es anzuerkennen, daß selbst bei Postdienstgebäuden kleineren Umfanges darauf gesehen wird, daß ihnen ein monumentaler Zug nicht abgeht. Die Gebäude werden dadurch als im Dienste der Oeffentlichkeit stehend, als den Zwecken der Allgemeinheit dienend von vornherein charakterisirt. Bei Gebäuden größeren Umfanges würde eine rein kasernenmäßige Ausgestaltung der Fassaden wohl nur die öffentliche Kritik herausfordern. Wenn man weiß, in welch förderlicher Weise ein im Großen wie im Kleinen von künstlerischen Intentionen beeinflußter Monumentalbau auf die verschiedenen Zweige gewerblicher und kunstgewerblicher Thätigkeit einwirkt, dadurch, daß den Zimmerern, den Steinmetzen, den Tischlern, den Kunstschmieden, den Malern neue, instruktive und dankbare Aufgaben gestellt werden; wenn man die Wahrnehmung macht, daß ein solide durchgeführter öffentlicher Bau auf die Privatarchitektur anregend und musterbildend zurückwirkt, so wird man zugeben müssen, daß das von der Postverwaltung als Bauherrin kultivirte System nicht blos einwandfrei ist, sondern sogar seine großen Verdienste hat. Hervorzuheben ist auch in anerkennendem Sinne, daß die postalischen Bauten überall in Bezug auf die Wahl des Stils an lokale oder landschaftliche Traditionen anknüpfen. Ein Gang durch die architektonische Modellsammlung des Postmuseums ist wie eine Rundreise durch die lokale Architekturgeschichte der verschiedensten Gegenden Deutschlands. Unsere Postarchitekten sind in der Früh- und Hochrenaissance, im Barock wie — wenn wir zurückgreifen wollen — in der Gothik zu Hause; auch romanische Bauformen wenden sie gelegentlich an, wenn die lokale Baugeschichte dazu einladet. Dieser Mangel an Einseitigkeit kann nicht genug gerühmt werden. Uebrigens zeigen die neuesten Postbauten auch in sehr interessanter Weise, daß das moderne praktische Bedürfniß Bauformen zeitigt, die wahrhaft organisch aus den Fassaden herauswachsen. Die hohen Telephonkuppeln in Breslau, Görlitz, auf dem Eckthurm des Packetpostamts in Berlin (hier in kleinerem Maßstabe) 2c. sind die Vorläufer der Thürme, die in neueren Entwürfen vorgesehen sind und die im Wesentlichen den Zweck haben, Telephonleitungen in so großer Höhe aufzufangen,

daß die Drähte nicht mit den Dächern der Umgebung des Post=
gebäudes kollidiren."

Aehnlich sprach sich in der Reichstagssitzung vom 6. März 1893
ein Abgeordneter der deutsch=freisinnigen Partei aus, der vorher
seine Gegnerschaft gegen anderweite Maßnahmen Stephans in un=
zweideutigster Weise bekundet hatte:

„. . . . Wenn die Post, wie ich gern anerkenne, seit Jahren
monumental baut, so erfüllt sie damit eine Art Kulturmission.
In vielen Städten, in denen ich Postgebäude gesehen habe, haben
sie den Nutzen gehabt, daß sie der Einwohnerschaft erst wieder
gezeigt haben, wie man monumental bauen muß; und wenn
man weiß, was für einen Einfluß ein gut durchgeführter Monu=
mentalbau auf die kunstindustrielle Thätigkeit des betreffenden
Orts ausübt, so muß man ganz damit einverstanden sein, daß diese
Bauten nicht kläglich und dürftig hergestellt werden. Ich habe
es in verschiedenen Orten beobachtet, und es liegt in der Natur
der Sache, daß durch derartige Bauten den Handwerkern an den
betreffenden Orten Aufgaben künstlerischer Natur gestellt werden,
an denen diese Gewerbetreibenden selbst künstlerisch erzogen werden.
Das ist einer von den Punkten, die meistentheils übersehen werden.
Namentlich dann, wenn der leitende Architekt eine künstlerische Ader
hat und nicht blos ein studirter Maurermeister ist, sind die Seg=
nungen, die von einer derartigen Bauthätigkeit ausgehen, nicht zu
unterschätzen.

Ich könnte die Anerkennung, die ich gern ausspreche, noch viel
weiter ausdehnen, wenn ich mich von dem kunstgewerblichen Gebiet
entfernen und auf das ästhetische übergehen und hervorheben wollte,
wie verständnißvoll es ist, wenn die Postbehörde sich auch an die
baugeschichtlichen Traditionen eines Ortes hält, und wenn sie in
ihren Gebäuden gewissermaßen ein Leitmotiv hinstellt für die her=
vorragendste Stilrichtung, die sich an dem einzelnen Orte ent=
wickelt hat. . . . ."

Wie Stephans Bauthätigkeit in den Kreisen der nicht zur
Postbauverwaltung gehörigen Architekten beurtheilt wird, dafür seien
nur zwei Zeugnisse angeführt. Der Redakteur der „Deutschen

Bauzeitung" schrieb im Jahre 1880 an das damalige bautechnische Mitglied des Reichspostamts u. A. Folgendes:

„.... Mehr und mehr ist der Wunsch in mir rege geworden, der Thätigkeit der Reichs=Postverwaltung auf architektonischem Gebiete eine umfassendere Darstellung widmen zu können. Ich halte diese Thätigkeit nicht nur um deswillen für so außerordentlich bemerkenswerth und bedeutend, weil sie unser Vaterland mit einer großen Anzahl werthvoller Bauten bereichert hat, in denen neben der Monumentalität auch die Individualität zu ihrem Recht gekommen ist —, sondern sie scheint mir auch musterhaft gerade durch die Art und Weise, wie die Baubeamten und die in freier künstlerischer Thätigkeit wirkenden Privatarchitekten sich zusammenfinden — eine aus der unbefangenen Anschauung der natürlichen Verhältnisse hervorgegangene Art des Vorgehens, die die in letzter Zeit mit so überflüssiger Hitze verhandelte Frage eigentlich schon in trefflichster Weise gelöst hat."

In einem später veröffentlichten Aufsatz bespricht die „Deutsche Bauzeitung" sodann die postalische Bauthätigkeit im Sinne der vorstehenden Ausführungen.

Das „Wochenblatt für Architekten und Ingenieure" besprach im Jahre 1881 das Postbauwesen ebenfalls in einem besonderen Artikel, aus dem folgende Stellen mitgetheilt seien:

„Seitdem die Postverwaltung an das Deutsche Reich übergegangen ist, hat sie nach einem von dem Herrn General=Postmeister selbst aufgestellten Plane unausgesetzt die Beschaffung angemessener Diensträumlichkeiten im Auge behalten. Große Summen sind es, die alljährlich zur Erwerbung von Grundstücken, zu Um= und Neubauten nachgesucht werden mußten und die auch mit kleinen Ausstellungen bisher bewilligt worden sind. Durch fortgesetzte Neuerungen und Verbesserungen auf dem Gebiete des Postverkehrs, durch seine bedeutende Stellung innerhalb wichtiger internationaler Beziehungen, mehr aber noch durch beträchtliche Ueberschüsse seiner Verwaltung hat Herr Dr. Stephan sich die Gunst des Reichstages in so hohem Grade zu sichern gewußt, daß man seinen Wünschen auf mehr als dreiviertel des Weges gerne entgegenkam,

d. h. mit andern Worten, daß auch für das Bauwesen innerhalb seiner Verwaltung ihm Generalvollmacht ertheilt worden war. Die Folge davon ist, daß heute eine große Reihe von Städten, wie Berlin, Kassel, Hannover, Rostock, Münster, Trier, Hildesheim und andere sich öffentlicher Gebäude zu erfreuen haben, denen in allen Fällen der Stempel einer gewissen Großartigkeit, eines gewissen Reichthums aufgeprägt ist. Wenn nun diese Gebäude fast ausnahmslos den Städten, in denen sie errichtet wurden, zur Zierde gereichen, so fällt dieses Verdienst zum großen Theile dem Herrn General-Postmeister zu. Durch seine persönliche Mitwirkung bei der Wahl der schönen und auch weniger schönen Baustile für die Postgebäude des Reiches ist es erklärlich, daß er in der Sitzung des Reichstages vom 14. März die Vertretung für die geforderten Baugelder persönlich übernahm. Er entlastete damit gleichzeitig in sehr dankenswerther Weise seine Baubeamten von etwaigen Interpellationen wegen rein dekorativer Kuppelbauten, sowie wegen der manchmal etwas gesuchten Stilart der Entwürfe. Es handelte sich nun in jener Sitzung um mehrere Millionen, und es ist ungemein anzuerkennen, daß, abgesehen von den Beträgen, um die die Budgetkommission glaubte, die Bauten billiger herstellen zu können, alles Verlangte bewilligt wurde."

Es werden nun in dem Aufsatze die Einwendungen einzelner Abgeordneten gegen den angenommenen Baustil, gegen angeblich zu großen Luxus und zu große Kosten, sowie zu hastiges Vorgehen angeführt, die von dem Staatssekretär Dr. Stephan durch schlagende Argumente widerlegt und gehoben worden seien. Betreffs des mehrfach zur Anwendung empfohlenen gothischen Baustils sagte er, daß bei aller Achtung vor diesem doch die Beschränkung bestehen müsse, daß er nur angewendet werden solle, wo er hingehöre. Er möchte sich doch sein System der Verschiedenartigkeit der Stilweise für die verschiedenen Städte nicht verkümmern lassen. Meist könne bei den angebahnten Ausführungen ein Ruhepunkt nicht eintreten, wenn nicht empfindliche Nachtheile daraus erwachsen sollten.

Das genannte Blatt hält mit seiner Freude über die Genehmigung des Bauprogramms des Staatssekretärs nicht zurück und schließt seine Ausführungen: „Die Energie des Staatssekretärs siegte hier glänzend gegen die Abneigung der Volksvertreter gegen große Bewilligungen, und es wäre zu wünschen, daß nach diesen Vorgängen auch im Abgeordnetenhause berufene und tüchtige Männer für die Bauverwaltung eintreten wollten."

Als Stimme aus dem Ausland sei das Urtheil des bereits genannten Eugène Gallois angeführt, der sich folgendermaßen äußert:

„Man muß geradezu staunen über die geschmackvolle, bequeme und zweckmäßige Einrichtung der in den letzten 20 Jahren erbauten Posthäuser; sie sind das Höchste, was die moderne Baukunst aus Eisen und Backsteinen schaffen kann. Alles ist aufgeboten, um dem Personal Luft, Licht und Raum, und dem Publikum weite, helle und bequeme Säle zu schaffen, mit netten Schreibpulten, wo man in aller Bequemlichkeit seine Korrespondenz erledigen kann, geschützt vor dem indiskreten Blick des Nachbars, ohne Jemand zu stören, nur beobachtet von den Beamten, die vor aller Augen in einem weiten Dienstraum thätig sind. . . ."

Wir möchten zum Schlusse noch hervorheben, daß sich die Bau=thätigkeit Stephans der besonderen Aufmerksamkeit des Kaisers Wilhelm II. erfreut, der die Projekte, die er sich von allen Post=bauten vorlegen läßt, nach allen Richtungen prüft. Im Postmuseum befindet sich eine ganze Anzahl solcher Pläne, die mit eigenhändigen Randbemerkungen des Kaisers versehen sind. So steht beispiels=weise auf einem Fassaden=Entwurf zum Erweiterungsbau des Reichspostamts:

„Die Säulen glatt ohne   „sehr schön"
  sichtbare Riesen."   „Einverstanden" —

auf dem perspektivischen Schnitt durch den Museumsraum:

„gut"
„Reiner und einfach würdiger Styl"
„Einverstanden" —

auf den Plänen für die Postgebäude in Schneidemühl:

„Einverstanden" —

In Bezug auf den Thurm:

„Helm ebenso geschweift wie unten der Mittelbau des Thurmes"

in Apolda:

„Einverstanden"

in Herford:

„Sehr geschmackvoll"
„Einverstanden"

in Uelzen:

„Einverstanden"

„Die schrägen Fenstergesimse würden — wenn nicht zu theuer — sich gut in glasirten Ziegeln ausnehmen",

bezüglich des Giebelaufbaues:

„Die Rosetten würden nach gothischen Vorbildern vielleicht besser gleich mit in den Rahmen des Fensters eingeschlossen werden",

in Memel (während des Manövers in Rohnstock):

„Genehmigt! Indem ich den Geschmack des Entwurfs in jeder Beziehung lobe, gebe ich anheim, den Giebel, wegen der starken Seewinde, gründlich zu verankern."

Mehr als einmal giebt der Kaiser seiner Befriedigung darüber Ausdruck, daß die Entwürfe dem Charakter und den Eigenthümlichkeiten der für die Bauten in Aussicht genommenen Städte Rechnung tragen und daß dabei jede Schablonisirung der Projekte vermieden worden ist.

Auf den vorstehend gekennzeichneten Grundlagen hat Stephans Wirken auf diesem Gebiet vom Anbeginn seiner Amtsführung an beruht, und es darf getrost behauptet werden, daß die postalische Bauthätigkeit des letztverflossenen Vierteljahrhunderts sein eigenstes Verdienst ist.

In wie hohem Grade Dies zutrifft, geht aus den warm empfundenen Worten hervor, die das jetzige bautechnische Mitglied des Reichs-Postamts dem Staatssekretär bei der Feier zur Einweihung des neuen Dienstgebäudes zu Mülhausen im Elsaß gewidmet hat. Er sagt u. A. Folgendes:

„Ich möchte diese Gelegenheit nicht vorübergehen lassen, ohne die Verdienste eines anderen Mannes hervorzuheben, den wir mit

Stolz zu uns Bauleuten rechnen, obgleich sein Hauptruhm auf anderem Gebiete liegt. Meine Herren, wenn Sie einen fertigen Bau sehen, so freuen Sie sich, wenn er gelungen, das heißt, wenn seine Formengebung zu Ihren Herzen spricht. Die Wenigsten jedoch denken an die Vorgeschichte des Baues, an die viele Arbeit und Mühewaltung, die er erfordert hat. Diesen Arbeiten und Mühen unterzieht sich unser hochverehrter Chef, der Staatssekretär Dr. v. Stephan. Er bereitet den Bau von langer Hand vor, er entscheidet über den Bauplatz und bestimmt den Stil des Gebäudes, und wie Seine Excellenz hier stets das Richtige trifft, davon können Sie sich in allen Gauen des deutschen Reiches, in allen Städten, in denen Postgebäude errichtet sind, überzeugen. Wenn die Grundrißzeichnungen die Genehmigung Seiner Excellenz erhalten haben, dann beginnt für uns eine etwas schwierigere Arbeit. Wie Michel Angelo in dem rohen Marmorblock bereits die Figur sah, die er bilden wollte, sodaß er nur nöthig hatte, den sie umhüllenden Marmor abzuschlagen, so sieht Seine Excellenz das vollendete Gebäude in seinem Geiste vor sich, und wir haben nur nöthig, seine Gedanken zu bannen und auf das Papier zu bringen. Daß dies nicht auf den ersten Hieb geschieht, ist ja erklärlich, und so kann ich Ihnen aus unserer Zentralwerkstätte in Berlin verrathen, daß der Entwurf der Straßenfassade des zu erbauenden neuen Oberpostdirektionsgebäudes in Straßburg dreimal umgearbeitet werden mußte, ehe er die Genehmigung Seiner Excellenz erhielt. Daß er jetzt gelungen, davon werden die Herren sich hoffentlich überzeugen, wenn der Bau in einigen Jahren vollendet dastehen wird."

280 reichseigene Gebäude sind unter Stephans Leitung mit einem Aufwand von rund 115,6 Millionen Mark errichtet oder einer dem Neubau gleichzuachtenden Erweiterung unterzogen worden; von dieser Summe sind nur 10,6 Millionen aus Anleihemitteln, der Rest von 105 Millionen ist aus den eigenen Einnahmen der Post und Telegraphie gedeckt worden; außerdem haben andere Behörden und Private nahezu 2000 Häuser eigens für Zwecke der Post erbaut, wofür rund 38,8 Millionen Mark aufgewendet worden sind.

Von diesen Miethgebäuden sind inzwischen 42 mit einem Bauwerth von 3,7 Millionen in das Eigenthum des Reichs übergegangen. An Miethe werden jetzt jährlich rund 2 370 000 Mark bezahlt.

Als Beispiele für die verschiedenen Baustile sind zu nennen die Postgebäude zu Aachen, Goslar, Halle an der Saale als Vertreter des romanischen Stils, Königsberg in Preußen des Rundbogenstils; hervorragende gothische Bauten finden wir in Berlin (Postzeitungsamt), Cöln am Rhein, Dortmund, Münster und Wittenberg, norddeutsche Backsteinbauten in Allenstein, Brandenburg an der Havel, Lübeck, Lüneburg, Memel und Rostock; die italienische Renaissance ist u. a. vertreten in Berlin (Reichs-Postamt), Breslau, Kassel, Hamburg und Weimar, die deutsche Renaissance in Altona, Bremen, Glauchau, Heidelberg, St. Ludwig im Elsaß, Neiße, Schwerin, Siegen und Zabern; ein freier Renaissancestil ist zur Anwendung gelangt in Berlin (Haupt-Telegraphenamt in der Jägerstraße) und in Mülhausen im Elsaß, der Barockstil in Cöpenick, Crefeld, Frankfurt am Main und Trier.

Obgleich jetzt das Verdienst, das sich Stephan durch diese Thätigkeit um das Land in jeder Hinsicht erworben hat, wohl von allen Seiten anerkannt wird, so ist es ihm doch zu wiederholten Malen und von verschiedenen Seiten schwer genug gemacht worden, seinen Weg zu verfolgen. Wenn er zurückschaut auf die Fülle von Mühe und Arbeit, die er auf diesen Theil seines Wirkens verwendet hat, und auf die Anfeindungen, denen er deshalb ausgesetzt gewesen ist, könnte er sich wohl versucht fühlen, die Worte, die er seiner Zeit auf eine Darstellung des Ueberganges der Taxisschen Post an Preußen setzte: Heu, Heu, quantus adest viro sudor! auch diesem Rückblick als Motto zu geben. Seinen Widersachern aber in der Frage: ob reine Nützlichkeitsbauten zu errichten oder ob dabei auch Forderungen der Würde und der Aesthetik zu erfüllen seien, möchten wir zu bedenken geben: Artem non odit, nisi ignarus!

Ihm selbst ist die Schönheit und Gefälligkeit der äußeren Formen nur ein Hinweis auf Tieferliegendes, wie er es ebenso einfach wie schön in seiner Rede zur Einweihung des neuen Apparatsaales im Berliner Haupt=Telegraphenamt ausgesprochen hat: „Getreu dem alten Brauch des Richtspruchs bei einem neu erstandenen Bauwerk lassen Sie auch uns mit einem Spruch beginnen, mit dem Bibelworte: „„Gleichwie ein Haus, das fest in einander verbunden ist, nicht zerfällt vom Sturmwind: also auch ein Herz, das seiner Sachen gewiß ist.““ Auf das Innere kommt es an. Mag ein Bau sich stattlich und schön von außen darstellen mit seinen ragenden Säulen und sich wölbenden Bogen, mag der Wohlklang seiner Verhältnisse unsern Schönheitssinn erfreuen, der Zierrath seinen Zauber ausüben: das Wesentlichste bleibt doch, wie im Innern geschaltet und gewaltet wird; und das hängt wiederum wesentlich davon ab, wie es in dem Innern eines jeden Einzelnen von uns aussieht. Darauf ist der höchste Werth zu legen."

Die Reichsdruckerei.

Am 1. Juli 1877 übernahm das Reich auf Grund des Gesetzes vom 23. Mai desselben Jahres die v. Deckersche Geheime Ober=Hofbuchdruckerei, in der bis dahin für den Bundesrath, das Reichskanzleramt, mehrere preußische Ministerien und insbesondere für die Post= und Telegraphenverwaltung zahlreiche und wichtige Druckarbeiten gefertigt worden waren. Die Druckerei wurde als unmittelbare Reichsanstalt eingerichtet und dem General=Postmeister unterstellt, der die betreffende Gesetzesvorlage bereits im Reichstage mit Erfolg vertreten hatte.

Diese Thatsache gab damals dem Abgeordneten Dr. Brockhaus aus Leipzig, Chef der unter diesem Namen bekannten großen Verlagsbuchhandlung, zu folgender Bemerkung Anlaß: „Die in den Kreisen der Buchdrucker über dies Projekt entstandene Beunruhigung hat ihren Grund zum großen Theil darin, daß man den Herrn General=Postmeister für den Urheber dieses Planes ansieht. Das schließt jedoch durchaus keinen Vorwurf, sondern im Gegentheil eine Anerkennung für den Herrn General=Postmeister in sich ein. Man fürchtete eben, daß dieser Mann, von dem wir so kühne, so großartige Pläne und eine so energische Durchführung dieser Pläne gewohnt sind, wenn er mit diesem Institut zu thun hätte, uns einen Plan vorlegen würde, der zu große Dimensionen einnähme."

Stephan vermied es, diesen Befürchtungen eine thatsächliche Unterlage zu gewähren, sondern ließ den Betrieb der Deckerschen Druckerei lediglich für Reichs= und Staatszwecke in dem bisherigen Umfang fortsetzen, nur daß er das postalische Kassen= und Rechnungswesen für die Reichsdruckerei einführte. Das Personal belief sich damals auf etwa 325 Köpfe, der Jahresverbrauch an Papier auf rund 50 Millionen Bogen.

Schon beim Ankauf des Deckerschen Unternehmens war man sich darüber klar gewesen, daß neben einer im Besitz des Reiches befindlichen Druckerei die preußische Staatsdruckerei nicht weiter bestehen könnte, sondern die Vereinigung beider zu einer großen Reichsdruckerei sich als unabweislich ergeben würde. In der That erwarb das Reich auf Grund des Gesetzes vom 15. Mai 1879 die preußische Staatsdruckerei rückwirkend vom 1. April desselben Jahres ab. Die Verschmelzung der beiden Druckereien zu einer einheitlichen Reichsanstalt fand in geschäftlicher Beziehung sogleich statt. Auch die vereinigte Druckerei trat in den Geschäftsbereich des Chefs der Post= und Telegraphenverwaltung ein und wurde von einer besonderen Behörde, der „Direktion der Reichsdruckerei", unter dem bisherigen Direktor der preußischen Staatsdruckerei als Vorsteher geleitet, der im Allgemeinen gleichartige Befugnisse, wie sie die Oberpostdirektoren besitzen, erhielt.

Die Reichsdruckerei hat sich in diesem Rahmen während ihres sechzehnjährigen Bestehens in jeder Hinsicht zu einer Musteranstalt ersten Ranges entwickelt und allgemeine Anerkennung ihrer Einrichtung wie ihrer Leistungen im In= und Auslande erworben. Sie ist in neuen, unter Verwerthung aller Erfahrungen der Neuzeit auf dem Gebiet der Technik errichteten Gebäuden untergebracht; auf das aus 51 Beamten, 46 ständigen Werkleuten und Künstlern und 1266 gegen Tagelohn beschäftigten Arbeitern 2c. bestehende Personal finden, was die finanzielle Lage anlangt, thunlichst die für das Personal der Post= und Telegraphenverwaltung geltenden

Grundsätze Anwendung; es bestehen Unterstützungskassen und milde Stiftungen, und für die fachliche Aus= und Fortbildung wird ausgiebig gesorgt.

Den mit der Anfertigung der Werthpapiere beschäftigten Arbeitern, die die Anstalt während der Arbeitszeit nicht verlassen dürfen, ist in einer eigens für sie errichteten Speiseanstalt Gelegenheit geboten, gegen billigen Preis ihre Mahlzeiten einzunehmen; die maschinellen Einrichtungen sind die vollkommensten, die es auf diesem Gebiete giebt, und werden stetig verbessert; der Schutz der Arbeiter gegen Beschädigungen durch den Betrieb ist im weitesten Umfange durchgeführt; der Umfang und die Güte der Leistungen ist fortwährend gestiegen.

Die Reichsdruckerei liefert die gesammten Werthzeichen der Reichs=Postverwaltung, die Wechselstempelzeichen und die Werthzeichen zur Erhebung der statistischen Gebühr, sowie einen großen Theil der Spar= und Versicherungsmarken, zusammen im letzten Jahre 2284 Millionen Stück, ferner die Reichsbanknoten, Reichskassenscheine, Schuldverschreibungen von Reichs= und preußischen Anleihen und sonstige Werthpapiere, zusammen im letzten Jahre 10 Millionen Stück im Nennwerthe von 1330 Millionen Mark, außerdem die Drucksachen für die Post= und Telegraphenverwaltung für mehrere Reichsämter und preußische Ministerien, sowie Finanzbehörden. Ferner fertigt sie die Kartenwerke für den Großen Generalstab und die Lehrbücher des mit der Berliner Universität verbundenen orientalischen Seminars.

Sind schon diese Leistungen der Reichsdruckerei geeignet, der Privatindustrie hinsichtlich ihrer Ausführung und Ausstattung als Vorbilder zu dienen, so sind von dieser Stelle doch auch noch andere Arbeiten ausgegangen, die unmittelbar denselben Zweck verfolgen. In zwei Folgen ist eine Sammlung von Randeinfassungen, Initialen und Zierleisten veröffentlicht worden, die in allen Fachkreisen eine ausnehmend beifällige Aufnahme gefunden hat.

Das Journal für Buchdruckerkunst nennt diese Sammlung ein wahrhaft kaiserliches Werk, das vielen Nutzen in Bezug auf Schrift=Schneiderei und Gießerei geschaffen habe, und fährt fort:

„Der Reichsdruckerei konnte wegen Konkurrenz nie ein Vorwurf gemacht werden, wohl aber konnten wir mit Fug und Recht wiederholt mit unbedingtem Lobe der Veröffentlichungen gedenken, die sie zu Nutz und Frommen der Typographie hat erfolgen lassen".

Die deutsche Papier=Zeitung sagt: „In der Reichsdruckerei waren die Grundsätze stilgemäßer Rahmenbildung schon durch=geführt, als in der deutschen Buchdruck=Ornamentik noch heillose Verwirrung und zopfiges Schnörkelwesen herrschte. Ueber die Gesammtleistungen der Reichsanstalt, die nur im edelsten Sinne mit anderen Anstalten wetteifert, hat die Fachwelt ihr Urtheil längst gebildet; es lautet: „Wir dürfen stolz sein auf unsere Reichsdruckerei". Die Zeitschrift „Graphische Künste" urtheilt: „Es ist eine bekannte Thatsache, daß die Reichsdruckerei, deren technische Leitung in den Händen der hervorragendsten Fach=männer ruht, zu ihren Arbeiten sich fast ausschließlich im Hause selbst entworfenen und hergestellten Ornamentmaterials bedient. Daß hiervon nie Etwas an andere Druckinstitute veräußert wird, wahrt den Erzeugnissen der Reichsdruckerei jene exklusive Vor=nehmheit und drückt ihnen das vielbewunderte und eigenartige Gepräge auf."

Eine weitere, denselben Zwecken dienende Veröffentlichung: „Die Druckschriften des 15.—18. Jahrhunderts in getreuen Nach=bildungen" ist ebenfalls allerseits sehr beifällig begrüßt worden. Eine Fachzeitschrift sagt: „Das Werk ist zum Studium der Ge=schichte der Buchdruckerkunst, sowie der Entwicklung der Druck=schriftformen von unschätzbarem Werthe, und seine Herausgabe gereicht der Reichsdruckerei umsomehr zu hoher Ehre, als die tech=nische Herstellung mustergültig ist." In gleichem Sinne äußert sich die englische Fachzeitung „The Printers Register".

Noch im Erscheinen begriffen ist ferner das Inkunabelwerk des Kustos K. Burger, monumenta Germaniae et Italiae typo-graphica, ein außerordentlich werthvolles und inhaltreiches Werk, für dessen Herausgabe die Fachkreise um so dankbarer sind, als sie sehr schwierig und kostspielig ist.

Ebenso war der hier angefertigte Katalog der deutschen Ab=
theilung auf der Weltausstellung in Chicago ein typographisches
Musterwerk, das überall Anerkennung gefunden hat.

Ueberhaupt sind die Arbeiten der Reichsdruckerei, wo immer
sie einem größeren Publikum zugänglich gemacht werden, der aus=
gezeichnetsten Aufnahme sicher. Das hat sich ebenso auf der all=
gemeinen Ausstellung in Chicago, wie auf den Fachausstellungen
in Leipzig und Berlin gezeigt, und gegenwärtig erregen die aus=
gestellten Arbeiten allgemeine Bewunderung auf der Allrussischen
Ausstellung in Petersburg.

Aber bei der Gründung der Reichsdruckerei hatte nicht die
Absicht vorgelegen, eine Anstalt lediglich zur Anfertigung von
Druckarbeiten, und wären sie noch so mustergültig, einzurichten,
vielmehr sollte sich das neue Unternehmen neben der Erfüllung
praktischer Zwecke zugleich in künstlerischer Beziehung zu einer
staatlichen Musteranstalt heranbilden, und dadurch zur weiteren
Hebung der deutschen Privatindustrie beitragen. Zu solchen
Bestrebungen lag ein äußerer Anlaß vor. Denn das deutsche
Druckereigewerbe war damals, trotzdem daß es an sich auf
einer hohen Stufe der Vollkommenheit stand, doch hinsichtlich der
reproducirenden Kunst vom Auslande insofern überflügelt, als ge=
wisse Verfahren, die zur graphischen Wiedergabe plastischer und
abgetönter Gegenstände in Paris und Wien erfolgreich angewendet
wurden, in Deutschland noch nicht mit gleichem Erfolg zur An=
wendung gelangten. Die deutschen Herausgeber von Werken, bei
denen eine große Naturtreue der Nachbildungen das Haupterforder=
niß war, sahen sich daher in dieser Hinsicht auf das Ausland an=
gewiesen und gingen vielfach die Reichsdruckerei um Abhülfe an.

Diese ist in ausgiebigster Weise geschaffen worden. Zunächst
wurde das hauptsächlich in Betracht kommende Verfahren der Licht=
kupferätzung (Heliogravüre) vom Reiche erworben, bewährte künst=
lerische Kräfte wurden herangezogen; dann brachte man eine be=
sondere chalkographische Abtheilung zur Einrichtung und ermöglichte
es der Reichsdruckerei auf alle Weise, die im Kunstdruck zur Aus=
bildung gelangten Verfahren (Zinkhochätzung, Kornhochätzung,

Chromolithographie, Autographie, Lichtdruck, Lichtkupferstich und andere) sich anzueignen und weiter zu vervollkommnen.

Durch die unausgesetzte Pflege aller Zweige der graphischen Kunst ist es gelungen, den Leistungen der Reichsdruckerei auch auf dem Gebiete des Kunstdruckes im In- und Auslande die höchste Würdigung zu verschaffen. In Folge dessen sind ihr von der Verwaltung der Königlichen Museen und den Vorständen anderer öffentlicher Sammlungen, sowie von angesehenen Verlegern zahlreiche Aufträge zu künstlerischen Reproduktionen zugegangen.

Hiervon sind in erster Reihe zu nennen: das zur silbernen Hochzeit des damaligen Kronprinzenpaares hergestellte Prachtwerk über die italienischen Portraitskulpturen des 15. Jahrhunderts, die Darstellungen der pergamenischen und olympischen Skulpturen, die Nachbildungen Dürerscher Handzeichnungen, die im Winter 1884/85 aus Anlaß der Unglücksfälle in Spanien veröffentlichten Nachbildungen von Aquarellen spanischer Meister, das Prachtwerk „Die Gemälde-Galerie der Königlichen Museen zu Berlin", die Vervielfältigung von Kupferstichen der ältesten Meister (15. Jahrhundert) für die internationale chalkographische Gesellschaft, die ihre Arbeiten früher in Paris anfertigen ließ, ferner die heliographische Nachbildung von Stichen und Radirungen von Schongauer, Dürer und Rembrandt, sowie von Handzeichnungen Rembrandts, endlich ein größeres Werk, das unter dem Titel „Kupferstiche und Holzschnitte alter Meister in Nachbildungen" in Lieferungen erscheint und einen kunstgeschichtlichen Atlas zur Darstellung des Werdeganges von Kupferstich und Holzschnitt aller Schulen und Zeiten bieten soll. Für die Nachbildung dienen Originale aus dem Königlichen Kupferstichkabinet zu Berlin, sowie aus namhaften in- und ausländischen öffentlichen und privaten Sammlungen. Der große Beifall, den diese bis jetzt in 5 Lieferungen zu 50 Blatt erschienene Veröffentlichung allgemein gefunden hat, spricht dafür, daß sie einem in kunstverständigen Kreisen empfundenen Bedürfniß genügt hat.

Ganz besonders Vorzügliches, selbst im Vergleich zu ihren sonstigen Arbeiten, hat aber die Reichsdruckerei in den Nachbildungen der Portraits brandenburgisch-preußischer Herrscher aus dem Hause

Hohenzollern geliefert, über die ein sachverständiger Beurtheiler sich in dem Sinne äußert, daß damit nicht nur etwas schlechthin Un= übertreffliches, sondern geradezu etwas Beängstigendes geleistet worden sei, da doch ein sehr scharfes Auge dazu gehöre, diese Nach= bildungen von den Originalen zu unterscheiden.

In welchem Maaße die zur Pflege der graphischen Künste bei der Reichsdruckerei getroffenen Einrichtungen anerkannt werden, geht daraus hervor, daß nicht nur deutsche, sondern auch fremd= ländische Regierungen, wie die von Italien, Portugal, Serbien und Schweden die Erlaubniß nachgesucht und erhalten haben, Personen aus ihren eigenen Kunstdruck=Anstalten in den bei der Reichsdruckerei geübten Kunstdruck=Verfahren ausbilden zu lassen.

Ein sachverständiges Urtheil über die Leistungen der Reichs= druckerei können wir uns nicht enthalten hier wiederzugeben, weil es zugleich die von deren oberstem Chef bei der Veranlassung solcher Arbeiten, wie die Nachbildungen alter Kupferstiche und Holzschnitte sind, verfolgten Ziele erwähnt. Professor Julius Lessing schreibt:

„Die Kunst, ältere Drucke jeder Art nachzubilden, ist jetzt in unserer Reichsdruckerei zu einer Vollendung gebracht, die nicht mehr übertroffen werden kann. Nicht nur die festeren Linien des Holzschnittes und des eigentlichen Kupferstichs werden wiedergegeben, sondern auch die zartesten Nadelrisse der Radirung, die weichen Uebergänge der Schabkunstblätter, die wechselnden Farben der Farbenholzschnitte, jedes Blatt in der ihm eigenthümlichen Ge= sammthaltung bis in die Eigenthümlichkeiten des Papiers und seiner Tönungen hinein. Was auf diese Weise unter Zuhülfenahme der verschiedenen Techniken und mit verständnißvoller Hingabe an die Ansprüche jedes einzelnen Blattes erzielt wird, sind Nachbil= dungen, die von den Originalen kaum noch zu unterscheiden sind und an künstlerischem Genuß jedenfalls mehr bieten, als sich selbst reiche Sammler durch Beschaffung von Originalstichen zu verschaffen vermögen. Denn was als greifbares Gut an alten Kupferstichen im Kunsthandel umherschwirrt, besteht zum über= wiegenden Theil aus mangelhaften Abdrücken, die von der echten

Wirkung des Blattes doch nur einen schwachen Abglanz geben. Diese Nachbildungen sind dagegen nach den erlesensten Exemplaren hergestellt; nicht nur die Schätze des Berliner Kupferstichkabinets sind benutzt, sondern aus Staats- und Privatsammlungen aller Länder die besten und für Reproduktion am meisten geeigneten Exemplare herbeigeschafft worden. Alle Zeiten und Schulen sind fast gleichmäßig berücksichtigt. Von irgend einem historischen System, das dazu hätte führen können, minderwerthige Stücke einer gewissen Vollständigkeit zu Liebe aufzunehmen, ist abgesehen.

Hier werden seltene Blumen aus Gärten gepflückt, die dem profanen Volke verschlossen bleiben, wie alte Schrotdrucke und italienische Holzschnitte des fünfzehnten Jahrhunderts. Aber hier entscheidet auch nicht die Seltenheit für die Aufnahme, sondern nur Das wird herausgehoben, woran ein gebildeter Kunstfreund Freude haben kann. Diese Publikation wendet sich naturgemäß nicht an die Massen, sondern an die geistig Reifen, aber sie verlangt keine speziellen Vorkenntnisse und Studien. Von dem ausgeführten Gemälde der Galerien kann man immer nur den matten Wieder=schein einer Photographie nach Hause bringen; in diesen so meister=haft reproduzirten Holzschnitten, Kupferstichen und Radirungen haben wir den Meister selbst vor uns, wie er zu seiner Zeit zu seinem Volke reden wollte, wir haben somit Antheil an dem edelsten Gut aller Zeiten. Diese Werke in die Familie eingeführt, bieten einen Schatz von Bildung, nicht in dem landläufigen Sinne allge=meiner Kenntniß berühmter Kunstwerke, sondern jener edelsten Bildung, die daraus erwächst, daß man sich fähig macht, das vollendet Gute genießend in sich aufzunehmen."

Auch der Reichstag hat die Schaffung der Reichsdruckerei nie bereut, sondern vielmehr der vollen Befriedigung über deren Ent=wickelung und Thätigkeit wiederholt Ausdruck verliehen. Zuletzt geschah dies in der Sitzung vom 15. Februar 1894 unter lebhafter Zustimmung von allen Seiten des Hauses durch den Abgeordneten Dr. Freiherrn von Heereman, aus dessen längerer Ausführung über die Arbeiten und Leistungen der Reichsdruckerei wir nur folgende Stelle entnehmen:

„ . . . Merkwürdigerweise ist bei dem Kapitel Reichsdruckerei seit manchen Jahren gar Nichts gesagt worden, und trotzdem ist dieses Institut von einer ganz außerordentlichen Bedeutung und Vollkommenheit. Wenn ich früher Veranlassung gehabt habe, dem Herrn Staatssekretär entgegenzutreten, so bin ich hier in der erfreulichen Lage, ihm mal eine ganz besondere Anerkennung auszusprechen für die Leitung, Haltung und Führung dieses Instituts. Das Institut steht mit seinen Produktionen auf der Höhe der Leistungen und überragt in manchen Beziehungen alles, was in der ganzen Welt in dieser Richtung geschaffen wird.

Ich glaube, ich spreche in Aller Namen, wenn ich den Beamten, die die Sache führen, und dem Herrn Staatssekretär unsere besondere Anerkennung ausspreche."

So hat die Reichsdruckerei unter der obersten Leitung Stephans im vollen Maße alle Hoffnungen und Erwartungen erfüllt, die bei ihrer Einrichtung gehegt worden sind.

Perſönliches.

Ernſt Heinrich Wilhelm Stephan iſt am 7. Januar 1831 zu
Stolp in Pommern geboren und gehört ſomit dem Volksſtamm an,
von dem Heinrich Laube in ſeinen Reiſenovellen ſagt: „Hier lehrt
es jeder Schritt, daß Preußen ſeinen markigſten Kern in dieſem
Pommerlande beſitzt — ein einfach, treues und der tüchtigſten
Aufopferung fähiges Volk ſind dieſe Pommern. Braucht nicht
nach entfernten Gebirgsländern zu reiſen, um offene Biederkeit zu
ſuchen: ohne Affektation haben die Pommern alle Tüchtigkeit der
Tyroler — die Geſinnung dieſes Volksſtammes im Ganzen, im
Durchſchnitte hat mir einen durchweg lieben, überaus wohlthätigen
Eindruck gemacht. . . . das Herz erhält die beſten Eindrücke unter
den einfachen, redlichen Pommern. Dieſer Eindruck wird gehoben
durch das Aeußerliche dieſes Volksſtammes, durch die kräftigen,
tüchtigen Leiber, die vorherrſchend wohlgebildeten Geſichtszüge, durch
den allgemeinen geſunden Anſtrich der Generation.“

Sein Vater war ein allgemein geachteter, intelligenter, um=
ſichtiger und betriebſamer Mann, wohlangeſehen unter ſeinen Mit=
bürgern, die ihn mehrfach zu Ehrenämtern an Schule und Kirche
beriefen, auch ihm das Amt eines Rathsherrn anvertrauten. Er
war durchdrungen von dem hohen Werthe wiſſenſchaftlicher Bildung
und bemühte ſich redlich, ſeinen 6 Kindern die denkbar beſte Er=
ziehung zu geben. Seinen Sohn Heinrich unterrichtete er anfangs
ſelbſt und ließ ihm ſpäter Privatſtunden in der engliſchen, ita=
lieniſchen und ſpaniſchen Sprache, ſowie in der Muſik ertheilen,
die ſie Beide gleichmäßig liebten. Stephan ſelbſt ſchildert in einer
gelegentlich der Einweihung des Poſthauſes zu Stolp i. J. 1879

gehaltenen Rede seine Jugend und legt darin zugleich ein schönes Zeugniß ab für seine Liebe zur Vaterstadt. Wir entnehmen der Rede Folgendes:

„Mit tiefbewegtem Herzen habe ich meine geliebte Vaterstadt nach langen Jahren gestern wieder begrüßt. Da ragt der alte Thurm der Kirche, wo ich die Taufe und Einsegnung empfing. Da steht mein elterliches Haus, klein und bescheiden, aber eigen und spiegelblank. Da sehe ich meine gute Mutter, wie sie vor dem mächtigen alterthümlichen Schranke wirthschaftet in der schimmernden Wolle und dem schneeichten Lein. Wer das Glück hat, wenn er auf die Welt kommt, in pommersche Leinewand gewickelt zu werden, der wird grade. Auf der Werkstatt meines Vaters lag die Bibel; daraus mußten wir Kinder jeden Abend ein Kapitel abwechselnd vorlesen. Hinter dem Spiegel steckte die Ruthe, vor der die ehrfürchtige Scheu bald wich, als eine Geige den Platz über meinem Bette einnahm. Mein Vater hatte viel Sinn für Musik; ich mußte ihm Abends die Melodien aus der Zauberflöte, dem Freischütz und der weißen Dame, wie sie unser Stadtmusikus Lamprecht, der damalige Orpheus von Stolp, für eine „erste“ Geige solcher Art zusammengestellt hatte, vorspielen. Dafür schenkte er mir, vielleicht um in seiner Eigenschaft als Rathsherr dieser guten Stadt die angehenden Talente zu ermuntern, jedesmal einen Sechser, mit welchem ich mich reich dünkte, wie Rothschild. War dann die Stunde vorbei, dann war Jedermann zufrieden: mein Vater, daß er den musikalischen Genuß, ich, daß ich den Sechser hatte, und meine Mutter und meine Schwester, daß das Gejanke endlich aufhörte. Dann ging es in die lateinische Schule. Noch steht sie da — eigentlich sollte ich in Anbetracht ihres baulichen Zustandes sagen: leider steht sie noch so da — aber ich will im Hinblick auf die anwesenden hohen städtischen Körperschaften dieser Stunde schönes Gut durch den Trübsinn einer Erinnerung an Budget und Kommunallasten nicht verkümmern. Anfangs behagte sie mir nicht sehr. Wir zogen es vor, auf dem vor ihren Mauern gelegenen geräumigen Kirchplatz, wo das neue Reichs-Postgebäude sich erhebt, unsere Schlachten zu schlagen, bei denen es oft scharf herging. Wir kamen mit dem Bürgermeister Arnold in Konflikt. Der selige Oberlehrer Decker, den gewiß noch die meisten Anwesenden gekannt haben, schleuderte mir ein „Geierjunge" entgegen. Das war der erste Titel, der mir höheren Orts verliehen wurde. Mein verehrter väterlicher Freund und unvergeßlicher Lehrer, der Herr Professor Berndt, der zu meiner unendlichen Freude mich heute auch durch sein Erscheinen geehrt hat, hielt uns eindringliche Standreden. Als ich ihn bei einer solchen einst daran erinnerte, daß er uns ja erst an demselben Morgen aus dem Seneca den Satz citirt hätte: „Vivere est militare", fand er diese Auslegung der Klassiker doch sehr sonderbar und rief mir mit einem eigenthümlichen Blick zu: Aus Dir wird entweder viel, oder gar nichts. Das ließ, gleichwie die alten Orakel, jedenfalls recht entgegengesetzte Chancen offen. Aber ich warf mich nun, möglicher Weise um ihn zu ärgern, ich stehe für nichts, mit einem wahren Ingrimm auf das Lernen. Anderthalb Jahre rang ich mit meinem hier zu meiner großen Freude anwesenden Schulkameraden Gustav Fritze mannhaft um den primus omnium, und ich konnte, wie in jenem hübschen Geschichtchen sagen, bald lag er oben, bald ich unten. Mit Rüh= rung sehe ich das Dach des alten Schulhauses, unter dem ich Wohlthaten empfangen habe, die für meine ganze Lebenszeit ent= scheidend gewesen sind. Schon Micraelius in seinen Antiquitates Pomeraniae sagt von Stolp: „Denn es gibt des Orts nicht allein schöne Zuchtrosse, sondern auch eine feine Schule, daraus viele gelahrte Leute gekommen sein", und an einem anderen Orte: „Die Schule zu Stolp hat zu jederzeit fürnehme Leute im geistlichen und weltlichen Stande herausgegeben*); gleichwie die Stadt zu den Landtagen allezeit gelahrte Leute geschicket". Von höchstem Werth ist für mein geistiges Leben die Art gewesen, wie der Professor Berndt uns in die Naturwissenschaften einführte und die Mathe=

---

*) Stolp oder Stolpe war früher eine immediate Stadt. In „ihrer großen lateinischen Schule" haben vier nachmalige Bischöfe den Grund ihrer Kenntnisse gelegt: Siegfried Bock, 1422 Bischof, † im selben Jahre; Henning Iven, 1446 Bischof, † 1469; Bartholomäus Suave, 1545 Bischof, † 1562 — diese drei geborene Stolper — und Martin von Weiher.

matik lehrte, insbesondere, wie er es verstand, bei seinem Unterricht die Eigenart der Einzelnen von uns zu behandeln, uns heranzunehmen, oder frei gehen zu lassen. Er weiß, daß, als ich am 1. Mai 1870 meine jetzige Stellung antrat, die erste Feder, die ich ansetzte, ihm galt, um ihm in einem Dankbriefe zu sagen, welche Kraft ich in vielen Lagen meines Lebens aus dem Studium der Natur und der alten Klassiker geschöpft hatte.

Aber meine Herren, außer der Schule ist es auch insbesondere der ganze Geist der Bürgerschaft gewesen, die Vaterlandsliebe, das gute Regiment, das in diesen Mauern gewaltet, und die von ihren Einwohnern entfaltete einsichtsvolle Rührigkeit, die jedes kommende Geschlecht zur Nacheiferung des vorangegangenen angespornt haben. Von Stolp sagt Chytraeus in seiner niedersächsischen Chronik: „Diese Stadt ist eine Hauptstadt in Hinterpommern" und er giebt ihr das Lob, daß „darinnen schöne ingenia gezogen, das Regiment wol geführet, die Bürger in Nahrung und Kirchen und Schulen in gutem Flohr gefunden werden." Dreimal hatten die Herzöge die Stadt verpfändet, einmal an Polen und zweimal an den Deutschen Orden, der damals hier die Banquier-Geschäfte betrieben zu haben scheint. Da die Summe am Verfalltage von der Herzoglichen Kammer nicht erlegt werden konnte, so brachte die Bürgerschaft, um bei dem heimathlichen Pommern zu bleiben, durch freiwillige Beiträge unter schweren Opfern das Lösegeld auf. Ja, bei der letzten Verpfändung legten, da die Beiträge nicht reichen wollten, die Frauen, wie der alte Chronist berichtet, ihr „Geschmuck" auf den Altar der Vaterstadt nieder. Das erinnert an Beispiele aus den besten Zeiten der klassischen Völker. Und daher auch der alte Spruch:

O Stolpa Du bist Ehrenrick
Im Lande findt man nich din Glik;
Du hest Di dreymal löst vom Pande,
Deß hestu Roem im gantzen Lande.

Und wie unsere Vaterstadt in der Hansazeit eine geachtete Stellung einnahm, so war sie auch eine der ersten, die nach der Reformation die mit der Annahme der neuen Lehre verbundenen Kämpfe muthig durchfocht. Ihre Söhne stritten zu allen Zeiten ruhmvoll auf den Schlachtfeldern des Vaterlandes, von Fehrbellin und Leuthen bis Leipzig und Waterloo, und bis Königgrätz und Paris. Unter den Segnungen des Scepters der Hohenzollern blühte aber auch die Stadt erfreulich auf. Die Einwohnerzahl hat sich seit dem Jahre, da ich hier in den königlichen Dienst trat, 1848, bis jetzt (1879) fast verdreifacht. Das zeugt von Lebenskraft im Pommerland. Wer dieses Land blos aus dem alten Liede kennt „Maikäfer fliege", der kann sich freilich keinen Begriff von ihm machen. Pommerland ist noch lange nicht abgebrannt mit seinen reichen Kornfeldern, seinem gesegneten Weizacker, seinen grasreichen Gründen, seinen Landseen und herrlichen Wäldern, die das Meer umspült, vor Allem seinem Geschlecht kräftiger Männer und schöner stattlicher Frauen. Der Durchlauchtigste Statthalter dieser schönen Provinz, unser geliebter Kronprinz, hat, wie Sie wissen, einmal gesagt: Die Pommern haben nur einen Fehler, daß ihrer so wenige sind! Nun, meine Herren, die gleichen Ursachen erzeugen die gleichen Wirkungen. Wenn der alte Geist, der jenes Alles geschaffen, in diesen Mauern bewahrt bleibt, wie wir das zu Gott hoffen und alle unsere Anstrengungen darauf richten wollen, der lebenden Generation zum Stolz, dem kommenden Geschlecht zur Nacheiferung: dann wird fort und fort die geliebte Vaterstadt wachsen und gedeihen. Gleichwie die drei klaren Flüsse, die ihre Mauern umfluthen, für alle Zeiten in ihrem Wappen stehen, so mögen dem Charakter ihrer Bewohner die drei Eigenschaften: treu, tapfer, tüchtig niemals versagen."

Stephans Schwester schreibt von ihm: „Bis zu seinem 14. Jahre war er ziemlich klein, da hat er dann tüchtig geturnt; er war stets Vorturner und wenn er aus der Turnstunde kam, schalt ich jedesmal, weil er in Schweiß gebadet war. Er brachte stets einen riesigen Appetit mit, die Stullen konnten nie groß genug werden. — Im Klavierspielen war er soweit vorgebildet, daß der Musiklehrer zum Vater sagte, sein Sohn könne bei ihm Nichts mehr lernen, Alles was er (der Lehrer) könne, könne der Junge auch."

Nach der Erzählung eines Schulkameraden soll er schon als

Schüler für Liebhaber- und Kindertheater Dramen und Singspiele gedichtet haben, zu denen er selbst die Musik komponirte: eine Beschäftigung, die wohl nicht den vollen Beifall des Vaters und der Lehrer gefunden hätte. Wir wollen aber gleich hier einschalten, daß Stephan der edlen Musika sein Leben lang treu geblieben ist und ihr unzählige frohe Stunden und reine Freuden zu verdanken gehabt hat.

Uebrigens war er ein ebenso tüchtiger Schwimmer als Turner, und hat dank dieser Eigenschaft als 16 jähriger Primaner einem Mitschüler, dem späteren Lithographen Caspary in Stolp, der beim Baden in Gefahr kam zu ertrinken, das Leben gerettet. Seine außerordentliche körperliche Rüstigkeit und geistige Spannkraft hat er der Vorliebe für dauernde Bewegung in frischer Luft zu verdanken; er war stets und ist noch jetzt ein unermüdlicher Fußgänger und Bergsteiger, den weder Hitze noch Kälte, weder Regen noch Schnee, weder der Wüstenwind Aegyptens, noch der eisige Wind Skandinaviens in seinem Wohlbehagen beeinträchtigen: mens sana in corpore sano.

In den höheren Klassen der Schule erregten seine wissenschaftlichen Leistungen Aufsehen. Die Geschichte, die alten Klassiker, die modernen Sprachen studirte er mit gleich heißem Bemühen und ertheilte dabei noch jüngeren Mitschülern Privatunterricht in der Mathematik, sowie in der lateinischen und französischen Sprache — ein Beweis seiner schon damals ungewöhnlichen Leistungsfähigkeit.

Nachdem er im 17. Lebensjahre die Abgangsprüfung „vorzüglich" bestanden hatte, bemühte er sich um den Eintritt in die höhere Postlaufbahn, konnte jedoch wegen zu jugendlichen Alters nicht sofort angenommen werden und benutzte die Wartezeit zur Fortsetzung seiner Studien.

Er selbst berichtet darüber in einer am 24. April 1875 bei der Feier des 50jährigen Bestehens des Börsenvereins deutscher Buchhändler zu Leipzig gehaltenen Rede:

„Man hat den Laden des Sortimenters eine Bildungsstätte namentlich für die kleineren Orte genannt. Wenn ich meine persönliche Erfahrung hier erwähnen darf, so ist Dies vollkommen richtig. Als ich die Schule zurückgelegt hatte und wegen unzureichenden Lebensalters noch nicht sogleich in den Staatsdienst eintreten konnte, erklärte ich mich in dem einzigen Buchhändlerladen, den es damals in meiner hinterpommerschen Vaterstadt gab, so zu sagen in Permanenz. Die ersten und einzigen Schulden, die ich im Leben gemacht habe, standen im Buche des Sortimenters meiner Vaterstadt, und die allbekannte buchhändlerische Langmuth im Kreditgeben kam auch mir zu statten. Damals, meine Herren, gab es noch keine Postmandate. Und das war ein Glück. Denn der Nachhülfe=Unterricht trug zu jener Zeit nur zwei Groschen für die Stunde ein."

Am 20. Februar 1848 bei dem Postamt seiner Vaterstadt als Posteleve vereidigt, erhielt er ebenda seine erste dienstliche Ausbildung unter der wohlwollenden und umsichtigen Leitung des Amtsvorstehers Pflughaupt. Daß es ihm Ernst war mit seinem Beruf, lehrt ein kleines Vorkommniß, von dem seine Schwester berichtet: „Mir ist noch immer ein Fall lebhaft erinnerlich, wo unser verstorbener Schwager A. meinem Bruder als eben angenommenem Posteleven gratulirte und ihn ermahnte, ein tüchtiger Beamter zu werden; da gab er ihm zur Antwort: „„ja das will ich auch; ein schlechter Kerl, der nicht denkt, General=Postmeister zu werden"". Mein Bruder war damals noch nicht 17 Jahre alt." Aber er ließ es nicht beim Vorsatz bewenden, sondern lernte und arbeitete so fleißig, daß ihm sein Vorsteher unter dem 27. September 1849 ein sehr gutes Zeugniß ausstellen konnte. Am 30. desselben Monats wurde er nach Marienburg versetzt und vom 20. August 1850 ab bei der Ober=Postdirektion in Danzig beschäftigt. Dort bestand er am 21. September 1850 die Prüfung zum Post=Assistenten (jetzige Sekretär=Prüfung) mit besonderer Auszeichnung. Hierzu berichtet ein „höherer Postbeamter" in der Nr. 39 der (Nord=)Deutschen Post vom Jahre 1871:

„Die zurückgelegten Akten der Ober=Postdirektion zu Danzig enthielten noch vor zwei Jahren die theoretische Prüfungsarbeit Stephans. Es war das Thema gestellt worden, zu erörtern, ob ein auf Zentralisation oder ein auf Dezentralisation ge=

gründetes Verwaltungssystem den Vorzug verdiene, eine Aufgabe, deren genügende Bearbeitung Erfahrung und staatswissenschaftliche Kenntnisse erforderte, also wohl außerhalb des Gesichtskreises eines angehenden Beamten lag. Stephans eminenter Befähigung gelang es aber, die Aufgabe zum größten Erstaunen der Examinatoren zu erledigen. Er erklärte sich entschieden für eine dezentralisirte Verwaltung. In Preußen war aber erst, seit dem 1. Januar 1850, die bisher zentralisirte Postverwaltung durch Einrichtung von Ober=Postdirektionen dezentralisirt worden. Erfahrungen für die Zweckmäßigkeit dieser Maßregel lagen daher noch nicht vor. Stephan verstand aber, durch Erörterung der Ziele, die durch die Dezentralisirung erreicht werden sollten, seine Auffassung so klar und erschöpfend durchzuführen, daß man von ihrer Richtigkeit überzeugt werden mußte.

Schreiber dieser Zeilen erinnert sich noch ziemlich wörtlich des Schlusses der Prüfungsarbeit:

Nach den vorangegangenen Erörterungen und während in Preußen die Postverwaltung soeben dezentralisirt worden ist, könnte es auffallen, daß in Oesterreich in diesem Augenblicke die bisher dezentralisirte Verwaltung zentralisirt wird. Aber in Oesterreich liegen die staatlichen Verhältnisse doch wesentlich anders als bei uns. Dort ist es von großer Bedeutung, ob die Entscheidung in Ofen=Pest oder am Fuße des Stephansdomes in Wien getroffen wird.

Leider ist, als vor zwei Jahren die alten Akten der Ober=Postdirektion verkauft wurden, nicht daran gedacht worden, die Prüfungsarbeit, die bei der jetzigen hohen Stellung ihres Verfassers ein Schriftstück von historischer Bedeutung wäre, zurückzubehalten."

Außerdem erregte der junge Mann das Erstaunen der Prüfenden dadurch, daß er bat (damals durften sich die Prüflinge die Sprachen wählen, in denen sie geprüft sein wollten) in der italienischen und spanischen Sprache geprüft zu werden. Es fand sich aber Keiner, der ihn hätte darin prüfen können.

Nach Ablegung dieser Prüfung genügte Stephan seiner Dienstpflicht als Einjährig=Freiwilliger bei der Artillerie in Magdeburg. Ende September 1851 finden wir ihn in Berlin, wo er im Rechnungsbüreau des General-Postamts unter dessen Chef, dem Rechnungsrath Pflughaupt, Bruder seines ersten Vorgesetzten, aushülfsweise beschäftigt wird. Er schreibt über diesen Aufenthalt unter dem 6. Oktober an seinen Vater: „ ... Man fühlt sich in Berlin trotz seiner Größe übrigens sehr bald heimisch; dieses muntere gemüthliche Völkchen, stets bereit, jedes Ungemach mit den Waffen des Witzes zurückzuschlagen, ist sehr liebenswürdig. ... Bis zum 1. Oktober hatte ich mir alles besehen, die Museen, den zoologischen Garten u. s. w. — jetzt bin ich, wenn mein Dienst zu Ende, stets zu Hause mit eifrigen Studien zum zweiten Examen, das ich in 2 Jahren machen kann und will, beschäftigt; — mein Grundsatz ist, wie Du wohl weißt, jetzt erst mit meinem Lebensberuf fertig zu werden und mir eine sichere sorgenfreie ehrenvolle Stellung zu erringen, — dann ist noch immer Zeit, das Leben zu genießen, und seine reinen edlen Vergnügungen sind ja eigentlich nur Wissenschaft und Kunst, und erstere genieße ich, wenn ich studire, so vereinige ich Arbeit mit Vergnügen .... Auch möchte ich meine Bücher recht bald hier haben. .... Packt mir die Bücher in meine große Kiste ja sorgfältig in Heu ein; ihr wißt, daß das mein größter Schatz ist, und wie sehr mein Herz daran hängt ... Lieber Vater, Du bist ja doch solch reeller Mann, sorge Du mir nur dafür, daß ich meine Bücher bald hier habe; ich habe im Postfach während des Militärjahres so Manches doch vergessen, und das muß ich bald nachholen." Diese Liebe zu den Büchern hat Stephan, wie er selbst in seiner vorher citirten Leipziger Rede sagt, überallhin begleitet: „von Kairo bis Moskau und von Lissabon bis Bergen".

Am 6. November 1851 wurde er nach Cöln am Rhein versetzt und dort zuerst beim Postamt, bald aber bei der Ober-Postdirektion beschäftigt. In seinen dienstfreien Stunden bereitete er sich mit eisernem Fleiße zur höheren Prüfung vor und suchte seine Erholung, wie schon früher, im Studium der alten Klassiker, der Philosophie und der Staatswissenschaften. Eine Zeitlang scheint er dabei zu seinem Schaden das ne quid nimis außer Acht gelassen zu haben, denn er schreibt einmal nach Hause: „ . . ich hab mir, weil ich beim Nachtarbeiten manchmal die Füße in kaltes Wasser setzte, eine große Erkältung zugezogen, in Folge deren mir die Schleimhaut auf der Brust und im Halse zerrissen ist." Seine dienstliche Thätigkeit bewegte sich schon damals auf dem Feld, das später seine eigentliche Domäne werden sollte: er hatte die Angelegenheiten zu bearbeiten, die den ausländischen Postverkehr betrafen.

Hier hatte er vollauf Gelegenheit, einen Ueberblick über das Getriebe einer durch die verwickelten Tarifverhältnisse aller Länder sehr erschwerten Abrechnung zu bekommen, denn gerade in Cöln, wo damals über Frankreich und England alle überseeischen Posten einliefen, hatte die Abrechnung mit den fremden Ländern stattzufinden, und ihm war ein Theil dieser Arbeit übertragen. Damals schon sind ihm Gedanken und Pläne für Vereinfachung und Einheitlichkeit durch den Kopf gegangen, deren Ausführung den Weltverkehr von Grund aus umgestalten sollte.

Wir sind in der Lage, nachstehend die Aufzeichnung einer mündlichen Darlegung Stephans darüber wiedergeben zu dürfen, wie er sich damals die Entwickelung des Tarif- und Abrechnungswesens gedacht hat, und wie dieser Gedankengang ihn auf seiner dienstlichen Laufbahn begleitet und schließlich zur Abfassung seiner Denkschrift vom Jahre 1868 über die Grundlagen des Weltpostvereins geführt hat:

„In den Anfängen des Postwesens bestanden Postverträge zwischen den einzelnen Gebieten überhaupt nicht. Jede Verwaltung belegte die internationalen Postsendungen mit der Taxe ihres eigenen Gebiets und schaffte sie bis an die Grenze des benachbarten Landes, das ebenso verfuhr und seine Taxe hinzuschlug. Die Frankirung eines Briefes von Deutschland nach der Schweiz war also nicht möglich; auch nicht die unfrankirte Absendung, da der Brief bis zur Grenze frankirt werden mußte. Wo die Grenze war, da war die Schranke. Dies war der Urzustand.

Aber der Verkehr ist eine Kraft des menschlichen Geistes, wie die Wärme eine Kraft der Natur, die Kräfte aber erkennt man an ihren Wirkungen.

Nach einem dritten Lande, z. B. nach Italien, war die Sendung in geschlossenen Posten überhaupt nicht möglich: es mußte die Einzelauslieferung an das Zwischenland erfolgen. Dieses (die Schweiz) verlangte aber seine Taxe; es mußte also seinen Tarif an die deutschen Postanstalten mittheilen, damit diese vom Absender außer der deutschen auch die schweizerische Taxe erheben konnten. Italien zog den Betrag seiner Taxe vom Adressaten ein. Aber es war immerhin zweierlei gewonnen: 1, der Frankirungsbereich war bis zur schweizerisch-italienischen Grenze ausgedehnt, 2, zwischen Deutschland und der Schweiz ward eine geordnete Abrechnung nöthig. Die Idee der Gemeinsamkeit tauchte auf. Sie wirkte auch sofort weiter, denn da die Schweiz aus gleichem Grunde wegen ihrer Durchgangskorrespondenz durch Italien mit diesem Lande abrechnen mußte, so mußten ihr auch die italienischen Taxen bekannt sein: sie konnte diese an Deutschland mittheilen, und da sie ohnehin mit Deutschland schon abrechnete, so konnte die Abrechnung für die Briefe aus Deutschland nach Italien außer auf das schweizerische Porto sich auch zugleich mit auf das italienische Porto erstrecken. So war die Durchfrankirung bis zum italienischen Bestimmungs-ort gegeben und dem Absender die Vorausberechnung des von ihm zu zahlenden Portos ermöglicht — für den kaufmännischen Verkehr ein wichtiger Punkt, zumal bei der Höhe der damaligen Sätze. Doch bestand keine Sicherheit, da jedes Land zu jeder Zeit seine Taxen ändern konnte und häufig genug änderte. Kein inter-nationales Gesetz fesselte die Autonomie. Die jeweiligen Landes-tarife wurden aneinander gefügt. Man kann diese Periode als die der mechanischen Zusammensetzung bezeichnen.

Aber die Kraft des Verkehrs wirkte weiter. Die Taxen der einzelnen Länder waren keine Einheitsätze. Weit davon entfernt richteten sie sich im Gegentheil nach der Länge der von den Briefen zu durchlaufenden Wege. So war die schweizerische Taxe für die deutsch-italienische Korrespondenz verschieden, je nachdem die Briefe über den Simplon, den Gotthard, den Splügen oder durch die Maloja gingen, und je nachdem sie über Basel oder über Lindau in das schweizerische Gebiet eintraten. Mit der Zunahme des

Postenlaufs wurde es immer schwieriger, am Absendungsorte in Deutschland vorherzusehen, welchen Weg die Briefe nehmen würden — eine Ursache beständiger Unsicherheiten in der Taxirung und häufiger Streitigkeiten bei der Abrechnung. Die Mißstände mußten zunehmen, als die Wege durch Oesterreich über den Brenner und das Stilfser Joch, sowie durch Frankreich über den Mont Cenis hinzutraten; sie mußten sich mit der Zunahme des Briefwechsels vervielfältigen und schließlich unerträglich werden. Die Natur des über Berge und Meere schreitenden Verkehrs selbst rang den am Boden klebenden Anschauungen die unerläßlichen Vereinfachungen ab, fördernd trat der Wettbewerb der verschiedenen betheiligten Durchgangsländer hinzu: der Tarif wurde von der Entfernung losgelöst, der Geist befreite sich sozusagen vom Raume — und die Einheitstaxe war geschaffen.

Freilich zunächst nur in ihren ersten Anfängen. Aber die Idee war fertig; sie war einfach durch die Natur der Dinge, durch die Kraft des Verkehrs und die logische Entwickelung herbeigeführt. Wer diesen geschichtlichen Prozeß kennt, Der wird die Behauptung, daß der Gedanke des Einheitsportos wie eine ursprüngliche Erfindung dem Haupte eines Menschen entsprossen sei, auf ihren wahren Werth zurückzuführen im Stande sein. Lange vor Rowland Hill war man von den an dem Laufe der Poststraßen haftenden Taxen auf die Zusammenfassung in Zonen gekommen; die Zahl dieser Zonen verringerte sich, wie geschichtlich nachweisbar — und übereinstimmend in allen Ländern, da es eben ein natürlicher Hergang war — stetig, und dieser Prozeß mußte schließlich mit mathematischer Nothwendigkeit zum Einheitstarif führen. Der Vorgang in England hat diese Entwickelung nur beschleunigt, oder wie es im Hinblick auf die enormen Einnahme-Ausfälle wohl richtiger heißen muß: überstürzt.

Die Vereinfachung der Tarife, ihre Loslösung von der Poststraße, war also geschaffen. Aber es verging noch geraume Zeit, bis die Staaten dahin gelangten, die Tarife von dem Zwange der Zusammensetzung der einzelnen Landestaxen zu befreien und sie durch den völkerrechtlichen Akt des Vertrages unter Festsetzung einheitlicher Sätze, unabhängig von dem Einflusse der jeweiligen heimischen Gesetzgebung hinzustellen.

Als demnächst diese Entwickelungsstufe erreicht war, entstand die Frage, in welchem Verhältnisse jene einheitlichen Sätze zwischen den verschiedenen, an der Beförderung betheiligten Staaten zu theilen seien, sie hat bis zur Gründung des Weltpostvereins einen der Kernpunkte in den Postvertrags-Verhandlungen aller Länder gebildet. Es ist keine Uebertreibung zu sagen, daß sie in der That sehr große Schwierigkeiten bot. Diese mußten so lange weiter bestehen, als man sich von dem engen Begriff der Leistung nicht lossagen konnte, für die es bei ihrer vielfachen Verschiedenheit eben keinen zutreffenden Maßstab gab.

Außer an diesem Uebelstande krankten die internationalen Post= verhältnisse noch an den zahllosen, oft unentwirrbaren Festsetzungen über die Transit=Verhältnisse. Das Beispiel Deutschland= Italien ist vorher nur des leichteren Verständnisses wegen gewählt worden. In Wirklichkeit bestanden aber beide Reiche aus einer Anzahl selbständiger Staaten, und es kam daher z. B. bei den Briefen aus Preußen nach Neapel nicht nur der Transit durch die Schweiz, sondern auch noch der durch das Thurn und Taxissche Gebiet, durch Baden, Lombardo=Venetien (oder Piemont), Toskana und den Kirchenstaat in Betracht. Hiernach läßt sich ermessen, welche Leidensstationen beispielsweise ein Brief von Norwegen nach Portugal, oder von Großbritannien nach Griechenland zu durch= laufen hatte, zumal in den einzelnen Zwischenländern nicht selten auch noch verschiedene Briefgewichtstufen bestanden. Um die Zeit des Kongresses von Wien betrug die Zahl der am regel= mäßigen Postverkehr theilnehmenden Staaten in Europa und Amerika (die anderen drei Welttheile kamen für postalisch=regel= mäßigen Verkehr nicht in Betracht; der ostindische Verkehr wurde lediglich von England vermittelt) im Ganzen 33; das ergab 520 Postverträge, wenn ein jeder dieser 33 Staaten mit jedem andern in direktem Vertrage stand. Dies war zwar im ganzen Umfange nicht der Fall, aber dafür bestanden eine Anzahl von Zusatz=Verträgen und Uebereinkünften, die sich im Laufe der Zeiten

beständig vermehrt hatten: ein einziger neu entstehender inter=
nationaler Postkurs von einiger Wichtigkeit, ferner Veränderungen
der Ländergrenzen in Folge politischer Ereignisse, Entstehung neuer
Staaten (Griechenland, Belgien, Rumänien) wirkten sofort auf die
Postvertrags=Verhältnisse ein, und die Zahl der Tarifsätze reichte
in die Tausende. Hiernach wird man sich eine Vorstellung von
den kosmischen Nebeln am Posthorizonte machen können. Damals
gehörte zum Fassen dieser Zahlen fast das Gehirn eines Mega=
theriums; es faßte sie auch Niemand — ein Trost für den mensch=
lichen Geist: die Erhebung der Taxen war vielfach eine Wahr=
scheinlichkeitsrechnung.

Direkte Verträge, über die Zwischenländer hinweg, schufen
zwar größere Klarheit, aber sie kamen sehr schwer zu Stande.
Wollte z. B. die preußische Postverwaltung in direkte Beziehungen
zu dem portugiesischen Postwesen treten, also geschlossene Postbeutel
zwischen Berlin und Lissabon oder zwischen Köln und Oporto aus=
tauschen, so mußten vorher Staatsverträge mit allen Zwischen=
ländern, also mit Belgien, Frankreich, Spanien und, da auch der
Seeweg in Betracht kam, nicht minder mit Holland und England
förmlich abgeschlossen werden. Diese Verhandlungen waren nicht
leicht; suchten z. B. Preußen und Portugal für den Transit durch
Frankreich u. s. w. dieselben Vortheile zu erreichen, die vielleicht
schon Spanien, Belgien, Großbritannien für den Transit durch
Frankreich besaßen — die Vortheile des Meistbegünstigten —, so
konnte das betreffende Transitland — hier Frankreich — triftige
Gründe haben, jedem einzelnen Lande verschiedene Bedin=
gungen zu stellen, um für seinen eigenen Verkehr diesen oder
jenen Vortheil zu erreichen. Hierdurch wird es erklärlich, daß
solche Verhandlungen oft Jahre lang währten, bevor zwei Postge=
biete endlich in direkte Verbindung treten konnten.

Aber auch der technische Betrieb und das Abrechnungswesen
im internationalen Postdienste waren so verwickelt und mit Formen
überlastet, daß es einer besonderen und längeren Ausbildung gut
veranlagter Beamten für diesen Dienstzweig bedurfte. Eine einzige
französische Briefkarte (feuille d'avis) war noch vor etwa 25 Jahren

faſt ein Buch, und eine überſeeiſche Poſt zu expediren erheiſchte mindeſtens die Quadratzahl der Stunden wie heute. Dieſer Formalismus war von der franzöſiſchen Poſtverwaltung ausgegangen, deren ganzen Betrieb er beherrſchte, und die ihn im internationalen Verkehr zur Geltung zu bringen gewußt hatte.

Das waren die Zuſtände, als die preußiſche Verwaltung i. J. 1862 mit den neuen Grundſätzen ihrer Poſtverträge vorging, die auf einfachen Gedanken beruhend die bisherigen Verwickelungen und Unſicherheiten zu beſeitigen beabſichtigten. Wenn es durch Einzelverhandlungen mit einer größeren Anzahl wichtigerer Verkehrsländer gelang, nach und nach ein ausgedehntes Gebiet für dieſelben Grundſätze zu erwerben, ſo war auf einem ungekünſtelten Wege und in freiwilliger Weiſe die höhere Einheit zum Ueberwölben des Ganzen vorbereitet.

So entſtand die Idee des Weltpoſtvereins."

*   *   *

Wie ſehr Stephan ſchon zur Zeit ſeiner Beſchäftigung in Cöln fremde Sprachen beherrſchte, beweiſen einige noch vorhandene, von ihm gleich ſpaniſch oder franzöſiſch niedergeſchriebene Entwürfe zu Schreiben an auswärtige Dienſtſtellen. Der ſpaniſche Entwurf ſcheint übrigens ſeinem Vorgeſetzten, der ihn zu unterzeichnen hatte, unverſtändlich geweſen zu ſein — wenigſtens findet ſich am Rande die von Stephan gelieferte deutſche Ueberſetzung, während ſonſt der Regel nach erſt der deutſche Entwurf vorgelegt und nach Vollziehung durch den Vorgeſetzten in die fremde Sprache frei übertragen wird. Dieſer Vorgang iſt vorbildlich für Stephans ſpäteres Wirken, inſofern er ſich ſchon als junger Beamte bemühte, ſich von ſchematiſcher Thätigkeit freizumachen und die Dienſtvorſchriften individuell aufzufaſſen.

Freilich war Das nicht immer nach dem Sinn ſeiner Vorgeſetzten, wie denn aus dieſer Zeit eine nette Anekdote ſtammt, die — da ſie von Stephan ſelbſt vor Kurzem aus einem von Carl Lichtenberg verfaßten Feuilleton-Artikel citirt worden iſt — den Vorzug haben dürfte, wahr zu ſein. Es heißt in dem Artikel:

„Stephan erfüllte gewissenhaft seine dienstlichen Obliegen=
heiten, trieb aber außerdem, dem Schlafe nur wenige Stunden
gönnend, die vielseitigsten Studien, und sein scharfblickender Geist
erfaßte die volle Kulturbedeutung des modernen Postwesens. Das
erschien seinem pedantischen Vorgesetzten als thörichter Wahn und
frevles Umsturzgelüste, und als der junge Mann von Cöln versetzt
wurde, da gab er ihm den wohlgemeinten Rath, sich lieber einen
anderen Berufskreis zu suchen, da er bei der Post doch niemals
Carrière machen würde. Er schloß mit dem allerdings beherzigens=
werthen Fingerzeig: Gehen Sie lieber an die „Kölnische Zeitung“,
dann können Sie noch einmal reicher werden als der Oppenheim!“

Seinem andauernden Eifer und außergewöhnlichen Verständ=
niß hatte es Stephan zu danken, daß er schon am 13. Januar 1855,
eben erst 24 Jahre alt, die Prüfung für die höheren Stellen der
Postverwaltung mit Auszeichnung bestand. Darauf wurde er durch
Verfügung vom 2. Februar 1855 zum Postsekretär ernannt und
vom 1. Mai ab nach Frankfurt a. d. Oder versetzt, wo ihm die
Verwaltung einer Stelle als Postkassen=Kontroleur für den Bezirk
der dortigen Ober=Postdirektion übertragen wurde.

Am 27. Oktober 1855 erfolgte die Bestätigung in dieser
Stellung und bereits nach drei Monaten, am 13. Januar 1856,
seine Berufung nach Berlin zur kommissarischen Beschäftigung im
General=Postamt. Am 1. Mai desselben Jahres wurde er zum
Geheimen expedirenden Sekretär ernannt. Dienstlich war er mit
der Umarbeitung des Fahrposttarifs für den Wechselverkehr zwischen
Preußen und den Ländern des deutsch=österreichischen Postvereins
beschäftigt. Bis dahin bestanden für Packete auch innerhalb Deutsch=
lands wahrhaft vorsintfluthliche Taxgrundsätze; z. B. hatten an dem
Porto für ein Packet von Bremen nach München fünf Verwaltungen
Antheil, über den abzurechnen war. Da war es denn für Stephan
eine willkommene Aufgabe, für diesen Verkehr einen auf verein=
fachter Grundlage beruhenden Tarif auszuarbeiten, der auch auf
der Postkonferenz in München 1857 angenommen wurde; das Ab=
rechnungsverfahren, für das er kurz darauf eine Instruktion ver=
faßte, ist im Wesentlichen noch jetzt in Kraft.

In dieser Stellung trat er zum ersten Mal mit einer fach=
wissenschaftlichen Arbeit hervor, die im Postamtsblatt für 1858
veröffentlicht wurde: der Besprechung eines von dem belgischen
Postinspektor Bronne verfaßten Werkchens „über die britische Porto=
reform von 1840". Erst diese Reform hat, so führt er aus, wieder
etwas Bewegung in die Fachliteratur gebracht, die in den letzten
beiden Jahrhunderten viel lebhafter als im 19. Jahrhundert ge=
wesen ist. Die Mehrzahl der über die Reform erschienenen Schriften
ist jedoch von einem einseitigen Standpunkte aus geschrieben, wäh=
rend die Bronnesche Schrift auf Grund genauer Sachkenntniß und
ohne Vorurtheil verfaßt ist. Stephan giebt dann einen kurzen
geschichtlichen Abriß über die Verhältnisse, die zur Portoreform in
England geführt haben, und über deren Zustandekommen. An
der Hand der Verkehrs= und Finanzergebnisse weist er auf Grund
des besprochenen Werkchens nach, daß nicht Taxermäßigungen allein
den Verkehr zu heben vermögen, sondern daß sie von Verbesserungen
des Betriebes und Vermehrung der Beförderungsgelegenheiten be=
gleitet sein müssen, und daß zu weit gehende Herabsetzungen des
Portos stets die Gefahr eines bedeutenden Einnahmeausfalls in
sich bergen.

Im Uebrigen benutzte er seine freie Zeit besonders zu ar=
chivalischen Studien und zur Abfassung seiner 1858 erschienenen
„Geschichte der Preußischen Post von ihrem Ursprunge bis
auf die Gegenwart". Stephan geht darin von dem Gedanken aus,
daß der Zug der Zeit dahin ziele, die Staatengeschichte nicht mehr
blos als eine Geschichte der Politik im engeren Sinne zu betrachten,
sondern vielmehr in demselben Maaße wie der Politik, auch dem
inneren Organismus der Staaten, der Entstehung und Ausbildung
ihrer Wohlfahrts= und Rechtseinrichtungen, der Gestaltung der
gesellschaftlichen Verhältnisse und kulturgeschichtlichen Zustände das
Interesse zuzuwenden. Demgemäß sei es berechtigt, daß neuer=
dings die innere Entwickelung der politischen Gemeinwesen oder
einzelner Zweige davon zum Gegenstande in sich abgeschlossener
Darstellungen gemacht werden, und es bieten solche Werke, die
wesentlich auf archivalischen Forschungen beruhen, zugleich werth=

volles Material für die Geschichtschreibung im weiteren Sinne. Den schon vorhandenen Einzeldarstellungen, die verschiedene Zweige der preußischen Staatsverwaltung betreffen, will Stephan eine solche über „eins der ältesten preußischen Staats-Institute hinzufügen, das zur Hebung des Wohlstandes und der Gesittung der Nation beigetragen, den schnelleren Umschwung der Lebenskraft im Staatskörper vermittelt, die Thätigkeitsäußerungen der verschiedenen Verwaltungszweige erleichtert und den Staatsreichthum vermehrt hat". In welcher Weise ihm sein Werk gelungen ist, darüber giebt es nur eine Stimme: daß es ihm unter den besten deutschen Schriftstellern dauernd einen ehrenvollen Platz sichert. Seine Reichhaltigkeit und mustergültige Form erregten allgemeines Aufsehen, nicht minder des Verfassers ungewöhnliche Belesenheit. Von den zeitgenössischen Kritiken, die über das Buch erschienen sind, scheint uns die nachfolgende, aus der Provinzial-Korrespondenz entnommene dem allgemeinen Urtheil am Besten zu entsprechen:

„Es ist eine in hohem Grade erfreuliche Erscheinung, daß in neuerer Zeit eine wachsende Anzahl durch Fleiß und Einsicht befähigter Männer sich der dankenswerthen Aufgabe unterzieht, die organische Entwickelung verschiedener Verwaltungszweige unseres Vaterlandes zu erforschen und somit das fortschreitende Gedeihen unseres inneren Staatslebens darzulegen, mit dem das äußere Wachsthum Preußens an Ruhm und Macht nicht blos gleichen Schritt hielt, sondern auch in innigster Wechselbeziehung steht. Das oben angeführte Werk reiht sich den besten Arbeiten, die ein verwandtes Ziel verfolgen, in würdigster Weise an. Schon der Gegenstand dürfte auf die Theilnahme weiter Kreise einen anregenden Eindruck ausüben. In der That hat das Postwesen in rüstig fortschreitender Entwickelung den mächtig wachsenden Bedürfnissen der Zeit sich angeschlossen und in verhältnißmäßig kurzer Frist zu einer Stufe sich emporgeschwungen, auf der es gleichzeitig den Staats-Interessen, wie den Ansprüchen der Nation auf Förderung des geistigen und materiellen Verkehrs volles Genüge that. Die Wirksamkeit der preußischen Staatspost, früher auf die belebteren Straßen und größeren Plätze beschränkt, erstreckt sich heute bis auf den einsamsten Weiler in den entlegensten Gegenden des Königreiches, und ihre unmittelbaren Verbindungen reichen weit über das europäische Festland bis jenseits der Meere in alle übrigen Erdtheile. An der Spitze der Eisenbahnzüge erscheinen in rastloser Thätigkeit ihre fliegenden Postbüreaus und am Bord ihrer Dampfschiffe weht die preußische Postflagge in den Häfen fremder Mächte. Der fleißige Verfasser hat den reichen Stoff, den die Geschichte eines solchen Verwaltungszweiges bietet, aus den archivalischen Quellen sorgsam zusammengetragen und aus dem Ganzen ein lebensvolles Bild gestaltet, worin namentlich auf die Beziehungen des Post-Instituts zu den geschichtlichen Ereignissen und Persönlichkeiten, zu den staats- und völkerrechtlichen Verhältnissen älterer und neuerer Zeit, wie zu den Fragen der Volkswirthschaft und der Handelspolitik ein helles Licht fällt. Die Eintheilung des Ganzen wird sehr natürlich dadurch erleichtert, daß die Begründung des preußischen Postwesens auf den großen Kurfürsten zurückzuführen ist und durch Friedrich den Großen, also gerade nach hundertjähriger Lebensperiode, einen neuen kräftigen Aufschwung erhielt. An die Schilderung des allgemeinen Zustandes des Postwesens schließen sich in den einzelnen Zeitabschnitten genauere Mittheilungen über Gesetzgebung, Verwaltung, Finanzlage, Portotaxe, Dienstbetrieb und technische Einrichtungen. Das vorliegende Werk giebt daher nicht allein dem gediegenen Fleiße und der hohen Einsicht des Verfassers ein rühmliches Zeugniß; es enthält einen werthvollen Beitrag zur Kenntniß unserer Verwaltungszustände und verdient umsomehr die wärmste Empfehlung, als jeder Gebildete darin zugleich eine Quelle der Belehrung und Unterhaltung finden wird."

Daß das Werk an Werth nicht verloren hat, beweist seine Beurtheilung in Roschers „Geschichte der National-Oekonomik in Deutschland", worin es heißt:

„H. Stephan, der Reichs-Generalpostmeister, dessen Schriften, namentlich die Geschichte der preußischen Post, eine so vielseitige und gründliche Gelehrsamkeit, ein so klares Verständniß der Volkswirthschaft auch in ihren ethischen und rechtlichen Beziehungen, einen

so weiten, für Vergangenheit und Zukunft gleich scharfen staats=
männischen Blick verrathen, verdient als Schriftsteller nicht weniger
Beachtung, als in seiner großartigen praktischen Wirksamkeit."

Uebrigens hat Stephans Geschichte der preußischen Post Schule
gemacht. In der Folge ist eine ganze Reihe von Einzeldarstel=
lungen über das Post= oder Verkehrswesen in anderen deutschen
Staaten oder Landstrichen erschienen, deren Verfasser zum Theil
ausdrücklich Stephans bahnbrechende Thätigkeit auf diesem Gebiete
dankbar anerkennen. Dies gilt beispielsweise von dem Dr. Rübsam,
Vorsteher des Fürstlich Thurn und Taxisschen Hauptarchivs und
Verfasser der postgeschichtlichen Schriften "Johann Baptista von
Taxis, 1889" und "Zur Geschichte des internationalen Postwesens,
1892", worin er u. A. sagt: "Stephans Geschichte der preußischen
Post wird im großen Ganzen mustergültig bleiben. Von gleicher
Gediegenheit sind die von demselben Verfasser stammenden Abhand=
lungen: "Das Verkehrsleben im Alterthum" und "Das Verkehrs=
leben im Mittelalter"." Franz H. Quetsch mit seinem Buche:
"Geschichte des Verkehrswesens am Mittelrhein, 1891", K. Löper
in seinem Werk "Zur Geschichte des Verkehrs in Elsaß=Lothringen,
1873", G. Schäfer in seiner "Geschichte des Sächsischen Postwesens",
der unter dem Namen "Veredarius" schreibende Verfasser des
"Buchs von der Weltpost" (3. Aufl. Berlin 1894) und Andere
haben mehr oder weniger auf der von Stephan gelieferten Grund=
lage weitergebaut.

Im Jahre 1859 schrieb er einen "Leitfaden für die schrift=
lichen Arbeiten im Postwesen", der unter dem Namen "der kleine
Stephan" in Beamtenkreisen große Werthschätzung genießt und
mehrfach neu aufgelegt worden ist.

Anfangs der sechziger Jahre verfaßte er größere Aufsätze über
das Post= und das Telegraphenwesen für die 1864 erschienene
3. Auflage des Rotteck=Welckerschen Staatslexikons, von denen
Sonder=Abdrücke dem Postamtsblatte beigegeben wurden; in ihnen
dämmert schon das Morgenroth einer universellen Regelung der
internationalen Postbeziehungen und der Vereinigung von Post und
Telegraphie herauf.

Am 10. August 1858 wurde Stephan zur Ober-Postdirektion in Potsdam versetzt und am 14. desselben Monats dort zum Postrath ernannt. Schon am 27. Juni 1859 wurde er in das General-Postamt beordert, um die Postdienst-Instruktion und die Dienst-Instruktion für Post-Expediteure neu zu bearbeiten. 1860 nahm er Theil an der Postkonferenz in Frankfurt a. M. 1862 verlor er durch den Tod seinen väterlichen Freund und Gönner, den General-Postdirektor Schmückert, der wie er selbst an seine Mutter schreibt, „mich wie einen Sohn geliebt hat; ich war der letzte Postbeamte, der ihn sprach; er hatte mich an sein Sterbebett rufen lassen, wo ich über eine halbe Stunde war; ich habe die letzten Schriftzüge seiner Hand. Noch in der Todesnacht hat er nach mir wiederum verlangt. Frau Generaldirektor sagt mir, der Verewigte hätte mich sehr lieb gehabt, weil ich ihm unverbrüchlich treu angehangen habe. Ich wäre, das hat er oft zu ihr gesagt, ein Geist gewesen wie seiner. Gott segne sein Andenken immerdar!"

Stephan widmete dem Freunde einen Nachruf, in dem er des Heimgegangenen Verdienste in Krieg und Frieden zusammenfaßte: man wird bei Durchlesung dieses Schriftstückes inne, daß ihm die Liebe die Feder geführt hat, denn es ist eine Musterleistung geworden.

Nachdem er 1862 wieder in das General-Postamt als Hülfsarbeiter einberufen worden war, erfolgte 1863 seine Ernennung zum Ober-Postrath bei der Zentralbehörde, wo ihm die Postverhältnisse mit dem Auslande zur Bearbeitung überwiesen wurden. Von seiner organisatorischen Thätigkeit in Schleswig-Holstein haben wir im Eingange gesprochen; von der Einleitung eines Feldzugs in großem Stil gegen übermäßig hohe Posttaxen, verwickelte Tarife und fiskalische Ausnutzung des Transitzwanges ist gelegentlich der vorbereitenden Schritte zur Gründung des Weltpostvereins die Rede gewesen. Außer den Verträgen mit Spanien und Portugal im März und April hat Stephan 1864 im Mai auch noch einen solchen mit Belgien in Brüssel verhandelt und in Kopenhagen im August und September die Hauptgrundlagen des nach dem Zustandekommen des Wiener Friedens vollzogenen Vertrags vereinbart. Von Kopenhagen aus leitete er gleichzeitig die Dampferverbindung Stralsund-Malmö in die Wege.

1865 wurde er zum Geheimen Postrath und vortragenden Rath im General-Postamt ernannt und im April zur Anbahnung von Vertragsverhandlungen nach Petersburg entsendet. Wir danken diese Einzelheiten den Briefen, die Stephan trotz „etwas zu viel Arbeit und Unruhe" von allen Orten längeren Aufenthalts aus an seine Mutter geschrieben hat, und die das schönste Zeugniß für seine Liebe zur Familie und Heimat bilden. Der Mutter meldet er jeden Erfolg, den er davongetragen, jede Wendung in seinem Leben, und immer fügt er den Ausdruck des Bedauerns hinzu, daß der Vater diese Freuden nicht hat erleben können. Als er mittheilen kann, daß ihn Se. Majestät zum Geheimen Postrath ernannt hat, fährt er fort: „Wenn Vater doch noch hier unten wäre! Er lebt immer in meinem Herzen." In dem Briefe, worin er der Mutter im Jahre 1867 meldet: „Mein großes Werk (Ablösung von Thurn und Taxis) ist mit Gottes Hülfe fertig" schreibt er weiter: „Als ich den Vertrag unterzeichnete, der diesen 350 Jahre alten Krebsschaden Deutschlands beseitigte, und meinen Namen „Heinrich Stephan" schrieb, dachte ich an unsern theuern unvergeßlichen Todten". Von Rom, wohin er 1869 dienstlich geschickt worden war, schreibt er seiner Mutter am 8. März, dem Todestag des Vaters: „Ich denke Deiner in inniger Dankbarkeit für alle Mutterliebe, die Du mir im langen Leben stets erwiesen hast, und ich sende aus tiefstem Herzen ein Gebet aus weiter Ferne an das Grab unsers unvergeßlichen Vaters". Am erhebendsten aber lautet die folgende Stelle eines Briefes aus Theben (1869): „Hier gedenke ich der glücklichen Tage unsrer freundlichen Kindheit, im lieben Elternhause, des gemüthlichen Familienlebens; unsres seligen Vaters unvergeßliches Bild mit den treuen blauen Augen, den freien edlen Zügen steigt freundlich winkend vor meiner Seele auf: ich sehe ihn, wie er die Brüder umarmt im schönen Jenseits, und wie sie Alle auf die große Herrlichkeit, die mich umgiebt und die uns sterbliche Menschen noch mit Erstaunen umfängt, als etwas Kleines herniederblicken aus jenen Sphären des ewigen Lichtes".

So schreibt nur ein Mann, bei dem sich Gemüth und Geist die Waage halten, der aber auch einen guten Grundstock christlichen Glaubens besitzt. Bei Stephan ist dies der Fall; er selbst bezeichnet seine Gläubigkeit als das beste Erbtheil, das ihm sein Vater, ein streng religiöser Mann, hinterlassen habe.

Im Jahre 1866 sehen wir ihn, wie in dem einleitenden Kapitel geschildert, das Feld seiner Thätigkeit nach Frankfurt a. M. verlegen und dort ein schweres Werk mit Geschick durchführen — mit Geschick in jeder Beziehung. Galt es doch damals nicht blos, einfach das postalische Fazit der für Preußen günstig ausgefallenen Entscheidung des Kriegsglücks zu ziehen und die Taxissche Post nur eben einzuverleiben — nein, man mußte damit rechnen, daß die zu übernehmenden Beamten auch fernerhin Dienste leisten sollten, und es lag daher wesentlich im Interesse des Siegers, daß diese Beamten sich unter den neuen Verhältnissen wohl fühlten und auf die preußische Verwaltung mit Vertrauen blickten. Unter nicht gerade günstigen Umständen Dies erreicht zu haben, ist ein Verdienst Stephans, das ihm als Menschen ebenso sehr zum Ruhme gereicht, wie dem Beamten die glückliche Lösung der Aufgabe, die Lehnspost in die Staatspost überzuführen.

Am 30. Juni 1867, dem letzten Tage der Taxisschen Posthoheit, versammelten sich die Taxisschen Beamten, die unter Stephan thätig gewesen waren, um ihn beim Scheiden aus seinem einstweiligen Wirkungskreise ihrer Freundschaft und Anhänglichkeit nochmals in corpore zu versichern. Nachdem sie ihren Gefühlen beredten Ausdruck verliehen hatten, durfte Stephan in seiner Erwiderung mit Recht hervorheben, daß sich Amtsgenossen so zahlreich nur versammeln, wenn es gilt, einen scheidenden Freund zu feiern, und daß er ihnen Dies geworden sei, gewähre ihm die reinste Freude. „Wenn ich mit einiger Befriedigung auf diese Zeit zurückblicken darf, so ist es, weil ich wenigstens bemüht gewesen bin, im Sinne jenes Staatsmannes der alten Republik zu streben, der in der letzten Stunde sagen konnte: was mir den schönsten Trost gewährt, ist, daß keiner unsrer Bürger durch mich veranlaßt worden ist, sein Haupt in den Mantel zu hüllen."

Beide Unterhändler ehrend sind die Worte, die Freiherr von Gröben, der Bevollmächtigte des Fürsten von Thurn und Taxis, nach Erledigung ihrer schwierigen Aufgabe an Stephan schrieb: „Eins darf uns Beiden persönlich wenigstens jetzt schon zur Befriedigung gereichen, der Gedanke nämlich, daß wir eine Reihe von Verhandlungen, die so sehr geeignet waren, das odiosum der Sache auf die Person übergehen zu lassen, mit Gesinnungen geführt haben, die — getragen von dem Gefühle gegenseitiger Achtung — nicht nur stets den Charakter der Versöhnlichkeit, sondern sogar der Freundschaft trugen".

Von dem guten Andenken, das Stephan bei den Taxisschen Beamten hinterlassen hat, zeugen zahlreiche Briefe, aus denen wir nur kurze Stellen hervorheben wollen. „Für das Wohl der einzelnen Beamten ein warmes Herz zu haben, das ist das Andenken, das Sie hier hinterließen", schreibt 1868 ein Postsekretär; von Stephans „ausgezeichneter dienstlicher Wirksamkeit, die die Interessen Ihres Landes mit den Grundsätzen der Humanität in einer alle Herzen gewinnenden Weise so glücklich zu vereinigen wußte", spricht ein Anderer; „Ich hoffe, daß das viele Gute, das Sie bei Abwicklung der Thurn und Taxisschen Angelegenheit den Beamten erzeigt haben, Ihnen zu reichem Segen auf Ihrer ferneren Laufbahn werde", schreibt ein Beamter im Ruhestand; „Da ich das glückliche Ergebniß meiner Pension lediglich der edelmüthigen Humanität Eurer Hochwohlgeboren zu danken habe", ein Anderer; zu seiner Beförderung an die Spitze der Verwaltung beglückwünscht ihn mit den herzlichsten Worten der vormalige Fürstliche General-Postdirektor von Scheele, den Stephan seinerzeit des Amtes hatte entheben müssen; ihm schließen sich an Taxissche Beamte in und außer Dienst: „Wer mit seltner Intelligenz ein warmes Herz für seine Mitbeamten verbindet, ... Die Taxisschen Beamten werden Dessen immer eingedenk bleiben, was Sie für Sicherstellung von deren Zukunft gethan" — schreibt ein Generalpostdirektionsrath a. D., während ein Postdirektor versichert: „Die ehemals Taxisschen Beamten haben diese Beförderung um so freudiger begrüßt, als sie in den schwierigen Zeiten des Ueberganges besondere Veranlassung gehabt haben, ihren jetzigen Chef zu verehren und hoch zu halten."

Doch genug dieser Blumenlese — solche Ausdrücke der Dankbarkeit ehren beide Theile gleichmäßig, den Geber wie den Empfänger.

Nach dem Rücktritt in seine Stellung im General-Postamt als Geheimer Ober-Postrath betheiligte sich Stephan im Jahre 1867 an dem Entwurf der Gesetze über das Postwesen des Norddeutschen Bundes und über das Posttaxwesen, sowie an der in Folge des Krieges von 1866 nöthig gewordenen Neuordnung der postalischen Beziehungen Preußens zu Oesterreich und den süddeutschen Staaten. Ueber seine Thätigkeit auf dem Gebiete des internationalen Vertragswesens in den beiden folgenden Jahren haben wir schon berichtet, ebenso wie über die Ziele, die er hierbei schon damals unverrückt im Auge hatte.

In dieser Zeit emsigsten Schaffens auf dienstlichem Gebiet hatte er doch noch Muße gefunden, zwei Arbeiten fertigzustellen, die — in Raumers historischem Taschenbuch für 1868 und 1869 veröffentlicht — sich völlig auf der Höhe seiner Postgeschichte halten. Sie behandeln das Verkehrsleben im Alterthum und Mittelalter und haben damals den lebhaften Beifall aller gelehrten und litterarischen Kreise gefunden. Seine Darstellung wirkt in Folge der Reichhaltigkeit des Stoffes, wie durch die Frische und Anschaulichkeit der Behandlung ebenso anziehend als lehrreich.

Sie geht aus von den großen nationalen Zusammenkünften, die im Morgenland wie in Hellas zugleich dem Handel als Mittelpunkte dienten, und erörtert auf der Grundlage altklassischer Berichte den Zusammenhang zwischen den politischen Einrichtungen und dem Verkehrsleben in Griechenland und Rom, sowie die Natur des damaligen Handelsverkehrs und die ihm entgegenstehenden Schwierigkeiten. Da dieser Verkehr wesentlich ein solcher zwischen Anwesenden war, so mußte der Kaufmann seine Geschäfte meist persönlich erledigen und deshalb viel reisen. Von jenem ältesten Verkehr sind die morgenländischen Karavanenzüge noch heute das fast unveränderte Abbild und benutzen zum Theil auch noch dieselben Straßen wie damals. Der Schilderung des Reisens zu Lande folgt eine solche des Reisens zur See mit lehrreichen Vergleichen zwischen den Entfernungen und der Schnelligkeit der Beförderungsmittel in alter und neuer Zeit. Der Reiseverkehr im Alterthum war sehr lebhaft und mußte zum Theil die Mängel des Nachrichtenverkehrs ersetzen; der Reisende war durch die Sitte verpflichtet, Briefe von Jedermann mitzunehmen, aber wie unsicher war solche gelegentliche Beförderung! Besser gesicherte und beschleunigte Verbindungen bestanden nur in Persien und später in größerem Umfang innerhalb des römischen Weltreichs, dessen cursus publicus aber mit unsrer Posteinrichtung garnicht zu vergleichen ist, weil er dem Volke nur Lasten, aber keinen Nutzen brachte. — Zum Schluß giebt Stephan eine Uebersicht des großen, von Rom ausgehenden Straßennetzes, jenes unvergänglichen Denkmals des weltbeherrschenden Römergeistes.

Friedländer giebt in seiner „Sittengeschichte Roms" Stephans Schilderung des römischen Straßennetzes im Wesentlichen, zum Theil wörtlich wieder. Zahlreiche Hinweise auf Stephans Arbeit beweisen, welch hohen Werth er ihr beilegt.

Hudemann sagt in der Vorrede zu seiner „Geschichte des römischen Postwesens während der Kaiserzeit", die er Stephan gewidmet hat: „In der Schilderung des römischen Straßennetzes habe ich mich an Stephans Darstellung eng angeschlossen, da sie die klarste und bündigste ist, die wir über die Sache besitzen".

In dem zweiten Aufsatz, der das Verkehrsleben im Mittelalter behandelt, schließt Stephan seine Darstellung an den Zustand während der römischen Weltherrschaft an. Auch nach deren Verfall blieb Rom noch Jahrhunderte lang der von allen Seiten zugängliche Mittelpunkt des damaligen Weltverkehrs, von dem Byzanz nur einen kleinen Theil auf sich zu lenken vermochte. Den Verfall des allgemeinen Wohlstandes förderte dann namentlich das Christenthum durch das Mönchswesen, die Steuerbevorzugungen der todten Hand gegenüber der Laienwelt, die Feiertage, Wallfahrten und Bußgänge. Die hierdurch in ihrem Lebensnerv getroffenen Staaten konnten dem Ansturm des Islam nicht widerstehen. Die Erfolge des Islam schätzt Stephan unter Würdigung des kulturfreundlichen und handelspolitischen Sinnes namentlich der Araber mit Recht nicht gering, ohne sie jedoch zu überschätzen; waren die Araber doch in vielen Gegenden die unmittelbaren Erben einer hoch entwickelten römischen Kultur, die sie nur zu erhalten, kaum fortzubilden hatten. Neben ihnen waren Jahrhunderte lang die Byzantiner am Verkehr betheiligt; ihre Erben waren die Venetianer.

Stephan schildert dann die Handelswege, die von Byzanz und Venedig nach Deutschland führten, wo Regensburg längere Zeit ein bedeutender Stapelplatz war. In Italien ging die Oberherrschaft zur See von Amalfi auf Pisa, von Pisa auf Genua, von Genua schließlich auf Venedig über, das in einem 130jährigen Kriege mit Genua darum gerungen hatte. Von Venedig aus faßt Stephan das übrige Italien ins Auge und wendet sich dann in das deutsche Handelsgebiet, in die Gegenden am baltischen Meere, er betrachtet den Verkehr am Rhein und die Städtebündnisse, die überall entstanden, weil dem gewerbetreibenden Bürgerthum der Schutz einer mächtigen Staatsgewalt fehlte, die aber auch leider überall bald einen zunftmäßigen Charakter annahmen. Von diesem Gesichtspunkt aus betrachtet Stephan auch die Hansa und tritt den landläufigen Ansichten über deren Bedeutung und Lebensfähigkeit insofern entgegen, als er die übertriebene Schätzung beider auf das richtige Maaß zurückführt; freilich waren ihre Gebrechen solche, die dem ganzen Zeitalter anhafteten: Zunftgeist und Abschließung gegen Fremde.

Ein lebhaftes Bild entwirft Stephan auch von der äußeren Erscheinung des mittelalterlichen Verkehrslebens, von den großen deutschen Städten und ihren Einrichtungen. In Bezug auf das Verkehrsleben möchte er das Mittelalter als mit dem Konzil von Konstanz abschließend ansehen, weil danach die deutschen Universitäten ein immer regeres Leben entfalteten, die Humanisten, die er die „Wahrschauer der Reformation" nennt, aufkamen und die Erfindung des Lumpenpapiers die Bahn öffnete für den Buchdruck. Zu Anfang des 16. Jahrhunderts tauchten auch die ersten

Vorläufer unsrer Zeitungen auf, die sich von 1690 ab „Postreuter, Postzeitungen" nannten und durch diese Benennung schon auf die Anstalt hinwiesen, die sie erst befähigte, ihren Beruf der öffentlichen Meinung gegenüber zu erfüllen.

Der Verfasser schildert im Fortgang seines Aufsatzes den mittelalterlichen Briefverkehr, die Botenanstalten und die Entstehung regelmäßiger Posten, deren Erfindung nach den Worten gleichzeitiger Schriftsteller „unter die Glückseligkeiten jetziger Zeit billig zu setzen ist". Im Gegensatz zu dem früheren Handelsverkehr Auge in Auge spielte sich dieser nach und nach immer mehr auf brieflichem Wege ab. Die Posten wirkten auf die Besserung und Vermehrung der Straßenanlagen und gegen Stapel- und Wegezwang, die zunehmende Erleichterung des Briefverkehrs nöthigte schließlich dazu, sich seiner zu bedienen, und dies wieder wurde zum Zwangsmittel für die Erlernung von Lesen und Schreiben, für die Verbreitung allgemeiner Bildung. Eine Schilderung des Postwesens unter Thurn und Taxis bis zum Entstehen der Landespostanstalten schließt den Aufsatz ab, der wie alle Stephanschen Arbeiten in gedrungener Darstellung und meisterhaftem Stil einen reichen Schatz von Wissen auf philologischem und geschichtlichem Gebiete enthält.

Sein Urtheil trifft, wie von Fachgelehrten übereinstimmend anerkannt wird, fast stets das Richtige. „Die Verquickung einer fachmännischen Anschauung von den Dingen mit gelehrter Erkenntniß ist eine so große Seltenheit in den Köpfen unserer Philologen", schreibt ihm ein sachverständiger Beurtheiler, „daß die Ergebnisse ihrer Wissenschaft erst durch eine Verwendung der letzteren zu lebendiger Geltung gelangen, wie Sie im römischen Artikel dargeboten haben. Das mittelalterliche Material liegt zu zerstreut und theilweise noch zu verborgen umher, als daß irgend Jemand über Ihr Verdienst im Unklaren bleiben könnte, der jemals eine beliebige Epoche zu studiren unternommen hat."

Zu jener Zeit schwirrten durch die Blätter Gerüchte, wonach Stephan aus der Postverwaltung auszuscheiden und zu einem anderen Dienstzweig überzutreten beabsichtige — man kann dabei wohl nur an eine Verwendung denken, zu der ihn seine eminenten Sprachkenntnisse und diplomatische Befähigung besonders geeignet erscheinen ließen. Zum Glück für den Weltverkehr zerschlugen sich die Verhandlungen, wenn es zu solchen überhaupt gekommen ist.

Im Jahre 1869 wurde er vom Vizekönig von Aegypten zur Feier der Eröffnung des Suezkanals eingeladen. Diese Gelegenheit, seine durch die Bereisung fast aller Länder Europas schon damals gewonnenen Kenntnisse durch eine Reise in den Orient und noch dazu in die Wiege einer vieltausendjährigen Kultur zu vermehren, ließ er sich nicht entgehen.

„Es giebt wenig außereuropäische Länder", sagt er im Vorwort zu seinem Buche: Das heutige Aegypten, „die eine solche Anziehung auf den Geist, einen solchen Zauber auf die Seele ausüben, wie Aegypten. Wenn die Geschichte den Boden adelt, so gehört das Thal des Nils zu dem urältesten Adel der Länder dieser Welt . . . . Das Interesse, ich kann sagen die Neigung für Aegypten, die in mir zuerst durch die ewigfrischen Schilderungen des alten Halikarnassiers angefacht worden war, hatte mich Jahrzehnte hindurch begleitet und meine Studien, soweit in einem bewegten Leben Zeit dazu blieb, in Anspruch genommen. Eine nicht ganz unbedeutende Reise-Erfahrung hatte mich gelehrt, daß ein Wissen auf diesen Gebieten nicht blos erlernt, sondern auch erlebt sein will . . . . Ich hatte mich darauf eingerichtet, die Reise nach Aegypten im Jahre 1870 zu unternehmen, als sich mir aus Anlaß der Eröffnung des Suezkanals 1869 Gelegenheit bot, sie unter Verhältnissen auszuführen, die für den, der sich ernstlich unterrichten will, sehr vortheilhaft genannt werden dürfen, und die in so günstiger Vereinigung kaum sobald wieder angetroffen werden möchten.

Aus fast allen Staaten des Abendlandes waren die hauptsächlichsten Zweige der Wissenschaft und Kunst, des Staatswesens und Verkehrslebens durch hervorragende Männer vertreten; unsere Gesellschaft bereiste Aegypten bis zur nubischen Grenze, und das bei den Ausflügen in das Land am Tage Gesehene gab des Abends bei unseren Versammlungen an Bord Anlaß zu den für uns Jüngere belehrendsten Erörterungen. Das Schiffsverdeck war unsere Akademie ... und der Symposiarch Lepsius sorgte im Verein mit unserem Senior, Meister Drake, für die richtige Mischung des Geistes und Gemüths. So verlebten wir wochenlang unsere Abende, oft bis spät in die Nacht, namentlich wenn bei der Pracht des Himmels die astronomischen Beobachtungen und Mittheilungen uns länger fesselten."

In der That lassen sich günstigere Vorbedingungen für eine solche Reise kaum denken; die Erinnerung daran zählt für Stephan wohl noch heute zu den schönsten und angenehmsten. Das uralte Wunderland bereisen zu können in Begleitung und unter Führung eines Lepsius, in einer Gesellschaft von Gelehrten aller Disziplinen und Nationen, deren Vielsprachigkeit für den alle Hauptsprachen Europas beherrschenden Stephan kein Hinderniß der Verständigung war, — Das muß für diesen elastischen, jeder Anregung folgenden Geist ein wahrer Hochgenuß gewesen sein.

Und die Bande, die sich um die Theilnehmer an jener Reise geschlungen hatten, waren nicht leichtvergänglicher Natur, wie Dies wohl sonst bei Reisebekanntschaften vorkommt —, sie fesselten die Geistesverwandten für das ganze fernere Leben an einander, wie es z. B. mit Stephan und den beiden von ihm genannten Reisegenossen, Lepsius und Drake, der Fall gewesen ist. Alle ihre Briefe an Stephan tragen den Charakter aufrichtiger Freundschaft für den Menschen und hoher Achtung vor seinem Wissen und Können. So schreibt Lepsius, indem er Stephan zur Doktorwürde beglückwünscht: „Wer hatte in jenen memorablen Tagen besser Gelegenheit, den noch latenten gelehrten Doktor in Ihnen zu erkennen und — lassen Sie es mich hinzufügen — den Mann von Geist und Gemüth, von ernsten Gedanken und reinem Wesen wahrhaft hochschätzen zu lernen, als Ihr heutiger Gratulant.

Qui docuisti tot doctos, doctissime Doctor,
Macte tuo merito, mi Stephane, στεφάνῳ!"

Die Anspielung auf die „Belehrung der Gelehrten" bezieht sich auf eine Episode der Nilreise, wo Stephan mit einer Behauptung in Bezug auf den Stand eines bestimmten Sternes Recht behielt gegenüber einem Astronomen von Fach. Lepsius spielt darauf noch einmal in einem anderen Briefe an: „Sie finden bei mir einige astronomische Fachgenossen — ich denke an die Beleh=rungen, die Sie gelegentlich dem biederen X. unter dem südlichen Himmel zu Theil werden ließen".

Und Franz Drake, der sich stets den „Nil-Vater" und Stephan den „Nil-Sohn" nennt, schreibt einmal in einem seiner reizenden Briefe: „Bei freudigen Ereignissen denke ich immer: Das mußt Du Deinem lieben Nil-Sohn mittheilen — nicht wahr, Sie finden dies doch natürlich?"

Eines anderen kleinen Vorkommnisses von jener Reise möchten wir noch gedenken. Bei einem Ausflug in die Granitsteinbrüche der alten Aegypter bei Affuan wurde von Lepsius und dem um die Aufnahme der antiken Bauten Aegyptens verdienten Baurath Erbkam die Frage aufgeworfen, womit wohl die damaligen Stein=metzen die Löcher in den Granit getrieben haben möchten, in die sie trockene Holzkeile einsetzten, um durch deren Aufquellen bei Anfeuchtung den Stein zu sprengen. Nirgends fanden sich Ueber=bleibsel von Bronze= oder Eisenwerkzeugen. „Da hatte", so erzählt der Berichterstatter der National-Zeitung, „Geheimrath Stephan einen glücklichen Gedanken. Ringsum lagen eine große Anzahl Granitsplitter und diese, meinte er, könnten vielleicht als Meißel gedient haben ... Mit Stephans geologischem Hammer als Schlägel und mit einem Granitsplitter als Meißel begann nun Professor Drake auf einer Granitplatte zu hämmern, und wirklich, nach wenigen Sekunden hatte er durch Zerschmettern der Steintheilchen ein Loch gemacht, das sich zusehends vergrößerte ... Endlich machte Stephan auch noch auf eine große Anzahl faustgroßer, linsen= oder halbkugelförmiger, schwarzgrauer Steine aufmerksam, die in den Steinbrüchen herumlagen und wahrscheinlich als Schlägel gedient hatten."

Das ist so ein kleiner Zug in dem Bilde des Mannes, der beweist, daß er über dem Blick auf das Große und Ganze niemals das Kleine und Einzelne außer Acht läßt, wie denn eine ganze Reihe mechanischer Verbesserungen im Bereich seines Ressorts theils

von ihm persönlich angegeben worden sind, u. A. auch eine Sicher=
heitsvorrichtung an den Schneidemaschinen der Reichsdruckerei, theils
auf seine Anregung zurückgeführt werden müssen.

Daß ein Geist, wie dieser, die Bedeutung des Suezkanals für
den Weltverkehr zu erforschen suchte und sich hierüber bald eine
eigene Meinung bilden mußte, war zu erwarten. Stephan hat
das Ergebniß seiner Studien über diesen Gegenstand in einer Ab=
handlung: „Der Suezkanal und seine Zukunft" niedergelegt, die
er Anfang 1870 in der Zeitschrift „Unsere Zeit" erscheinen ließ.
In der historischen Manier, die allen seinen Werken eigen ist, setzt
er zunächst dem Leser die über den Suezkanal bestehenden An=
sichten auseinander: die eine erklärte ihn für ein Aktienschwindel=
unternehmen, eine andere hielt ihn für eine Utopie, eine dritte
war ihm aus Sonderinteresse heraus ungünstig, eine vierte zeigte
sich ihm abhold, weil das Unternehmen neu und groß war. Jeden=
falls aber hatte der Plan das Interesse der Gebildeten aller Völker
erregt und die befürchteten Schwierigkeiten waren damals meist schon
überwunden. Weiter giebt Stephan das Wissenswertheste aus der
Geschichte der Landenge und der Pläne zu ihrer Durchstechung von
alter Zeit her, und schildert dann den Plan Lesseps' und seine Aus=
führung, sowie die zur Eröffnung stattgehabte Feier. In weiteren
Abschnitten unterzieht er den damaligen Zustand des Kanals, die
Verkehrsverhältnisse, die Finanzlage und die politischen Gesichts=
punkte der Besprechung, die für die Zukunft des Unternehmens in
Frage kommen mußten. Gerade in Bezug auf die Zukunft des
Kanals hat er Ansichten entwickelt, die sich im weiteren Verlauf der
Dinge als richtig erwiesen haben. Daß nicht der Kanal nach der
Schifffahrt, sondern die Schifffahrt sich nach dem Kanal werde
richten müssen, daß ihm der internationale Charakter erhalten
bleiben müsse, wenn er seinen Zwecken entsprechen sollte, waren
damals noch strittige Fragen —, heute können sie als im Sinne
der Stephanschen Ausführungen entschieden gelten, deren Schluß=
worte wir folgen lassen:

„Wir dürfen bei dem heutigen Ideenstande vertrauen, daß
der internationale universelle Charakter diesem Werke des 19. Jahr=

hunderts erhalten bleiben wird. Die Phönizier hätten den Kanal allein für ihre Handelsinteressen in listiger Weise ausgebeutet; unter den Persern würde er hauptsächlich zum Transport der Tribute aus den Provinzen, der Bedürfnisse für den Hof und allenfalls zu öffentlichen Aufzügen gebraucht worden sein. Die Römer, in ihrer besseren Zeit, hätten zwar den Verkehr möglichst frei gelassen und befördert, aber doch vor Allem die politische Herrschaft über den Kanal zu erlangen gestrebt und ihn gehörig befestigt; in ihrer schlimmen, der späteren Kaiserzeit, hätten sie ihn mit Zöllen erstickt oder vielleicht kostbare Seefische darin gezogen. Im Mittelalter hätte man Klöster und Raubburgen an seine Ufer gebaut, bis der Türke gekommen wäre, der ihn hätte verfallen lassen. Das 19. Jahrhundert wird ihn in eine Verfassung setzen, die seine freie und friedliche Benutzung den Völkern aller Zonen und Zeiten gewährt."

Aber diese Aufsätze waren nur Vorläufer weiterer Arbeiten, die ebenfalls durch diese Reise und die Beschäftigung mit diesem Gegenstand veranlaßt waren. Ihm sind ja seine Reisen nicht nur ein Mittel zur Kräftigung, sondern wesentlich ein Bildungs-Element gewesen; denn auf ihnen ist er mit allen Völkern Europas in unmittelbaren Verkehr getreten und „hat ihren Sinn erkannt", hier ist er den Spuren der Natur gefolgt und hat ihr die Geheimnisse abgelauscht.

Zunächst erschien im April 1870, ebenfalls in „Unsere Zeit", ein Aufsatz: „Die Weltverkehrsstraßen zur Verbindung des Atlantischen und des Stillen Ozeans". Ausgehend von den Reisen des Columbus, der stets bei der Ansicht geblieben ist, er habe gefunden, was er gesucht, nämlich die Ostküste von Asien, und dessen vierte Reise vorzugsweise der Auffindung einer Meerenge zur Durchfahrt nach Ostindien galt, giebt Stephan einen Ueberblick über die dem gleichen Ziele gewidmeten Bemühungen anderer Seefahrer und über die Bestrebungen, die nach richtiger Erkenntniß der Sachlage von den betheiligten Nationen ausgingen, um künstlich eine Verbindung der beiden Ozeane herzustellen. Danach haben schon Cortez und seine Zeitgenossen dieselben drei Uebergangslinien über die mittelamerikanische Landenge angegeben, die auch heute noch, auf Grund einer ansehnlichen Reihe umfassender Messungen und Forschungen, als die geeignetsten angesehen werden müssen: die Landenge von Tehuantepec von Cortez, die Route von Nicaragua von Davila, dem Entdecker der Fonseca=Bai, und der Isthmus von Panama von Franz Pizarro. Später wurde die spanische Regie= rung noch auf den Weg über Honduras aufmerksam und beschäftigte sich ernstlich mit dem Plane, dort einen Kanal anzulegen; doch scheiterten ihre Absichten zunächst am Widerspruch der Geistlichkeit gegen solche weltverbessernde Maßnahmen und später daran, daß Spanien in Europa zu sehr beschäftigt war. Im Laufe der Zeit wurde diesen Projekten von den verschiedensten Seiten wiederholt näher getreten, doch ohne einen greifbaren Erfolg, bis 1848 durch die Entdeckung des californischen Goldreichthums die Bestrebungen, über den Isthmus eine Völkerstraße zu schaffen, neu belebt wurden: Schifffahrtkanal, Heerstraße, Eisenbahn kamen dabei in Betracht.

Stephan unterzieht nun die verschiedenen Wege und Beför= derungsmittel einer eingehenden Besprechung und behandelt zuerst die Wege über Panama. Hier scheint die Natur selbst durch die große Bodensenkung auf die Herstellung eines Kanals hingewiesen zu haben, doch kam ein solcher nicht zu Stande (nämlich bis 1870), dagegen in der Zeit von 1850 bis 1855 eine Eisenbahn von As= pinwall oder Colon nach Panama. Das Unternehmen machte bei sehr hohen Beförderungspreisen gute Geschäfte, besonders wurde die Bahn zur Vermittelung der Post zwischen dem Osten und Westen der nordamerikanischen Freistaaten benutzt. Da die Bahn aber ihr Monopol übermäßig ausnutzte, wurde der Postverkehr auf andere Wege gedrängt und zwar zunächst auf die 1858 eingerich= tete Ueberlandpost von Saint Louis nach San Francisco. An deren Stelle trat, allmählich fortschreitend, die 1869 vollendete Pacificbahn und machte die Vereinigten Staaten völlig unabhängig von dem Vorhandensein und der Beschaffenheit etwaiger Verbin= dungen über den Isthmus. Die Entstehung und Entwicklung der Pacificbahn und ihres Verkehrs werden ebenfalls eingehend ge= schildert.

Im Weiteren giebt Stephan eine lehrreiche Darstellung der örtlichen Verhältnisse auf den übrigen Wegen: über Nicaragua, Honduras, Costa Rica und Guatemala, sowie nach Tehuantepec, und berichtet über den Verlauf der von verschiedenen Seiten aufgewendeten Bemühungen, den Weltverkehr von Ozean zu Ozean auf jeden dieser Wege zu lenken. In der Schlußbetrachtung sagt er sehr richtig: „Eine Eisenbahnverbindung über den Isthmus von Zentralamerika, und sei sie in der Anlage noch so gut überlegt, in den Wirkungen noch so vortheilhaft, wird gleichwohl nie als durchgreifende Lösung des Problems angesehen werden können. Nur ein Schifffahrtkanal, soviel irgend möglich den Eigenschaften eines freien Bosporus sich nähernd, wenngleich diese Eigenschaften bei der Bodengestaltung in Zentralamerika niemals vollständig erreicht werden können, vermag die dem Weltverkehre hier gestellte Aufgabe zu erfüllen." Und weiter bezeichnet er in richtiger Voraussicht des Kommenden die drei Weltverkehrsstraßen: Suezkanal, Pacificbahn und mittelamerikanischen Kanal als die Laufgräben zur allmählich fortschreitenden friedlichen Eroberung der Festungen der heidnischen und der mohammedanischen Weltanschauung.

Aber dieser unermüdliche Arbeiter hatte die Zeit gefunden, neben allen dienstlichen Geschäften und der Fertigstellung der vorher erwähnten größeren Aufsätze noch ein weit bedeutenderes Werk soweit vorzubereiten, daß er nur die letzte Hand anzulegen brauchte, um es zur Ausgabe fertig zu machen. Im Herbst und Winter 1869/70 hatte er zum Theil während, zum Theil unmittelbar nach seiner Reise in Aegypten das reiche Material, das ihm dort theils aus eigener Anschauung, theils aus befreundeter Hand über das Pharaonenland zugeflossen war, zusammengestellt und zu einem Werke verarbeitet, das zwar nach seinen eigenen Worten nur einen Abriß von den damaligen Zuständen Aegyptens geben soll, in Wirklichkeit aber weit mehr bietet. Daß das Werk erst 1872 der Oeffentlichkeit übergeben worden ist, erklärt sich aus Stephans wenige Monate nach seiner Rückkehr aus Aegypten erfolgten Ernennung zum Chef der Bundespost und durch den bald darauf erfolgten Ausbruch des Krieges. Wir besprechen es am besten hier im Anschluß an die übrigen Arbeiten, die auf seine aus gleichem Anlaß hervorgegangenen Studien zurückzuführen sind.

Stephan giebt in einem ersten Abschnitt gründlichen Aufschluß über Land und Volk, belehrt den Leser zunächst über die Wiedergabe und Aussprache arabischer Laute, über die Ausdehnung des Gesammtgebietes und des Kulturlandes, der Wüste und der Seen, sowie über die Größe und Natur des Nils, den die Aegypter den Vater des Segens nennen. Die Verschiedenheit seines Wasserstandes und der Einfluß dieser Erscheinung auf die ganze Entwickelung des Landes wird eingehend besprochen, der Begriff und Charakter des Nilthales erläutert, die Oasen und ihre Bedeutung für das Land und den Handelsverkehr werden geschildert. Dann bespricht Stephan die geologische und klimatische Beschaffenheit des Landes und schildert mit der Begeisterung Dessen, der unter den günstigsten Verhältnissen dort gereist ist, die eigenthümliche Physiognomie der ägyptischen Landschaft. Wir können uns nicht versagen, eine Stelle aus dieser Schilderung, die von klassischer Schönheit der Sprache ist, hier wiederzugeben.

„Welche Palette, und wäre es die eines Tizian, vermöchte das Gesättigte der Farben und die Abstufungen der Töne wiederzugeben, in denen die großen Pyramiden von Gizeh oder die Kuppen und Klippenreihen der arabischen und libyschen Gebirgskette, oder die Höhen von Theben vom Nil aus gesehen zu den verschiedenen Tageszeiten in Violett, Orange und Purpur erglühen, oder in hellgelbem, leichtgrau abgetöntem Lichte strahlen. Die flammengelbe Glut des Sonnenuntergangs verwandelt das tiefe Blau des Himmels in ein lichtes Meergrün; sie zittert durch die vom leichten Winde durchsichtig gemachten graziösen Kronen der Palmen, deren Formeneindruck die wunderbar klare Luft erhöht; sie vergoldet die schlank ragenden Minarets der Städte, die vom Abendhauch geschwellten dreieckigen Segel der Nilbarken, die weißen Kuppeln der einsamen Scheichgräber, in deren Nähe fromme Mohammedaner betend die Stirn an die Erde neigen; und sie gießt einen verjüngenden Lebenshauch über die Sandsteinwände, die Säulen, Pylone und Bildwerke der vieltausendjährigen Tempelruinen aus. Der schönste Ton in dieser Farbensymphonie ist das Violett; es spricht am meisten zur Seele gleich dem Klange des Cellos im Orchester. Das Violett wird von einer leisen grauen Abtönung begleitet, die an das Lavendelgrau erinnert, das Brücke im Sonnenspektrum neben dem Violett nachgewiesen hat. Die Sonne sinkt — zu schnell für die Stimmung, in die die Wunder ihres Lichtes die menschliche Seele versetzen; deutlich zirkelt sich der runde Erdschatten am östlichen Horizonte ab. Der Himmel besäet sich zauberhaft schnell mit funkelnden Sternen.

Der fast blendende Mond steigt so hoch, daß er beinahe über dem Scheitel zu stehen scheint; er erzeugt, gleichwie die meisten der größeren Sterne breite, schimmernde Gold- und Silberreflexe in dem glatten Spiegel des feierlich fließenden Stromes. Kräuselt diesen ein Lufthauch, so tanzen tausende von lichten Elfen in den sanften Wellen. Der große Bär und der Polarstern stehen für uns Söhne des Nordens auffallend niedrig über dem Horizont. Wir erblicken, südwestlich vom Sirius, der wie ein seelenvolles blaues Auge strahlende Blicke herabsendet, zum ersten Mal in unserem Leben den wunderbar schönen Stern Kanopus vom Ruder der Argo. Beteigeuze und Aldebaran funkeln purpurn. Venus und Jupiter erscheinen wie kleine Mondscheiben: es kam mir fast vor, als sähe ich mit bloßem Auge, daß die Venusscheibe nicht voll war; gleichwie wir die Jupitermonde schon ganz gut mit einem gewöhnlichen Fernrohr sahen. Herrlich schimmerten die Farbenspektren beider Planeten, sowie auch die der Vega, des Sirius und des Mondes, die ein verehrter Freund uns durch das Spektroskop zu zeigen die Güte hatte. Die bei uns so sanft leuchtende Milchstraße funkelt wie Myriaden Diamantfacetten, und prächtige Meteore durcheilen gleich Feuergeistern den Himmelsraum."

Den Schluß dieses Abschnitts bilden Angaben über Zahl, Herkunft, Beschäftigungen und Gesundheitszustand der Bevölkerung, wobei Stephan in außerordentlich anregender Weise immer zurückgreift auf ältere und älteste Schriftsteller, besonders seinen Liebling Herodot.

Einen zweiten Abschnitt widmet er dem Ackerbau und der Agrarverfassung. Aegypten ist von Alters her auf den Ackerbau in erster Linie angewiesen; sein Getreidereichthum war im Alterthum sprüchwörtlich. Es konnte bei sieben bis acht Millionen Einwohnern Getreide ausführen und würde Dies auch jetzt bei einer Bewohnerzahl von fünf Millionen können, wenn die Landwirthschaft vervollkommnet, die Agrarverfassung umgestaltet und die Ausfuhr geregelt würde. Stephan giebt über die Bodenerzeugnisse umfassende Auskunft, wobei er vielfach aus nur ihm zugänglichen Quellen schöpfen kann, und bietet dann eine anschauliche Darstellung des Landbaues, wie der Viehzucht unter Berücksichtigung von Bewässerung, Düngung, Ackergeräth, Wirthschaftsmethode und Fruchtfolge, Auswahl und Schutz der Kulturpflanzen, Behandlung des Samens, Art und Unterbringung der Ernte. Auch Vorschläge zu Verbesserungen finden wir vorgetragen und begründet.

Der dritte Abschnitt handelt von der Regierung und Verwaltung. Im Eingang wird der früheren Thronfolgeordnung gedacht, deren Aenderung in dem Sinne, daß das Seniorat in ein Majorat umgewandelt wurde, dem damaligen Khedive Jsmaïl-Pascha, freilich unter Aufwendung riesiger Summen, wenige Jahre vor Stephans Reise geglückt war. Dem reformfreundlichen Wirken dieses Herrschers läßt Stephan alle Anerkennung widerfahren und giebt dankenswerthe Aufschlüsse über die ägyptischen Verwaltungsgrundsätze und Organe. Von besonderem Interesse sind seine Mittheilungen über die Maßregeln, die von der Regierung zur Erhaltung, Sammlung und Aufstellung der Alterthümer getroffen sind, und über den Antheil der verschiedenen Nationen an deren Erforschung; die Verdienste der preußischen Expedition von 1843 bis 1845 unter Lepsius, Erbkam u. A., sowie die Dümichens werden gebührend gewürdigt.

Die Mittheilungen Stephans über die ägyptischen Finanzen, im vierten Abschnitt, bringen außerordentlich viel Neues und zum Theil Einzelheiten, bei denen man unwillkürlich an des Verfassers im Vorwort erwähnte „langjährige, freundschaftliche Beziehungen in Alexandrien" denken muß.

Ungemein anziehend ist der fünfte Abschnitt, Kultus und Justiz, geschrieben. „Schon die Ueberschrift dieses Abschnittes", heißt es da, „mit ihrer eigenthümlichen Zusammenstellung öffnet uns, wie der in den orientalischen Märchen vorkommende Schlüssel mit doppeltem Bart, den Schrein zu den sibyllinischen Büchern des mohammedanischen Staatsprinzips. Die straffe Zusammenfassung von weltlicher und geistlicher Herrschaft, von Macht und Idee, bildete die Stärke und die Schwäche des Islam: die Stärke im Erobern, Erzeugen und Ausbreiten; die Schwäche im Behaupten, Erziehen und Bilden".

In einem fein ausgearbeiteten Vergleich zwischen den Grundsätzen der Bibel und des Koráhn bietet Stephan ein kleines Musterstück der Darstellung. „Die Bibel sagt: Ihr seid zur Freiheit berufen! und spricht damit die edelste Auffassung des Verhältnisses des Menschen zu Gott aus. Der Koráhn sagt: Allah hat im Voraus unbedingt über Euch verfügt; er verlangt von Euch den Islam, d. i. die unbedingte Ergebung in seinen von vornherein feststehenden Willen." Der Prophet des Islam war nicht nur geistliches Oberhaupt, sondern auch weltlicher Regent der Gläubigen, und legte deshalb im Koráhn eine Menge Vorschriften des äußeren Rechts nieder. So ist es gekommen, daß auch bei den Aegyptern der Stand der Theologen die Priester und Lehrer, die Richter und die Rechtsgelehrten zugleich umfaßt. Stephan begründet es dann mit dem Wesen des Islam, daß er sich nicht von innen heraus regeneriren könne, und schildert demgegenüber den vom Abendland ausgehenden Einfluß, zwar nicht auf die Religion und ihre Verfassung als solche, aber doch auf ihre Aeußerungen im öffentlichen Leben, soweit sie in der Rechtspflege, sowie im Bildungs- und Unterrichtswesen hervortreten. Und dieser Einfluß ist gerade in Aegypten nicht zu unterschätzen, wenn auch der gebildete Moslem die verderblichen Früchte christlicher Uebercivilisation gegen die Vorzüge des Orients: Autorität und Naivetät, wohl abzuwägen versteht. „Wo liegt die Lösung?" so schließt Stephan den Abschnitt, „kann ein Kompromiß sie gewähren? Welche Formen müßten Glaube und Sitte dafür annehmen? Und wo ist der Reformator, der Prophet? Herrlich könnten die Früchte sein. Und die Hoffnung ist doch wohl nicht aufzugeben.

Gottes ist der Orient!
Gottes ist der Occident!"

Der sechste Abschnitt bringt viel Belehrendes über Handel, Verkehr und Industrie. Er schildert die Handels= und Verkehrs= beziehungen des Landes zu den ältesten Völkern bis zum Ein= dringen der Anhänger des Islam, ferner Entstehung und Verlauf der großen Pilgerkarawanen nach Mekka, die nach Stephans An= sicht früher, vor der Ausbreitung geregelter Verkehrszustände, weit mehr Bedeutung für den Handel besaßen als jetzt. Aehnlich ein= gehend wird der Schifffahrt, ihrer Entstehung und Entwicklung gedacht. Ebenso geschieht des Eisenbahn=, Post= und Telegraphen= wesens gebührende Erwähnung. — Für eine Gewerbthätigkeit im großen Stile fehlen dem Lande alle Vorbedingungen: Kohlen, Wassergefälle und ein zur Fabrikbeschäftigung geneigter und geeig= neter Arbeiterstand. Stephan hält es daher für richtig, neben der Hebung von Ackerbau, Handel und Schifffahrt die Industrie nur soweit zu pflegen, als sie mit der Landwirthschaft eng zusammen= hängt. Der Bergbau ist gleich Null. Die Verfahrungsarten im Kleingewerbe sind zum Theil noch höchst alterthümlich. „Wenn Aegypten", so schließt dieser Abschnitt, „niemals ein Industrieland, nach unserem Begriffe, werden kann, so besitzt es dafür in seinem Ackerbau, im Handel und in der Schifffahrt unerschöpfliche Quellen des Reichthums, wenn sie mit Umsicht erschlossen und mit Sorg= falt gepflegt werden... Aber dazu bedarf es des Geistes, der Arbeit und der Moral, ohne welche Trias nichts Dauerndes im Menschenbereich geschaffen wird."

Der letzte Abschnitt bringt Ausführliches über den Suezkanal, seine Vorgeschichte, Ausführung und Zukunft, was sich meist mit dem Inhalt der schon besprochenen Aufsätze deckt; es wird daher hier nicht näher darauf einzugehen sein.

Das Werk fand bei seinem Erscheinen allseitigen ungetheilten Beifall und besitzt in vielen Beziehungen bleibenden Werth. „Welche Seite wir auch aufschlagen", sagt ein Kritiker, „überall dokumentirt sich der Verfasser als ein Mann von vielseitigstem Wissen und großer Belesenheit, der zugleich mit umfassenden Sprach=kenntnissen — auch der Kenntniß des Arabischen — sowie mit scharfer Beobachtungsgabe ausgerüstet, ganz dazu geeignet erscheint, in den Geist und Charakter eines fremden Volkes und Landes einzudringen. Dazu warme Empfänglichkeit für Naturschönheiten, ein anziehendes Erzählertalent, all diese Eigenschaften tragen dazu bei, das Werk zu dem bedeutenden zu machen, das sich an die dem Verfasser zu verdankenden, bekannten trefflichen Leistungen auf dem Gebiete der Wissenschaft, wie des Verkehrs und der Ver=waltung würdig anreiht."

Was für Stephan aber höheren Werth besaß, als selbst die günstigsten Besprechungen seines Werkes, das waren die freund=schaftlichen Beziehungen zu den bedeutendsten Vertretern der Aegyptologie, die sich für ihn aus seinem Eintritt in die Zahl der Verehrer und Pfleger dieser Wissenschaft ergaben. Dümichen, Lepsius' ausgezeichneter Schüler, trat mit ihm in lebhaften persön=lichen und brieflichen Verkehr; die Glückwünsche, die er Stephan regelmäßig „in seiner zweiten Muttersprache", wie er selbst sagt, in Hieroglyphen darbringt, sind wahre Perlen altägyptischer Rede=weise, die wir lebhaft bedauern, nicht in der Urschrift wiedergeben zu können. „An der Feier, dieser schönen des Jahresanfanges:" lautet der eine, „Jahre des Lebens noch viele in Gesundheit und Kraft, Dein Geist immerdar in jugendlicher Frische, gleichwie sproßt das Feld zur Zeit, die kommt nach den überfluthenden Wassern des Nils, Deine Knochen von Erz, Dein Arm wie ein Ast, der in den Himmel reicht, und Alles, was des Menschen Herz erfreut, auf Dein Haupt heute und immerdar!"

Georg Ebers, der ebenso bedeutende Forscher, als beliebte Schilderer altägyptischen Lebens für das deutsche Haus, widmete ihm seinen „Cicerone durch das alte und neue Aegypten", den auf Stephans Anregung besonders herausgegebenen Text zu seinem Prachtwerk „Aegypten in Wort und Bild" und hat über mehr als eins seiner Werke mit dem von ihm als Schriftsteller und Mensch gleich hochgeschätzten Mann korrespondirt.

Gerhard Rohlfs übersandte ihm nach der Rückkehr von einer Reise in Libyen 1876 eine Anzahl photographische Aufnahmen, die dort gemacht worden waren, und Stephan dankt ihm dafür in einem längeren Schreiben, das besonders bemerkenswerth ist wegen der darin geäußerten Ansichten über die Macht des Verkehrs auch in kolonisatorischer Beziehung: „Der wirksamste Missionär ist der Verkehr: und wenn wir dort den ersten Postkurs, die erste Telegraphenlinie haben werden — dann werden wir den Weckeruf der Kultur vernehmen, aber nicht eher."

Daß Stephan auch auf dem von Jugend auf mit großer Vorliebe von ihm gepflegten Felde der Geologie selbständige Beobachtungen und Forschungen gemacht hat, deren Bedeutung von Fachgelehrten anerkannt wird, beweist sein Briefwechsel mit berühmten Vertretern dieser Wissenschaft über einzelne auf Aegypten und Afrika bezügliche Fragen, z. B. über die Ursachen der Thermalquellen in den Oasen der libyschen Wüste und über das Vorhandengewesensein eines Diluvialmeeres im Becken der Sahara.

Mit dem Aufrücken Stephans an die Spitze des norddeutschen Postwesens war seine schriftstellerische Thätigkeit, wie er sie bis dahin entwickelt hatte, im Großen und Ganzen abgeschlossen. Nur noch einmal ist er als Schriftsteller hervorgetreten: 1874 mit seinem im Berliner wissenschaftlichen Verein gehaltenen Vortrage „Weltpost und Luftschifffahrt", der dann im Buchhandel erschienen ist. Mit Recht konnte Stephan im Eingang dieses Vortrags sagen, wenn eine Verkehrsanstalt besprochen werde, so habe jeder Bürger unseres Jahrhunderts den Eindruck: hier wird deine Sache behandelt! Von der Post gelte noch heute Börnes Ausspruch, daß sie die öffentlichste aller Staatsangelegenheiten sei. Nach Mittheilung einer Reihe von Einzelheiten über den Post- und Telegraphenverkehr des Deutschen Reichs und seiner Hauptstadt wird der großartigen Leistungen der Feldpost 1870/71 gedacht: „wenn die Armee zum Vaterlande durch das weltgeschichtliche Echo ihrer Siege sprach, so sprach der einzelne Krieger mit den Seinen in der Heimat, und diese mit ihm, durch die Stimme der Feldpost". Wie großer Werth der Pünktlichkeit des Verkehrs beiwohne, ersehe man erst, wenn diese aus irgend einem Grund nachlasse; dann regne es Beschwerden, die nicht immer im Tone christlicher Langmuth abgefaßt seien, obgleich in gar vielen Fällen die Post gar keine Schuld trage. Uebrigens, „wo ein Meer wogt, verspritzen Tropfen". Die Größe dieses Meeres wird durch Angaben über den Postverkehr der ganzen Erde und dessen Dichtigkeit in den einzelnen Kulturländern veranschaulicht; Mittheilungen über die Bewältigung der Briefmassen und die Mittel und Wege ihrer Beförderung schließen sich an. „So bewegt sich der Verkehr, einem Sturmwinde gleich, um die ganze Erde. Auch Nachts nicht ruhend, wie jener den Erdball umkreisende Genius des Märchens, ist er der fast überall freudig begrüßte Völkerbote." Bleibt auch der Mensch selbst an die Scholle gefesselt, so kann er doch durch das geschriebene Wort eine Fernwirkung überallhin erzeugen: auch bei diesem, anscheinend so materiellen Gegenstand zeigt sich das Wirken der ideellen Mächte!

Der Vortrag wendet sich dann zur Geschichte der ursprünglichsten Verkehrsmittel: Wagen und Pferd, und weist nach, daß diese Worte und ihre Uebersetzungen in allen Mundarten des indogermanischen Sprachstammes von gemeinsamen Wurzeln abstammen, was ebenso bei den Benennungen zahlreicher Einzeltheile des Wagens der Fall ist. Das Institut, das den regelmäßigen Gebrauch der Wagen zum Reisen einführte, war die Post; freilich sei die Zeit der Romantik des Reisens durch die Eisenbahnen abgeschlossen worden. Mit ihrer Erfindung habe der Individualismus des Reisens und damit ein schätzbares Stück Freiheit aufgehört. Es frage sich nun, ob die Schattenseiten der heutigen Fortbewegungsform sich nicht vermeiden lassen, ohne daß ihren Lichtseiten Eintrag geschehe. In mancher Hinsicht geschehe dies schon beim Dampfschiff; aber es gebe nicht überall schiffbares Wasser. Hingegen habe die Vorsehung den ganzen Erdball überall mit schiffbarer Luft umgeben.

„Seit den ältesten Zeiten finden sich Spuren davon, daß der menschliche Geist — wenigstens die Phantasie — sich mit der Fortbewegung des Körpers in der Luft beschäftigte." Leider aber befänden wir uns mit unseren Bemühungen, einen lenkbaren Luftball herzustellen, noch im Stadium der Vorermittelungen. Immerhin werde die Frage neuerdings von so vielen berufenen Kräften studirt, daß man zuversichtlich annehmen dürfe, auch dies Problem werde, wie so manches andere, vordem als Chimäre verspottete, dereinst eine befriedigende Lösung erfahren. Stephan schließt seinen Vortrag: „Jenes Gefühl, von dem der Dichter singt:

> Doch ist es Jedem eingeboren,
> Daß er hinauf und immer vorwärts dringt,
> Wenn über uns, im blauen Raum verloren,
> Ihr schmetternd Lied die Lerche singt!

wird nicht immer ein unerfülltes Sehnen der Menschheit bleiben. Unsere Kinder werden seine schöne Verwirklichung erleben und seiner Früchte sich zur Vervollkommnung ihres Daseins erfreuen!"

Es ist ja unmöglich, von dem Ideenreichthum und der Thatsachenfülle dieses Vortrages, der selbst eine Art von Quintessenz aus den reichen Studien und Erfahrungen Stephans ist, durch einen nothwendigerweise kurzen Auszug dem Leser eine Vorstellung zu geben. Immerhin dürften die vorstehenden Andeutungen genügen, um den außerordentlichen Beifall begreiflich erscheinen zu lassen, mit dem der Vortrag von den Zuhörern, und seine Veröffentlichung in den weitesten Kreisen begrüßt wurde. Kaiserin Augusta dankte Stephan in einem Handschreiben: „Für das Mir übersandte Exemplar Ihres Vortrags über Weltpost und Luftschifffahrt, den Ich mit Interesse gehört habe, spreche Ich Ihnen Meine wiederholte Anerkennung und Meinen Dank aus. Berlin, den 10. Februar 1874. Augusta."

Höchst anziehend sind die Zeilen, mit denen ihm Georg Ebers dankt: „Da haben Sie mir mit Ihrem schönen Vortrage eine rechte Freude gemacht und wieder recht gezeigt, wie eine große Intelligenz, an die Spitze einer bedeutenden Schöpfung gestellt, nicht nur diese selbst umzuwandeln versteht, sondern vielmehr auch das Schwierige zu Stande bringt, das Vorstellungsbild von dieser großen Schöpfung im Bewußtsein der Mitlebenden vollkommen umzuwandeln. Was anders war uns vor Ihnen die Post, als ein nützliches Institut mit orangegelben Kragen, kanariengelben Wagen, mehr oder minder groben Abnehmern und immer willkommenen Zuträgern der Briefe. Wär' ich nicht Professor, ich möchte Brief= träger sein, denn ich glaube, es giebt wenige so allgemein will= kommene Menschen wie sie. Im Ganzen mit Recht; aber bergen ihre Gaben nicht auch Schreckliches? Gewiß! Aber ein Brief bleibt immer eine Art von Geschenk und wir freuen uns immer über Blumen, wenn uns auch einmal, da wir eine Rose brechen, ein Dorn oder eine Biene in den Finger stach.

Sie haben es zu Stande gebracht, daß uns die Post wie ein schön beseelter sympathischer Körper vorkommt, dessen Organismus wir bewundern, auf den wir stolz sind und auf dessen Leiter es uns, wenn wir ihn auch nicht persönlich kennen, einmal beim Glase Wein einfallen kann, ein Hoch! auszubringen. Diese Empfindungen haben Sie durch Ihren schönen Vortrag nicht wenig gesteigert und ich sage Ihnen nochmals meinen herzlichsten Dank."

Aus den sonstigen zahlreichen Schreiben nur zwei Stellen: „Ich bin ganz erfüllt von Ihrem Vortrag! Was unsre Rasse nun einmal in ihren besten Exemplaren nicht verleugnen kann, das tiefe und umfassende Bescheidwissen, das nimmt der Deutsche so hin, als könnte es nicht wohl anders sein; dieser echteste Vor= zug mag Fremden Bewunderung abnöthigen. Mich entzückt an Ihrem Vortrag die Grazie der Mittheilung; die ist daran wahr= haft bezaubernd." — „Wie habe ich Sie beneidet", schreibt ein Anderer, „um Ihr universelles Wissen, Ihre frische, heitere und doch so instruktive Darstellungsweise und das Talent, bei einem Weltberuf doch noch soviel Zeit zu gewinnen, um solche Bücher zu schreiben."

Aber nein, diesem mit einer außerordentlichen Arbeitskraft aus= gerüsteten Menschen war eine solche Bethätigung, wie wir sie in seinen außerdienstlichen Schriften vor uns haben, nicht Anstrengung, sondern vielmehr Erholung, wie er Dies ja schon als Jüngling an seinen Vater geschrieben hatte. Selbst wenn er zur Stärkung seiner Gesundheit sich nach einem stillen Winkel zurückzog, ließ ihm bis in seine reiferen Jahre der Thätigkeitsdrang keine Ruhe. So vollendete er 1871 in der Stille des Landaufenthaltes sein Buch über Aegypten; so verfaßte er im Juli 1875 während eines Aufenthaltes in Misdroy eine Skizze der dortigen Flora, die — wir müssen sagen — leider — nicht veröffentlicht worden ist. Denn sie ist ein kleines Kabinetstück in ihrer Art und würde sicher vielen Freunden der Natur und einer ebenso anmuthigen wie gedankenreichen Darstellung Freude und Genuß bereitet haben. Wir möchten wenigstens eine Stichprobe geben. „Einen harten Kampf hat es den Kiefern, Buchen und Eichen, die die Hügel Misdroys krönen, gekostet, sich hier zu entwickeln und zu behaupten. Da die See gen Norden liegt, so blasen die Seewinde zugleich aus den berüchtigtsten Strichen der Windrose. Ein Nizza, ein Amalfi haben zum Uebermaß des Guten auch das Meer noch im Süden. Unsere Breiten sind für solche Weichlichkeiten nicht gemacht. Schon die zarte Jugend der hiesigen Waldwesen war sturmumtobt: man sieht es ihren knorrigen, kantigen, grotesk verbogenen Aesten an, man erkennt es an ihren gedrückten Kronen, wie an ihren gedrungenen, meist nur einseitig beästeten Stämmen, welch ein Dasein sie auf diesem ausgesetzten Posten als Vorkämpfer des organischen Lebens in Drangsalen und Widerwärtigkeiten, in Stürmen und Schauern geführt haben. Gekrümmt sind ihre Aeste wie zusammengezogene Glieder eines vom Rheumatismus heimgesuchten Körpers; selbst das Moos mit seiner wärmenden Hülle ist ihren windumsausten, reifbestreuten Stämmen ferngeblieben; viele tragen die tiefen Narben der Blitzschläge, andere sind entwurzelt, gefällt in der tosenden Schlacht der Elemente, und die wogenden Blätter des Edelfarns schmiegen sich an ihre Wurzeln wie der Helmbusch eines hingestreckten Helden. Aber die Mehrzahl hat, kernigem Geschlecht entsprossen, wacker ausgehalten in diesem Kampfe: ihre geschlossenen Glieder halten und festigen die Dünen, schützen die Saaten im Thal gegen den erstarrenden Hauch der Winde und dienen als schirmendes Dach dem ganz behaglichen Dasein einer zahllosen Menge frischlebiger Waldpflanzen, von den graziösen Exemplaren der nordischen Zwergzeder: des Juniperus und der seltsamen

Monotropa (Fichtenspargel) an, bis zu den rosa Blüthenrispen der Erica und dem zarten Schmelze des Waldsterns."

Als Chef des deutschen Post= und Telegraphenwesens hat Stephan reichlich Anlaß und Gelegenheit gehabt, seine schrift= stellerische Begabung dienstlich zur Geltung zu bringen. Von der Ansprache an, die er nach der Uebernahme seiner neuen Stellung an die Beamten seiner Verwaltung richtete und der er beim Ein= tritt Badens in das Reichspostgebiet eine ähnlich warm empfundene und ebenso aufgenommene Ansprache an die badischen Postbeamten folgen ließ, athmen alle seine amtlichen Kundgebungen unverkenn= bar seinen Geist; einfach und schlicht im Stil sind sie von einer nie fehlenden Folgerichtigkeit des Gedankenganges; streng sachlich entsprechen sie in ihrer Form und Fassung stets dem Gegenstand, den sie behandeln; wohlmeinende Warnung, ernster Tadel, warme Herzenstöne stehen ihm gleichmäßig zur Verfügung, — kurz die ganze Persönlichkeit des Mannes spiegelt sich in seinen Erlassen wieder.

Es ist selbstverständlich, daß im Laufe der Jahre sein Bei= spiel noch mehr als seine Belehrungen und Vorschriften bei der Gesammtheit seiner Untergebenen und insbesondere bei seiner nächsten Umgebung gewirkt hat. So machen jetzt die innerhalb der Post= und Telegraphenverwaltung gebrauchten Dienstanwei= sungen und sonstigen dienstlichen Hülfsmittel, nachdem sie unter Stephans Leitung mehrfach umgearbeitet worden sind, durchaus den Eindruck, aus einem Guß entstanden zu sein. Die von ihm zuerst an den Kaiser erstatteten Verwaltungsberichte sind Muster stofflicher Vollständigkeit und gedrängter, edler Sprache. Die von ihm veranlaßten Veröffentlichungen der obersten Postbehörde sind jederzeit der Theilnahme und dem Beifall der Allgemeinheit begegnet.

Besondere Erwähnung verdienen die Bestrebungen Stephans, durch die er eine große Zahl von Fremdwörtern aus dem postali= schen Wortschatz ausmerzte und durch deutsche Bezeichnungen er= setzte. Dem großen Publikum kam freilich bei der Einführung der Verdeutschungen erst zum Bewußtsein, daß man vielen fremden

Eindringlingen Heimatrecht gewährt hatte; man hatte solange „abonnirt, rekommandirt, couvertirt" u. s. w., daß man sich anfangs wohl gar ein wenig sträubte, den altgewohnten Ausdrücken die Thür zu weisen, aber nicht lange. Stephan schreibt selbst über den Erfolg seiner Maßregel an Daniel Sanders: „Es wird für Sie als einen der unermüdlichsten Vorkämpfer auf diesem Gebiet vielleicht von Interesse sein, zu erfahren, daß mir nicht allein aus vielen Gegenden Deutschlands, sondern auch aus England, Amerika und Australien, wohin der weitreichende Postverkehr die deutschen Ausdrücke getragen, viel beistimmende Schreiben zugegangen sind. Was in den Versuchen unvollkommen ist, kann man getrost dem bessernden Einfluß des Volksgeistes überlassen, der sich auch in der Gestaltung unserer schönen Sprache immer, wo es darauf ankam, so kräftig und lebendig erwiesen hat."

Geradezu unzählig waren die Schreiben, die Stephan aus diesem Anlasse erhielt; daß sehr viele der Dankergüsse der Namensunterschrift entbehrten, kann ihren Werth in diesem Falle nur erhöhen: „Ein Bürger Leipzigs für viele sagt für Reinigung der deutschen Sprache von fremden Ausdrücken innigsten Dank" — „Eine Stimme aus dem Volke" versichert, daß der eben so maßvoll als siegreich geführte Feldzug gegen die Fremdwörter die allgemeinste Sympathie gefunden habe — „Dem deutschen General-Post-Direktor des Deutschen Reichs für Beseitigung französischer Bezeichnungen im Postverkehre ein dankbares Hoch! Ein Deutscher" — „Ein deutscher Student in Jena hat ebenso wie seine Kommilitonen die Verdeutschungsbestrebungen mit großer Freude begrüßt" u. a. m.

Vom allgemeinen deutschen Sprachverein wurde Stephan einstimmig zum ersten Ehrenmitglied ernannt und erwiderte auf das Telegramm, worin man ihm dies mittheilte: „An dem schönen Ziele, an der Wiederherstellung der Reinheit unserer herrlichen Muttersprache mitzuwirken, wird mir stets eine Freude sein."

Daß dieser Maßregel auch Gegner erstanden, denen der Gebrauch der Fremdwörter zur lieben Gewohnheit geworden war, oder die gar befürchteten, das Ausland könne uns die Ausmerzung

der Fremdwörter als einen Ausfluß überschäumenden Selbstbe=
wußtseins übelnehmen, läßt Stephans Vorgehen nur um so ver=
dienstlicher erscheinen. Uebrigens sind diese Widersacher von gut
deutschgesinnten Blättern derb abgefertigt worden, z. B. vom Lah=
rer hinkenden Boten, der von ihnen sagt, sie seien über den „Um=
schlag“ und das „postlagernd“ hergefallen, wie hungrige Hunde
über einen Knochen. Als Beispiel dafür, wie wenig selbst Leute,
denen man ein tieferes Eindringen in den Sinn einer solchen
Maßnahme zutrauen sollte, sich Mühe gegeben haben, ihr von
einem höheren Standpunkte aus gerecht zu werden, geben wir
nachstehend einige aus einer 1879 erschienenen Sammlung latei=
nischer Gedichte entnommene Verse, die in Verkennung der
Stephanschen Beweggründe Hervorragendes leisten:

1. In Stephanum.

O Stephane, o Stephane,	Kommt einst, o vielerhabner Mann,
Vir magne et supine!	Mein Buch Dir zu Gesichte,
Ignosce mihi candide	Verzeih' mir dann mit mildem Sinn,
Cum loquor nunc latine.	Wenn ich lateinisch dichte.
Ulixes tu inveniens	O lausch', erfindungsreicher Held,
Exaudi hunc sermonem	Dem Lied, das ich geboren;
Et aurem tene, oro te,	Und halte an Dein Telephon,
In tuum Telephonem.	Ich bitt' — eins Deiner Ohren!
O Stephane, o Stephane,	Und schneide kein zu schief Gesicht,
Interrogo acerba:	Wenn ich Dich frag' bescheiden:
Cur tibi magno odio	Warum, o Stephan, magst Du nicht
Sunt aliena verba?	Die fremden Wörter leiden?
Latine quia scriptae sunt,	Welch Glück, daß Du im alten Rom
Tunc Romae si fuisses,	Nicht warst schon Postverwalter;
Horatii epistolas	Horazens Briefe, weil latein,
Tu nunquam expedisses.	Sie lägen noch im Schalter.

Als verspätete Antwort möchten wir Dem unsererseits Fol=
gendes hinzufügen:

Romanus qui non stilo, sed
„Griffelio“ scripsisset,
Qui vinum non e poculis
Sed e „schoppis“ bibisset,

Latinus qui non litteras
Sed „briefos“ expedisset:
Tam risu dignus ille quam,
Poeta tu, fuisset!

Die deutsche Uebersetzung können wir uns wohl sparen.

Daß Stephans Vorgehen sehr bald auch andere Verwaltungen zu ähnlichen Maßregeln veranlaßte, ist bekannt; ihm ist es in erster Stelle zu danken, daß jetzt auch im Heere, in der Justiz, bei der Eisenbahnverwaltung und anderwärts die fremden durch deutsche Ausdrücke ersetzt worden sind.

Stephan selbst hat dieser Fortschritte in einem Vortrag „Die Fremdwörter“ gedacht, den er am 17. Februar 1877 im wissenschaftlichen Verein zu Berlin gehalten hat. Jeder, der seine Muttersprache liebt, müßte ihn lesen und wird für den Genuß dankbar sein, der ihm daraus erwächst.

Der Vortrag unterscheidet, wie allgemein üblich, Fremdwörter und Lehnwörter. Die Lehnwörter, z. B. Bibel, Pforte u. a. sind völlig in unserer Sprache aufgegangen und daher daseinsberechtigt; die Fremdwörter zerfallen in überflüssige, z. B. charmant, süperb u. dgl., und in ganz oder zeitweise nicht zu entbehrende, wie sie in Kunst, Wissenschaft und Gewerbe vorkommen oder in der Besonderheit ihrer Bedeutung nicht leicht zu ersetzen sind, z. B. Theorie und Praxis. Zu verbannen sind vor Allem die überflüssigen Fremdwörter, die besonders nach dem dreißigjährigen Kriege in unsere Sprache eingedrungen sind. Eine Gegenströmung, die von der Universität Halle aus unter Thomasius kräftig unterstützt wurde, machte sich in der ersten Hälfte des 18. Jahrhunderts geltend, wurde jedoch wieder zurückgestaut durch die französische Weltherrschaft unter Napoleon. Nach den Freiheitskriegen machte sich dann die übertriebene „Teutschthümelei“ geltend, die über das Ziel hinausschoß. Während sich danach das Deutsche allmählich zurückbildete, dringen neuerdings wieder in Folge der Entwickelung auf den technischen Gebieten und des bewegten Reiselebens zahlreiche Fremdwörter in unsere Sprache ein, denen gegenüber wir auf der Hut sein müssen. Besonders das Deutsch der Gasthöfe ist oft alles andere eher als dieses. Auch die Ladeninschriften werden häufig fremden Sprachen entlehnt, um fremde Reisende anzuziehen, während diese, wenn man hiervon allgemein zurückkäme, genöthigt wären, sich mehr mit der Sprache des Landes, das sie besuchen, zu beschäftigen.

Die Fremdwörter zu verbannen ist Sache des ganzen Volkes. Sprachreinigungsvereine und ähnliche Anstalten können nicht allzuviel thun. Wohl aber kann im Staatsleben, im Schulwesen, von den wissenschaftlichen Kreisen an den Hochschulen, von der Presse und vor Allem in der Familie durch die Erziehung viel Nutzen geschaffen werden.

Stephan geht dann die verschiedenen Zweige des öffentlichen Lebens durch und schildert, wie und wodurch da gegen den Geist der Muttersprache gesündigt, aber auch wie stellenweise auf Abhülfe hingewirkt wird. Den Hauptfortschritt gegen früher findet er darin, daß man jetzt in dem Gebrauch von Fremdwörtern nicht mehr ein Zeichen besonderer Bildung oder feiner Erziehung, sondern eher das Gegentheil erblicke. Wegen der neuen Wortbildungen in der deutschen Sprache brauche man nicht ängstlich zu sein — da werde schon der Volksgeist die Spreu von dem Weizen sondern. Politische Beweggründe lägen den Verdeutschungsbestrebungen fern, und es sei natürlich, daß man gegen die französischen Eindringlinge am Schärfsten vorgehe, weil diese meist ebensogut durch deutsche Wörter ersetzt werden könnten, also nicht als berechtigte Lehnwörter, sondern als Ballast unserer Sprache zu betrachten seien. Uebrigens sei eine ganze Anzahl französischer Wörter, die wir gebrauchen, garnicht romanischen Ursprungs, sondern germanischer Wurzel entsprossen und nun verballhornt zu uns zurückgekehrt; für die Franzosen seien sie natürlich völlig in ihre Sprache übergegangen.

Auch gebe es viele Ausdrücke, die bei uns gang und gäbe seien, ohne daß ein Jeder ohne Weiteres sich ihrer Herkunft bewußt sei; sie hätten meist eine Geschichte oder seien von dichterischem Werthe, und es wäre ein Zeichen blinden Uebereifers, wollte man solche Wörter oder Redewendungen verbannen. Es handle sich dabei auch um den unzerstörbaren Bildungstrieb der Sprache, der sich besonders beim Kinde in dem Zurechtmachen der von ihm nicht verstandenen Ausdrücke äußere. Ueberhaupt sei gerade das Kindliche ein Gut der Sprache, weil es auf Einfalt und Natur beruhe, und dies Gut hätten sich die nordischen Sprachen wie das Niederländische, noch besser bewahrt als das Deutsche.

Ueber die Schreibweise der Fremdwörter sagt Stephan, er halte es für richtig, solchen Wörtern solange ihr fremdes Gewand, also ihre ursprüngliche Schreibart zu lassen, als sie nicht in unserer Sprache völlig eingebürgert seien.

Dieser kurz wiedergegebene Gedankengang kann natürlich nicht im Entferntesten eine Vorstellung von dem Vortrag selbst vermitteln, der durch die gewählten Beispiele und sprachwissenschaftlichen Einzelheiten erst die schöne Abrundung und warme Färbung erhält, wie sie allen Stephanschen Vorträgen eigen sind.

Noch einmal, 1889, hat Stephan zu dieser Angelegenheit das Wort ergriffen in einem kürzeren Aufsatz „Sauce?", worin er das Ziel der jetzigen Bewegung klipp und klar hinstellt mit den Worten: „Sprachreinigung — ja! Fremdwörterhetze — nein!" Es handle sich nicht darum, eine Sprache zu bilden, sondern eine vorhandene herzustellen, die entstellt worden sei. Dabei dürfe man aber nicht mit aller Gewalt Fremdwörter, die uns seit langer Zeit geläufig seien, durch ein dessen Begriff genau deckendes Wort unseres heutigen deutschen Sprachvorraths ersetzen wollen. Wo dieser nicht ausreiche, solle man in die Tiefen des Alt= und Mittelhochdeutschen oder auch des Niederdeutschen, sowie der deutschen Mundarten hinabtauchen und könne sicher sein, dort reiche Schätze zur Vermehrung und Verschönerung unserer heutigen Sprache zu finden: Das sei recht eigentlich eine Aufgabe für die deutschen Sprachvereine. Auch die Fachsprachen seien in Betracht zu ziehen, wie z. B. die Schiffer=, Bergmann=, Waidmannsprache, die eine Fülle treffender Ausdrücke für die bildliche Redeweise darbieten.

Wie man dabei vorzugehen habe, thut Stephan dann an dem Beispiel der Verdeutschung des aus salsa entstandenen Wortes „Sauce" dar, wofür wir im Mittelhochdeutschen schon „Salse" gehabt haben, und dessen Ursprung nicht auf das Italienische oder

Lateinische, wie gewöhnlich geschehe, sondern auf das Indogermanische zurückzuführen sei. Wir seien also vollberechtigt, das Wort „Salse" als ein ursprünglich deutsches für unsere Sprache in Anspruch zu nehmen und anstatt des verwelschten „Sauce" zu gebrauchen.

Trotzdem daß Stephan so die Grenzen, innerhalb deren er die Verdeutschungsbestrebungen als berechtigt anerkannte, selbst festgelegt hatte, gab es doch auch Ungenügsame, denen das Erreichte noch zu wenig war; sie hätten anstatt der deutschen Ausdrücke lieber solche gesehen, die im Verkehr der ganzen Welt gleichmäßig gelten, eine Art Verkehrs-Volapük. Daß solche Bestrebungen Stephan auch nicht fremd oder unwillkommen sind, beweist ein Brief an Daniel Sanders, worin er auf den Versuch des Bischofs Wilkins in England zurückkommt, für gewisse Begriffe nicht Wörter, sondern Zeichen zu setzen; die Zeichen für solche allen Völkern gemeinsame Begriffe würden dann im internationalen Verkehr von jedem Volke, einerlei welche Sprache es spreche, verstanden werden, ähnlich wie für die Schifffahrt die Flaggensprache. „Eine allgemeine, internationale Schrift, zunächst für diesen Hausbedarf, kurz und gemeinverständlich, unabhängig von der Sprache, wäre sicher ein großer Gewinn, ein neues Blatt am Oelbaum des Völkerfriedens."

Von dem eigentlichen Volapük hält Stephan nicht viel, wie er denn einmal auf die Zusendung von Abhandlungen über die Schleyersche Weltsprache Folgendes geantwortet hat: „Bei allem Antheil, den ich an der Schaffung eines gemeinsamen Verständigungsmittels der unter den Völkern verschiedener Zungen gerichteten Bestrebungen nehme, kann ich mich doch der Ansicht nicht verschließen, daß der eingeschlagene Weg schwerlich zu dem angestrebten Ziele führen wird". Und zwar deshalb, weil — wie er ein andermal bemerkt hat — Sprachen entstehen, sich aber nicht erfinden, am Allerwenigsten durch gegenseitige Vereinbarung von Regierungen oder Vereinen herstellen lassen.

Im Jahre 1875 erschien das „Poststammbuch", eine Sammlung von Liedern und Gedichten, Aufsätzen und Schilderungen, gewidmet den Angehörigen und Freunden der Post. „Wir dürfen wohl nicht fragen: wer gehört zu ihnen? sondern fragen: wer nicht? Unser Leben können wir uns ja gar nicht mehr denken ohne die Wohlthaten der Post, die wir tagtäglich, meistens unbewußt wie die Lebensluft genießen", schreibt darüber die Jenaische Literaturzeitung. Auch die gekrönten Häupter zählen zu den Freunden der Post, schreibt doch Kaiser Wilhelm I. an Stephan:

„Mit vielem Interesse habe ich an Meinem Geburtstage das Mir von Ihnen mit dem Berichte vom 22. v. M. überreichte Exemplar des „Poststammbuchs" entgegengenommen. Ich kann nicht umhin, der dem Unternehmen zu Grunde liegenden Idee Meinen Beifall zu zollen, und erkenne in der Ausführung mit Vergnügen den poetischen Glanz wieder, den die Post sich bei allen Wandlungen, denen sie im Fortschritt der Jahrhunderte unterworfen gewesen ist, zu bewahren gewußt hat. Empfangen Sie Meinen verbindlichen Dank für die Darreichung des Buches, dem Ich wünsche, daß es verdientermaßen in den weitesten Kreisen Verbreitung finde.

Berlin, den 7. April 1877.

gez. Wilhelm."

„Das Poststammbuch", heißt es im Magazin für die Literatur des Auslandes, „ist der jüngste Versuch, der Post ihren poetischen Ruf zu bewahren. Man wird nicht irren, wenn man das Unternehmen als unter dem Einfluß der obersten Leitung entstanden betrachtet, und es wird darum nur um so bedeutsamer erscheinen müssen. Steht doch an der Spitze der deutschen Post der Mann, in dessen universellem Sinne sich auch der trockenste geschäftliche Stoff mit einem poetischen Element durchsetzt! Man könnte sagen, daß die unterste Staffel des vielgestaltigen Postdienstes mit der obersten wie durch die amtliche, so auch durch eine ideelle, poetische Leitung verbunden ist. Das ist kein Zufall, es liegt im Wesen der Post."

Das Buch bietet unter „Posthornklänge" vieles Schöne, was deutsche Dichter (Goethe, Lenau, Eichendorff) zum Lobe der Post gesungen haben. In der zweiten Abtheilung, die ebenfalls Aussprüche unserer Dichter und der alten Klassiker enthält, er

fahren wir u. A., daß schon Homer die Postkarte gekannt hat.
Lustig zu lesen sind die Spöttereien Lichtenbergs und Börnes über
die Taxisschen Marterkasten. Den Schluß bildet eine arabische
Briefaufschrift aus Stephans „Aegypten".

Die Herausgabe dieses Stammbuchs hat einem klassisch ge=
bildeten Verehrer Stephans den Anlaß zu einem sehr netten Epi=
gramm geboten, das wir in der Urschrift, wie es angeblich auf
einer Papyrusrolle aufgefunden worden ist, und in freier Ueber=
setzung, unter Beibehaltung des Wortspiels auf Stephan oder
Kranz, hier wiedergeben:

$$\text{Εἰς Ἑρμῆν στεφανοφόρον.}$$

$$\text{Ἑρμεία, τίνι δὴ, Διὸς ἄγγελε τερπικεραύνου,}$$
$$\text{ἀνδρὶ χαρισσόμενος τόνδε φέρεις στέφανον;}$$
$$\text{Ἑ. Πῶς κ' ἄλλον στεφανοῖμ' ἢ τὸν στεφάνῳ χθόνα πᾶσαν}$$
$$\text{ζεύξαντα ξυνῆς ἀγγελιηφορίης;}$$
$$\text{ὃς καὶ νῦν στέφανον γραπτῶν μοι πέπλεχεν ἀνθῶν}$$
$$\text{αὐτῷ γὰρ Στεφάνῳ τόνδε φέρω στέφανον.}$$

Auf den kranztragenden Hermes.

Hermes, Bote des Zeus, des blitzeschleudernden, wem wohl
    Bringst du, ihn zu erfreu'n, deinen entzückenden Kranz?
H. Wem könnt' ich bringen den Kranz, als Dem, der jüngst mit dem Kranze
    Seines Weltpostvertrags Länder und Völker umfaßt —
Der auch den Kranz mir flocht aus duftenden Blüthen des Schriftthums:
    Stephan, der selber ein „Kranz", reiche ich freudig den Kranz!

Im Jahre 1878 wurde ein topographisch=statistisches Hand=
buch „Das Reichs=Postgebiet" herausgegeben, das im Reichs=Post=
amt auf Stephans Geheiß zusammengestellt worden war. Statistische
Werke von solchem Umfange herzustellen, die allen Anforderungen
entsprechen, ist bekanntlich eine Aufgabe, an der die bewährtesten
Kräfte scheitern. Auch das bekannteste derartige Werk, das Rittersche,
leidet an manchen Mängeln, die seine Zuverlässigkeit beeinträch=
tigen. Es geht eben über die Kraft eines Einzelnen wie über die
eines ganzen Redaktionsstabes hinaus, alles Wissenswerthe in
knapper Form dem Publikum vorzutragen.

Diese Gebrechen aller topographisch=statistischen Werke hatte
auch die Postverwaltung schon lange empfunden; Stephan war es

vorbehalten, auch diese Schwierigkeit zu gedeihlicher Lösung zu bringen. Er forderte von sämmtlichen Postanstalten die Beantwortung bestimmter Fragen ein über Lage, Bodenbeschaffenheit und Klima jedes Ortes, über Stärke, Eigenartigkeit, Bekenntniß und Erwerbsverhältnisse der Einwohnerschaft u. s. w. Die Antworten, etwa 7000 einzelne Artikel, wurden im Reichs-Postamt gesichtet, geprüft, stilistisch zugerichtet und zusammengestellt — gewiß keine leichte Arbeit. Aber das große Nachschlagewerk wurde fertig gestellt; es besteht aus zwei Theilen, deren erster über die 23 Staaten des Reichs-Postgebiets und die 13 Provinzen Preußens zunächst je eine ausführliche allgemeine Uebersicht in geschichtlicher, geographischer und statistischer Beziehung enthält. An diese Einleitung schließt sich jedesmal die alphabetisch geordnete Reihenfolge der Postorte in dem betreffenden Staat oder Landestheile an. Der zweite, weniger umfangreiche Theil bringt Uebersichten über den Post- und Telegraphenverkehr in den einzelnen Ober-Postdirektionsbezirken und Bundesländern, sowie bei den einzelnen Verkehrsanstalten

Kaiser Wilhelm I. brachte dem Werke das lebhafteste Interesse entgegen; sein Geheimer Kabinetsrath v. Wilmowski schreibt darüber an Stephan:

„Se. Majestät sind von dem hohen Grade, bis zu dem sich in einer Reihe von wenig Jahren die Verkehrsverhältnisse auf diesem Gebiete entwickelt haben, freudig überrascht gewesen. In der festen Ueberzeugung, daß ein so mächtiger Aufschwung, wie er sich hier, in stetigem Wachsen begriffen, vollzieht, auf das ganze wirthschaftliche Leben der Nation nicht ohne nachhaltig wohlthuenden Einfluß bleiben kann, haben Se. Majestät eine um so größere Anerkennung der in dem Buche gegebenen Darstellung gezollt, als diese einen neuen Beweis von dem stets regen Geiste und der fortschreitenden Bewegung liefert, die in der ganzen Post- und Telegraphen-Verwaltung herrschen. Se. Majestät haben mich daher zu beauftragen geruht, Eurer Excellenz für das eingereichte Exemplar Allerhöchst Ihren besten Dank auszusprechen."

Professor Roscher in Leipzig schreibt: „Ich bin durch die gütige Zusendung des Werkes um so mehr erfreut worden, als ich mich beim Durchblättern des Ganzen und genaueren Nachlesen einzelner charakteristischen Abschnitte sehr bald überzeugt habe, daß hier wieder eine Kunst jener großartigen Verbindung echter Wissenschaftlichkeit und echter Organisationskraft vorliegt, wodurch Ihre Leitung des deutschen Postwesens eine so denkwürdige Stellung in unserer Geschichte behauptet".

So hat Stephan die von ihm geleitete Verwaltung „durch Einhauchung neuen geistigen Lebens", wie ihm einmal der Fürst von Hohenzollern schreibt, „und Erweckung sämmtlicher Triebkräfte" auch in wissenschaftlicher Beziehung zu einem Ansehen gebracht, wie sie solches noch nie genossen hat. Nicht wenig trug hierbei die 1875 erfolgte Aufhebung der Zensur bei, d. i. der für die Post- und Telegraphenbeamten bis dahin bestehenden Vorschrift, für schriftstellerische Arbeiten, die sie dem Drucke übergeben wollten, hierzu die Genehmigung ihrer vorgesetzten Behörde nachzusuchen. „Es ist hiermit eine Schranke gefallen", schrieb damals eine Zeitung, „was dem Publikum vielfach zu Gute kommen wird, da sich unter den Postbeamten, wie schon das Post-Archiv zeigt, sehr bedeutende schriftstellerische Kräfte befinden, die durch das Beispiel ihres, durch seine hervorragenden Werke zu den Schriftstellern ersten Ranges zählenden Chefs angeeifert werden."

Erfreulich ist es, daß die Verdienste, die sich Stephan theils unmittelbar durch eigne schriftstellerische Thätigkeit, theils mittelbar durch sein förderndes Wirken an der Spitze einer großen Verwaltung erworben hat, auch von der Gelehrtenwelt anerkannt worden sind; dafür spricht wenigstens die am 30. Oktober 1873 erfolgte Verleihung der Doktorwürde honoris causa seitens der philosophischen Fakultät der Universität zu Halle. Der Eingang des Schreibens, mit dem ihm das Diplom übersandt wurde, lautet: „Euer Hochwohlgeboren gestattet sich die philosophische Fakultät hiesiger Universität in freudiger Anerkennung der hohen Verdienste, die Sie sich im weiten Gebiet Ihrer den öffentlichen wie den geistigen Verkehr über die Grenzen des Vaterlandes hinaus fördernden Verwaltung erworben haben und fortdauernd erwerben, sowie der freien, von Ihnen in geistvollen Schriften dargelegten Bildung ein Ehrendiplom ihrer Doktorwürde als Zeichen großer Verehrung darzubringen."

Eine Zeitung bemerkte dazu sehr treffend, die Herren in Halle hätten wohlgethan; denn während sie sich wie alle Philosophen mit Zeit und Raum gewaltig herumschlügen, hätte Stephans Post beide ziemlich überwunden. Professor von Holtzendorff in München aber schreibt Stephan: „Ich freue mich, daß eine deutsche Universität soviel Verständniß für Ihre ungewöhnlichen Verdienste gezeigt hat. Nur zu oft wurde bisher der bloß gelehrte Kram auf den Universitäten über Gebühr geschätzt. Daß mehr und mehr auch dem „Geiste" Huldigungen dargebracht werden, beweist, daß auch die Gelehrten in Deutschland von dem Zuge des öffentlichen Lebens erfaßt werden."

In der That, wenn irgend Jemand auf Grund seiner Verdienste um das öffentliche Leben außergewöhnliche Ehrungen verdient hat, so ist es Stephan, „der Fürst der Praxis", wie ihn in einem Briefe Professor du Bois-Reymond, „der Postillon des Weltgeistes", wie ihn der Orientalist Weber nennt.

Daß die wissenschaftliche Thätigkeit Stephans nicht erschöpft wird mit den von ihm veröffentlichten oder veranlaßten Werken, davon zeugt sein Briefwechsel mit Gelehrten aller Disciplinen, von dem wir schon einige Beispiele gegeben haben. Aber wie über seine Lieblingswissenschaften, Geologie und Mineralogie oder Sprachenkunde, korrespondirt er auch mit Mathematikern über die „kleine Speyrer Basis" für Triangulation, wobei er u. A. schreibt: „Zwar habe ich den Einzelheiten der analytischen Entwicklung nicht mehr zu folgen vermocht, weil mir in diesem „Wust- und Moderleben" zuviel Mathematik abhanden gekommen ist, und für die politische Arena meine angewandte Mathematik namentlich in dem Satze bestand: „Quo res cunque cadunt, semper stat linea recta", aber meine Kenntnisse in der Physik sind noch frisch genug, sodaß ich wenigstens den Ergebnissen habe folgen können."

Im Jahre 1878 hatte er Professor Curtius gebeten, auf die von Pausanias erwähnte Basis der Bildsäule des Eilboten oder

Botenläufers Alexanders des Großen, Philonides, des „Ausschreiters von Asien", die Nachforschung zu lenken. Wirklich ist die Basis mit einer sehr gut erhaltenen Inschrift auch gefunden und ein Abguß davon dem Reichs=Postmuseum überlassen worden.

Stephan interessirt sich ebenso für Ornithologie, Ichthyologie und überhaupt jeden Zweig der Naturwissenschaften, wie für Volks=wirthschaft, für Kunst wie für Mechanik — wir möchten sagen: es giebt Nichts, wofür er sich nicht interessirte und worin er nicht Bescheid wüßte; wenn ihm aber eine Sache fördernswerth er=scheint, so findet er auch stets die Mittel, um sie zum gedeihlichen Ziel zu führen.

Ein redendes Beispiel hierfür ist der von ihm 1879 mit Werner Siemens begründete „Elektrotechnische Verein", dessen Ehrenvorsitzender er noch jetzt ist. Die staunenswerthen Fort=schritte in der wissenschaftlichen Vertiefung und Entwickelung der Elektrotechnik, wie ihre sich immer mehr ausbreitende Anwendung im öffentlichen Leben hatten in Deutschland das Bedürfniß nach einer dauernden Vereinigung der auf diesem Gebiete in Wissen=schaft, Gewerbe und Verwaltung thätigen Kräfte, wie eine solche anderwärts, z. B. in England besteht, schon seit längerer Zeit her=vortreten lassen. Diesem Mangel durch die Gründung des Elek=trotechnischen Vereins abgeholfen zu haben, ist ein Verdienst Stephans, das von den Vertretern der Elektrotechnik auf allen Gebieten garnicht hoch genug gewürdigt werden kann.

Stephan hat aber auch die Bestrebungen des Vereins jeder=zeit auf alle Weise, durch materielle Unterstützung und durch seinen Einfluß gefördert; wir erinnern nur an die Betheiligung der Reichs=Telegraphenverwaltung an den Untersuchungen über die erdmagnetischen und Nordlichtstörungen, über die Häufigkeit der Blitze und die Blitzgefahr, über die induktorische Beeinflussung von Kabeladern unter sich und von außen her u. a. m. Der Verein hat sich zum bedeutendsten seiner Art in Deutschland entwickelt, die Zahl seiner Theilnehmer beträgt 1580; seine Stimme fällt schwer in die Wagschale bei allen Fragen, die sich auf elektrotechnischem Gebiet bewegen.

Stephan hat stets gern seinen Sitzungen beigewohnt und jedenfalls immer, wenn irgend seine Dienstgeschäfte es erlaubten, den einleitenden Vortrag bei der Eröffnung der Winterthätigkeit des Vereins gehalten. Einige seiner besten rednerischen Leistungen sind diesen Gelegenheiten zu danken: wir erinnern an die Reden zum Andenken der berühmten Physiker und Mathematiker Gustav Kirchhoff, Hermann von Helmholtz, August Kundt, die dem Verein angehört hatten, Werner von Siemens, der ihn mitbegründet hatte. Bei der Gedächtnißfeier nach dem Tode Kaiser Wilhelms I., der seinerzeit Stephan durch ein Handschreiben zur Begründung des Vereins beglückwünscht und dessen Fortschritten eine dauernde rege Theilnahme bewahrt hatte, entwickelte er in ungemein feiner Weise den Zusammenhang zwischen dem Charakter des Verewigten und seinem Interesse für die Elektrotechnik; wir lassen die betreffende Stelle hier folgen:

„An den eigentlichen spekulativen Wissenschaften nahm der Kaiser wohl nicht hervorragenden Antheil; es erklärt sich Dies daraus, daß er wesentlich ein Mann der That war. Auch ist wohl die Zeit auf dieser Erde noch nicht gekommen und vielleicht wird sie nie kommen, wo der menschliche Geist durch Versenkung in Abstraktionen die höchsten Ziele der Wissenschaft zu erreichen vermag. Mögen wir uns das große Welträthsel aus dem Prinzip des reinen Seins oder aus dem des Werdens erklären; mögen wir von apriorischen Vernunft-Ideen oder von sensualistischen Eindrücken ausgehen; mag, was man die Substanz genannt hat, zum Grunde gelegt werden oder das Ich, oder die Idee des Absoluten; mögen einige Auffassungen ausgehen von dem Unbewußten oder andere die Welt als Darstellung des bewußten Willens ansehen: bei alle dem stehen wir bisher immer noch vor dem verschleierten Bilde zu Sais, und werden vielleicht immer davor stehen, falls es nicht den exakten Wissenschaften gelingen sollte — ich betone das exakt auch deshalb, weil ich hier speciell an die Elektrizitätslehre denke —, die Einheit und Zusammengehörigkeit von Geist und Natur, von Denken und Ding nachzuweisen.

Wenn bisher auf diesem Gebiet keine durchschlagenden und

unbestrittenen Erfolge haben erreicht werden können, so dürfen wir uns doch andererseits sagen, daß in Bezug auf die Anwendung der Wissenschaften und auf die praktische Verwerthung ihrer For=schungen der menschliche Geist gerade in unserer Zeit große Triumphe und glänzende Erfolge zu verzeichnen hat; ganz speziell ist Dies auf dem Gebiete der Elektrizität der Fall. Es liegt Das vorzugsweise an dem Geiste der Zeit, die überwiegend auf die exakten Wissenschaften und auf die Verwerthung der Forschungs=ergebnisse entsprechend den gesteigerten Bedürfnissen gerichtet ist. Wir halten uns an die Thatsache, daß eine Anziehungskraft der Körper existirt, an die Thatsache, daß zwei mal zwei vier ist, an die Thatsache, daß der elektrische Strom das Eisen magnetisch macht. Der ungeheuren Frage nach dem Warum? gehen wir vorbei. Wir benutzen das Gesetz vom zureichenden Grunde und das der Identität als logische Hülfsmittel, wie der Mathematiker das abstrakte Dreieck; aber auf die letzten Ursachen und fernsten Folgen gehen wir nicht ein, da wir uns mit den gegenwärtigen Wirkungen befassen.

Wenn Pythagoras gesagt hat: Das Wesen der Dinge ist die Zahl, so können wir sagen: Das Wesen der Dinge ist die That. Und hier, meine Herren, bin ich bei dem Punkte angelangt, wo die Kongruenz sich zeigt zwischen den geistigen Anschauungen des hochseligen Kaisers und dem heutigen Stande der Wissenschaften. Daß unter diesen die Elektrizität besonders sein Interesse in An=spruch nehmen mußte, das werden Sie bei der hervorragenden praktischen Bedeutung dieser Naturkraft und der ihr gewidmeten Lehre erklärlich finden."

Ebenso schön und ergreifend waren die Worte, die er der Kaiserin Augusta von dieser Stelle aus widmete; auch aus dieser Rede möge ein besonders kennzeichnender Theil herausgehoben werden:

„Mit dem Wirken und Schaffen vereinigte sich bei der geistigen Eigenart der erhabenen Fürstin stets ein eindringendes und umfassendes Denken, das allen Erscheinungen die geistige Seite abzugewinnen wußte oder doch suchte, das nach dem höheren Zusammenhange der Dinge forschte, und das das Große und Ganze über dem Detail des Nutzens nicht vergaß. In dem großen Ver=

kehrswesen unserer Zeit erblickte sie nicht nur ein mächtiges In=
strument des Handels und Wandels, des Geschäfts und Austau=
sches, sondern bei Weitem mehr einen gewaltigen Hebel der ganzen
Civilisation, ein sittliches Kraftelement, ein Werkzeug der Vorsehung.

Ich möchte ein Beispiel dafür anführen. Bald nach der Grün=
dung des Weltpostvereins, im Jahre 1874, war es, bei einer Mittags=
tafel im Schlosse zu Koblenz, wo die hohe Frau mir Folgendes
sagte: „Sehen Sie, es ist ja nicht Das, daß hier für alle Länder
der Erde ein billiges und gleichmäßiges Porto hergestellt ist; Das
ist an sich gewiß sehr gut für die Schiffsrheder, die Kaufleute, die
Banquiers, wie für die Gelehrten, die Schriftsteller, die Zeitungen
und selbstverständlich auch für die Familien; aber es ist nicht die
Hauptsache, denn diese liegt darin, daß die verschiedenen Völker
hier gewöhnt werden an eine gemeinsame übereinstimmende Thä=
tigkeit, an das beständige Bewußtsein eines ihnen Allen gemein=
schaftlichen Interessengebietes, an die freiwillige Unterwerfung unter
ein gemeinsames Gesetz, und an das Arbeiten nach einer großen,
Alle umfassenden Organisation; darin liegt der fruchtbarste Keim
und die Saat für die Zukunft." Das ergriff mich so, daß ich
erwiderte: Euere Majestät sind der erste Mensch, der mir Das ge=
sagt hat, und es ergreift mich tief, weil gerade ähnliche Ideen mir
vorgeschwebt haben, als ich ans Werk ging. — Ein ander Mal,
als ich Gelegenheit hatte, ihr ein Buch zu übersenden, das die Ver=
kehrsanstalten in ihrem Wirken und Wesen, ihrer Geschichte und
Gegenwart zum Inhalt hatte, geruhte sie mir zu schreiben — es ist
dies wohl ziemlich eine der letzten eigenhändigen Unterschriften, die die
hohe Verblichene abgegeben hat, weshalb ich auch dieses Dokument
mit besonderer Pietät bis an mein Lebensende aufbewahren werde:

> Ich habe das Buch mit dem Gefühle besonderer An=
> erkennung entgegengenommen, die dem Wirken auf einem
> für die Kulturgeschichte so wichtigen Gebiete gebührt, und
> Ich freue mich über eine Zusammenstellung der Entwicke=
> lung dieser Verhältnisse, deren Tragweite eine unübersehbar
> große genannt werden kann.
>
> Augusta.

Sie ersehen hieraus, meine Herren, wie bei den Auffassungen der erhabenen Fürstin der tiefere Sinn das Beherrschende war, wie sie von dem großen Zusammenhange der Dinge ausging, und wie die Kulturarbeit der Menschheit sie begeisterte."

„Eine Philosophie der Elektrotechnik" nannte die Presse die nach Form und Inhalt glänzende, gedankenvolle Rede, mit der Stephan 1891 den internationalen Kongreß der Elektrotechniker in Frankfurt am Main, zu dessen Ehren-Vorsitzendem er berufen war, eröffnete, und in der er die Entwickelung, wie die Aufgaben der Elektrotechnik in geistreicher Weise einer Betrachtung unterzog. Sie ist so sehr ein Ganzes, daß wir uns versagen müssen, einen Theil davon hier wiederzugeben; sie vollständig abzudrucken, gestattet leider der Raum nicht. Welche Beachtung sie auch im Ausland gefunden hat, beweist folgende Stelle aus einem Bericht der Times:

„One remark in the eloquent inaugural address of Dr. von Stephan, who acted in his capacity as honorary president of the congress, rather struck me, and that was when he warned his audience against overspeculation. I thought how very appropriate such a warning would have been in England 20 years ago, when electrical appliances were used as a means to dishonest speculation."

Schon aus den seither mitgetheilten Bruchstücken aus Stephan'schen Reden ist deutlich zu erkennen, welch hervorragende Stellung dieser in allen Sätteln gerechte Mann auch als Redner einnimmt. Die Vorzüge, die seine vorbereiteten Reden auszeichnen, decken sich mit denen, die seinen Schriften eigen sind, nur kommen sie bei seiner ausdrucksvollen, eindringlichen Redeweise, bei dem angenehmen Tonfall seiner Stimme, die seine Empfindungen stets zu überzeugendem Ausdruck bringt, dem Hörer noch bei Weitem mehr zum Bewußtsein als dem Leser.

Sein eigentliches Feld aber sind die Reden aus dem Stegreif, sei es bei fröhlicher Tafelrunde, sei es im parlamentarischen Redekampf oder sonst bei ernsten Gelegenheiten. Hier kommen ihm, ebenso wie bei der Unterhaltung, gewisse Eigenschaften zu Statten, die ihn zum glänzenden Improvisator, zum stets gern gehörten Dolmetscher der Gefühle machen, die im gegebenen Augenblick die Zuhörer bewegen, aber auch zum gefürchteten Gegner im Ernstfall.

Er faßt rasch und sicher auf und besitzt die Gabe, sich den Gedankengang eines Anderen im Augenblick fest einzuprägen, er ist ein strenger Logiker und übersieht keinen Fehler, der in einem von ihm gehörten Vortrag in dieser Hinsicht vorkommt, er beherrscht die Sprache in seltnem Maaße und nie fehlen ihm die Worte, um seine sich klar abspinnenden Gedanken dem Zuhörer zum Verständniß zu bringen.

Seine Sprache bewegt sich gern in Bildern, die sich ihm bei seiner poetischen Veranlagung und der Gabe, unter der realen Schale den idealen Kern zu sehen, mit großer Leichtigkeit und ungesucht darbieten. Auch verfügt er über einen erstaunlichen Citatenschatz, von dem er gern Gebrauch macht; freilich bildet er eine Ausnahme von der Mehrzahl der Redner von heutzutage insofern, als er stets richtig citirt.

Seine Bibelfestigkeit, die bei den verschiedensten Gelegenheiten, namentlich auch im Reichstag, zum Ausdruck gekommen ist, hat oft genug Erstaunen und Verwunderung erregt. Zum Beispiel telegraphirt ihm einmal eine Ortsbehörde bei der Eröffnung einer Telegraphenanstalt:

„Excellenz haben zur Verwirklichung der von König David Psalm 19, Vers 4 und 5 mit Bezug auf die Telegraphie gemachten Prophezeiung wesentlich beigetragen."

Die Verse lauten: „Kein Sprechen und kein Reden, da man keine Stimme hört! Ueber alle Lande erstreckt sich ihr Seil und ihre Worte dringen bis an das Ende der Welt!"

Umgehend traf folgende Antwort ein:

„Meinen Dank für Ihren telegraphischen Gruß; ich verweise Sie auf Psalm 92, Vers 3 und 6. Dr. Stephan."

Diese lauten: „Möge er verkünden am Morgen Deine Gnade und Deine Wahrhaftigteit in den Nächten! Wie groß sind Deine Werke, Ewiger! Wie sehr tief Deine Gedanken!"

Diese Bibelfestigkeit ist aber nur eine Form der Bethätigung eines außerordentlich guten Gedächtnisses, das sich in gleichem Maaße auf Menschen und Verhältnisse, die er kennen gelernt, Orte, die er besucht, Thatsachen, die er erlebt hat, erstreckt, wie auf Alles, was er je gelesen, gehört oder erlernt hat. Klassische Citate entnimmt er besonders gern den Werken seines Lieblingsdichters Horaz, an dessen Oden er sich noch als Chef der Reichspost wöchentlich einmal bei gemeinsamer Lektüre mit gleichgesinnten Freunden erfreut hat; ist ihm als „dem Freunde, Kenner und Bewunderer der horazischen Dichtungen" doch auch von ihrem berufenen Interpreten, Gymnasialdirektor Dr. Nauck, die von diesem veranstaltete Ausgabe der Oden und Epoden des Quintus Horatius Flaccus gewidmet worden. Gerade sie bieten eine unerschöpfliche Fülle von Lebensweisheit, in kurzen Sprüchen zusammengefaßt, und liefern Dem, der sich mit Stephan rühmen kann, didicisse fideliter artes, reichen Stoff zur künstlerischen Ausschmückung der Rede. So schloß er bei der Feier aus Anlaß der Kabellegung Berlin=Kiel seine Aufforderung zu einem Hoch auf Kaiser Wilhem I mit den stimmungsvollen Versen:

> Serus in coelum redeas diuque
> Laetus intersis populo.

Wenn er dann z. B. auf dem Orientalistenkongreß aus dem Stegreif sprechen muß, wo er selbst sagt, daß er auf Nichts so wenig vorbereitet sei, als in dieser Versammlung genannt zu werden, und als Beweis für die uralten postalischen Beziehungen zum Orient den Vers aus dem Horazischen carmen saeculare anführen kann: jam Scythae responsa petunt superbi nuper et Indi, so läßt sich der Beifall seiner gelehrten Zuhörer leicht begreifen.

Bei seiner umfassenden Sprachkenntniß und großen Belesenheit ist es nicht zu verwundern, daß er seine Citate aus der Literatur aller Völker schöpft; besonders bieten ihm die Weisheitssprüche der Araber in dieser Beziehung eine reiche Fundgrube und wir begegnen deren Anführung nicht selten. Ein Lieblingsspruch Stephans aus dieser Quelle lautet: „Ein Korn Geist wiegt schwerer als zwanzig Scheffel Zahlen" — etwas befremdlich klingend in dem Munde eines Mannes, der sein Leben lang mit Zahlen soviel zu thun gehabt, freilich sie nur nach dem Gesetz der großen Zahlen gehandhabt hat: daher auch, um im Bilde zu bleiben, cum grano salis zu verstehen.

Mit vielem Geschick versteht Stephan seinen Reden, zu denen ihm beispielsweise die Feierlichkeiten zur Einweihung von Post=gebäuden in allen Gauen des Reichspostgebietes Gelegenheit ge=boten haben, eine persönliche und lokale Färbung zu geben, und erzielt dadurch stets einen großen Eindruck bei seinen Zuhörern. F. Dernburg schildert einmal die Wirkung der Stephanschen Be=redsamkeit auf die Hanseaten: „Stephan imponirt ihnen; mit ver=gnügtem Staunen folgen sie ihm, wenn er unmittelbar an die Dinge herangreift, sie der gewöhnlichen Redensarten entkleidet, und wenn nun die altbekannte Sache plötzlich eine überraschende Seite aufweist. Von allen unseren Rednern hat Stephan die meiste Aehnlichkeit mit englischen, noch mehr mit amerikanischen Sprechern — die freie Art, wie er sein ausgebreitetes Wissen handhabt, wie er sich große Perspektiven zurechtrückt, wirkt immer anregend, manchmal fortreißend."

Seine Tischreden sind berühmt, und es fällt schwer, aus ihnen eine herauszufinden, die sich durch besondere Vorzüge vor anderen auszeichnete. Wenn wir nachstehend einen Auszug aus der Tafel=rede geben, die er zu Cöln bei dem Festmahl zur Einweihung des neuen Posthauses gehalten hat, so hat uns bei dieser Wahl der Gedanke geleitet, daß der Leser darin zugleich interessante Er=innerungen an Stephans Beschäftigung in der rheinischen Metro=pole findet. Er antwortete dort auf zwei ihm gewidmete Trink=sprüche:

„Das Dioskurenpaar der Herren Vorredner hat einiger Vor=gänge aus meinem amtlichen Leben mit dankenden Worten gedacht. Der Hauptdank aber war, wie wir postalisch sagen, unrichtig adressirt. Er gebührt vor Allem den glorreichen Wiederherstellern der Einheit der Nation und der Macht des deutschen Reiches. Nur auf der breiten Basis des Reiches und auf dem festen Grunde seines Ansehens konnten Bauwerke, wie der Weltpostverein, errichtet werden. Ein Bevollmächtigter des Königreichs Preußen hätte bei den verschiedenen Verhandlungen und Kongressen in Bern, Paris, London, Wien u. s. w. Das nicht zu erreichen vermocht, was einem Abgesandten des deutschen Reiches zu erlangen möglich war. Der Zug dieser großen Zeit mußte mit Nothwendigkeit auch auf den Geist des Einzelnen wirken und ihn so zu sagen beflügeln. Sodann habe ich schon an anderer Stelle heute zu erwähnen Gelegenheit gehabt, in wie hohem Maaße das Interesse, das Seine Majestät, unser geliebter Kaiser, der Stählung der Verkehrskraft unablässig zuwendet, anspornend auf die ausführenden Organe wirken muß.

Endlich hat auch, wie Friedrich der Große zu sagen pflegte, Seine Majestät der Zufall mir fördernd unter die Arme gegriffen. Ich rechne dahin besonders das Glück, das mich vor etwa 40 Jahren hierher nach Cöln führte. Der ganze Geist des Orts wirkte mächtig auf meinen jugendlichen Sinn; Geschichte, Kunst, Natur, das frohmuthige Wesen der Bevölkerung schienen mir die Ideale zu verwirklichen, die ich vom Meeresstrande und von den Wäldern meiner Heimath, sowie vom Studium der Klassiker mitgebracht hatte. Ich habe hier vier der wichtigsten, aber auch schönsten Jahre meines Lebens verlebt. Der Dienst war schwer, 14 Stunden täglich und einen Tag um den anderen Nachtdienst. Aber ich fand doch Zeit, meine historischen und philosophischen Studien fortzusetzen, literarische Arbeiten zu machen und Verse zu verbrechen.

Ich genoß viel Freundschaft in Cöln, einige meiner Aufsätze in den Blättern blieben nicht unbemerkt, und wenn man hier und da fragte, wer ist dieser junge Mann, dann lautete die Antwort auf gut Cölnisch: „He schrif am Pohß". An Geldüberfluß litt ich nicht; allein ich erübrigte doch so viel, daß ich alle Jahre an meinem Geburtstage, der in die Austernzeit fällt, zu Bettger in der Budengasse gehen konnte, wo ich mir ein Dutzend Ostender und eine Flasche Rheinwein bewilligte und mir vorkam, wie der feinste Cölner Pfefferlecker, mit welchem Ausdruck man bekanntlich im Mittelalter die weit und breit bekannten hiesigen Feinschmecker bezeichnete.

Ich bin gerührt, meine Herren, daß Sie diese kleinen Einzel=
heiten mit so liebenswürdiger Aufmerksamkeit anhören. Ich er=
wähne sie nur — und ich könnte viele andere hinzusetzen —, um
Ihnen zu zeigen, wie sehr die Erinnerungen an den Aufenthalt
in Ihrer Vaterstadt nach so langer Zeit bei mir haften geblieben
sind, und wie große Dankbarkeit ich der altehrwürdigen Colonia
bewahrt habe. Wenn ich heute meine bewundernden Blicke über
den vollendeten Dom, über so viele schöne Straßen und Plätze,
Hallen und Denkmäler, über die Hafenanlagen und den groß=
artigen Schiffs= und Eisenbahnverkehr schweifen lasse, so ergiebt
sich ja, daß große Veränderungen hier stattgefunden haben; aber
der Geist des Orts, der mich in meiner Jugend so tief erfaßt
hatte, die qualitates occultae, wie Albertus Magnus sie nannte,
dessen Standbild, von Meisterhand in Stein gemeißelt, Sie auch
am neuen Reichspostgebäude sehen, sind dieselben geblieben.

Die Künste finden hier immer noch eine blühende Heimstätte.
Was die Baukunst geleistet, zeigen die vielen stilvollen Neubauten
in echtem Material; die Zeit ist vorüber, wo man den Häusern
gewissermaßen eine Schürze vorband, einen luftigen Giebel, im
Cölner Volksmunde Flabes geheißen, vielleicht eine Erinnerung an
das römische flabilis, luftig, oder flabellum, Fächer. Was die
Malerei betrifft, so weilt Meister Wilhelm ja längst in jenen lichten
Höhen, wo alle Räthsel gelöst werden, auch das der Kunst; aber
seine Palette ist hienieden noch nicht vertrocknet, wie dies aus=
gezeichnete Werke der zeitgenössischen hiesigen Künstler beweisen.
Auch Polyhymnia entlockt ihrer Zauberflöte, besonders an der Stätte,
an der wir uns gegenwärtig befinden, noch immer die seelen=
bewegenden Klänge. Und was die Meister der Bildhauerkunst zu
leisten vermögen, das sehen Sie an bedeutenden Denkmälern, sowie
an verschiedenen Neubauten, unter Anderem auch an dem heute
eingeweihten Reichspostgebäude. Phidias freilich ist unter unseren
Verhältnissen nicht zu erreichen. Mancher wackere Meister der Bild=
hauerkunst mag ja auch heutzutage noch in sein Kunstwerk verliebt
sein, aber ein solches Glück wie Pygmalion hat keiner. Schöne Frauen
brauchen in Cöln auch nicht erst aus dem Marmor zu entstehen.

In den alten Zeiten dauerte die Reise von Cöln nach Bonn einen ganzen Tag; Morgens früh wurde hier aufgebrochen, Mittags war man glücklich bis Wesseling gelangt, wo man sich für die Anstrengungen der Fahrt mit einem soliden Frühstück belohnte, und gegen Abend sah man die Thürme des Bonner Münsters noch in ziemlich weiter Ferne auftauchen. Die Fahrt nach Aachen dauerte zwei Tage; der Kondukteur ließ sich zu verschiedenen Malen vom Bock nieder mit den Worten: „minge Härrer, hier ward umsmeten", worauf die Reisenden nicht zögerten, die Arche zu verlassen und längere Strecken zu Fuß zurückzulegen. Damals hatten die Reisenden doch noch etwas für ihr Geld, sagte ein alter Postillon. Nach Frankfurt ging das Marktschiff im Trauerkantatentempo rheinaufwärts; auf jedem befand sich ein maître de plaisir, oder, wie man auf Cöllsch sagt, ein Krätzjesmacher, um den Passagieren die Langeweile zu vertreiben; aber es wurden doch auch manche folgenreichen Bekanntschaften angeknüpft.

Welche Umwälzungen durch die gegenwärtigen Verkehrsmittel!

Verkehr und Kultur durchdringen beide Seiten unseres Daseins. Cöln ist ein dankbarer Boden! Dies hat sich auch, und damit lassen Sie mich schließen, meine Herren, bei dem Bau der neuen Reichspost hier gezeigt, wo in der Erde der Spaten auf den reichen Schatz wohlerhaltener Goldmünzen stieß, meist Rosenobels aus dem 14. Jahrhundert. Die wahre rosa nobilis dieser altehrwürdigen Stadt, in der ich zugleich die Hochschule meiner Lebenslaufbahn verehre, ist immer ihr Unternehmungsgeist und ihre jugendliche Kraft gewesen, sowie der Frohsinn und Freimuth, die Bravheit und Biederkeit ihrer Bürger und Bürgerinnen. Das ist der geistige Rhein, der bei Cöln fließt, und der mit Gottes Hülfe niemals austrocknen wird. In dieser Zuversicht erhebe ich mein Glas, gefüllt mit edlem Rheinwein, und leere es bis zum Grund auf das Wohl der Stadt Cöln, ihres Handelsstandes und ihrer Bürger und Bürgerinnen. Sie leben hoch!"

Stephans Ruf als einer der wirkungsvollsten Redner beschränkt sich nicht auf Deutschland, sondern in Folge seiner rednerischen Leistungen bei Gelegenheit der Post- und Telegraphenkongresse genießt er dessen in der ganzen Welt. Seinen Ruhm hat er auch in dieser Hinsicht bedeutend vermehrt durch die Gewandtheit, mit der er bei der Berliner Telegraphenkonferenz 1885 seinen großen rednerischen Verpflichtungen offizieller und geselliger Art nachgekommen ist. Die Times berichteten darüber u. A.:

„His Excellency speaking in fluent French — for nothing is impossible with the German Postmaster-General — made a most able and witty reply, of which perhaps the most applauded portion was his expression of the hope that some of the praise which had been lavished on his person might be extended to the proposals that he had placed before the Conference."

Besonders ist den Theilnehmern ein Abend unvergeßlich, wo er beim Glase Bier in Erwiderung eines ihm gewidmeten Trinkspruchs den Anwesenden aus dem Stegreif einen Beweis seines sprachlichen Könnens gab in Gestalt einer, die Sprachen fast aller auf der Konferenz vertretenen Länder enthaltenden Rede! Da war wohl der Ausspruch berechtigt, den Kaiser Wilhelm I. mit Bezug auf Stephans Erfolge bei dieser Konferenz gethan hat: „Der Staatssekretär Stephan bringt Alles zu Stande".

Auch die Kaiserin war dem Verlauf dieser Konferenz aufmerksam gefolgt und telegraphirte Stephan nach deren Beendigung:

> Ich kann nicht den Schluß Ihrer wichtigen Arbeit vorübergehen lassen, ohne Sie wegen des Erfolges zu beglückwünschen und Ihnen den Ausdruck Meiner vollen Anerkennung Ihrer Verdienste zu erneuern.
>
> Kaiserin=Königin."

Gleichen Erfolg, wie als Gelegenheitsredner, erzielt Stephan in seiner parlamentarisch=rednerischen Thätigkeit. Außer durch die schon geschilderten Eigenschaften wird ihm dieser Erfolg gesichert durch seine Schlagfertigkeit und die geschickte Anwendung des altpreußischen Grundsatzes: die beste Vertheidigung ist der Angriff.

Gegenüber gespendetem Lob hält er sich zurück und weist dessen Haupttheil Anderen zu, wie wir an einem klassischen Beispiel S. 24 gesehen haben. Auch als 1874 bei der Berathung des allgemeinen Postvereins-Vertrags seine Verdienste im Reichstag wiederholt gewürdigt wurden, wies er in seiner Antwort wieder auf alle Die hin, die ihm den Boden für seine Erfolge geschaffen und ihn bei seinem Wirken unterstützt hätten. „Ich bekenne gern", fügte er hinzu, „daß in dem mühe- und opfervollen Leben eines höheren Staatsbeamten der heutigen Zeit es zu den wahren Lichtblicken gehört, wenn man durch die Gunst der Umstände das Glück gehabt hat, seinem Vaterlande vielleicht einen Dienst zu erweisen und wenn demselben noch die seltene Ehre einer solchen Anerkennung zu Theil wird."

Wie überhaupt in seiner Verwaltung jeder Vorschlag, jede Beschwerde geprüft wird, so verfährt er auch als Vertreter seines Ressorts gegenüber dem Reichstag. Er läßt sich nie die Mühe verdrießen, irrige Ansichten zu berichtigen und giebt auf Anfragen, die in angemessener Form vorgebracht werden, eingehende Auskunft, aber er hält auch andererseits unerschütterlich fest an den Grundsätzen, mit denen er das deutsche Post- und Telegraphenwesen seither geleitet und zu seiner jetzigen Blüthe gebracht hat. Berechtigten Wünschen gern entgegenkommend, verhält er sich grundsätzlich ablehnend gegen Maßnahmen, sie mögen vorgeschlagen werden, von wem sie wollen, die nach seiner Ansicht den Verkehr belästigen, wie die Quittungssteuer, oder vertheuern, wie die Erhöhung des Packetportos, oder den Dienstbetrieb erschweren, wie die Einführung der 30-Pfennigmarken und Kartenbriefe, oder die finanziellen Ergebnisse ungünstig beeinflussen, wie die Erhöhung des zulässigen Meistgewichts für einfache Briefe, die Herabsetzung des Stadtportos in Berlin und die Ermäßigung der Fernsprechgebühren. Mit immer neuen Gründen und Thatsachen weiß er z. B. die von gewisser Seite mit der Regelmäßigkeit des Mädchens aus der Fremde wiederkehrenden Anträge auf weitere Einschränkung des Postdienstes am Sonntag abzuwehren. Ebenso besteht er fest auf dem Grundsatz, daß in einer so großen Verwaltung strenge Disziplin herrschen müsse, wenn sie anders ihren Verpflichtungen gegen das Vaterland soll nachkommen können.

Gewöhnlich ist er in den parlamentarischen Kämpfen, wie sich einmal der Berichterstatter des Ausschusses für den Reichshaushalt ausdrückte, „auf der ganzen Linie Sieger geblieben". Mögen wir zurückdenken an die Zurückweisung der von sozialdemokratischer Seite vorgebrachten Verdächtigungen wegen Verletzung des Briefgeheimnisses, wo er den berühmt gewordenen Ausspruch that, daß in seiner Verwaltung das Briefgeheimniß so heilig gehalten werde, wie die Bibel auf dem Altare, oder an den Fall Kantecki, oder an die vielfachen Kämpfe, die er gegen die grundlosen Beschuldigungen, als gehe es in seinem Ressort bei Vertheilung der Gehalte nach Laune und Willkür, zu führen gehabt hat, oder an die glänzende Vertheidigung seiner Grundsätze im Bauwesen, bei der Postdampfervorlage und dem Telegraphengesetze, oder endlich an die Rechtfertigung seiner Stellung gegenüber den Sonderbestrebungen bestimmter Beamtenklassen und der Form, in der sie zu Tage getreten waren — niemals ist er im Redeturnier bügellos geworden, sondern hat sich stets als ein ebenso gewandter, als sattelfester Kämpe erwiesen.

„Ohne viele Bewegungen des Körpers", so schildert eine Zeitung seine Erscheinung im Parlament, „spricht er ruhig, nicht allzu rasch, laut und deutlich, stets eindringlich und oft sehr sarkastisch. Sein gewaltiges Material bis ins Kleinste beherrschend, geht er stets mit haarscharfer Logik vor und ist deshalb einer der gefährlichsten Gegner im Redekampfe, der jeden Feind — um einen studentischen Ausdruck zu gebrauchen — rasch abführt, wenn ihm auch nur die geringste Blöße geboten wird."

Die Presse des In- und Auslandes, wie das große Publikum ist gewohnt, den Reichstagsverhandlungen über den Postetat mit Aufmerksamkeit zu folgen; die Ursache hiervon liegt in dem idealen Zug und den großen Gesichtspunkten, die Stephan in seine Verwaltung eingeführt hat. Mit Ausnahme gewisser Parteien haben alle Kreise des Volks den Ausführungen Stephans im Reichstage, wie den von ihm vertheidigten Maßregeln selbst stets freudig zugestimmt.

„Es ist nun einmal so", schreiben die Hamburger Nachrichten 1889, „neben unserer Armee ist das Post- und Telegraphenwesen die Institution, auf die das Deutsche Reich stolz zu sein volle Berechtigung hat. Ohne Ueberhebung dürfen wir behaupten, in der Entwickelung dieses wichtigen Zweiges der modernen Kultur an der Spitze zu marschiren. Mit leichter Mühe könnte man die berufensten Urtheile von Männern aller Nationen sammeln, die in der Anerkennung der Mustergültigkeit der einschlägigen Einrichtungen Deutschlands übereinstimmen. Und daß die errungenen Lorbeern den genialen Organisator nicht zu bequemem Ausruhen verleitet haben, das hat uns heute das Bild bewiesen, das er von der Gestaltung des Fernsprechwesens in Deutschland entwarf. Wir sind bei uns so lange gewöhnt gewesen, neue technische Erfindungen in großem Maßstabe zuerst im Auslande, besonders in England und Amerika, zur Anwendung gebracht zu sehen, daß sich das allgemeine Erstaunen begreift über die heute vernommene Thatsache, wie Berlin mit seinem Telephonnetze alle Großstädte der Welt, selbst London und New York, überflügelt, wie im Deutschen Reiche heute bereits täglich eine halbe Million Gespräche durch den Fernsprecher geführt wird. Wie lange ist es her, daß diese Erfindung noch kopfschüttelnd belächelt wurde? Herr v. Stephan hat heute in bemerkenswerther Weise dem Reichskanzler ein gut Theil des Verdienstes an ihrer raschen und umfassenden Einführung in das deutsche Verkehrsleben zugeschrieben. Er hat freilich allen Grund dazu, sich zu dem Verständniß des großen Staatsmannes für seine Pläne und Schöpfungen zu gratuliren. Andererseits aber darf auch Fürst Bismarck zufrieden sein, im Augenblicke der Errichtung unseres großen nationalen Staatswesens für den Verwaltungszweig, der als einer der wirksamsten Hebel segensreicher Friedensarbeit betrachtet werden kann, eine Kraft gefunden zu haben, um die uns alle Welt beneidet."

In den letzten Jahren ist vielfach die angeblich zu schroffe Handhabung der Disziplin unter der Postbeamtenschaft in den Vordergrund der parlamentarischen Erörterung gezogen worden. Diese Angelegenheit ist besonders lebhaft in der Tagung des Reichstags 1892/93, im Parlament und in der Presse erörtert worden und steht wohl noch zu frisch im öffentlichen Gedächtniß, als daß wir näher darauf einzugehen brauchten. Wir dürfen uns damit begnügen, auf die vom lebhaftesten Beifall der Mehrheit des Reichstags begleitete Vertrauenskundgebung zu Stephans Verwaltung hinzuweisen, die ihm von Herrn von Keudell in der Sitzung vom 4. März 1893 dargebracht wurde.

Die Hamburger Nachrichten schrieben damals: „Herr v. Stephan ist der Einzige, der in einer leitenden Stellung noch übrig geblieben ist aus der großen Zeit der Gründung des Reiches. Schon Das genügt den Pygmäen von heute, ihn mit allen Mitteln zu bekämpfen. Sie hassen in ihm ein Stück der Aera Bismarck. Es ist in der That der Geist des eisernen Staatsmannes, der in Stephans Widerstande gegen die zersetzenden Einflüsse in dem ungeheuren Beamtenheere der Postverwaltung lebendig geblieben ist. Daß diese zersetzenden Einflüsse, wenn sie dauernd von Erfolg wären, einzig und allein der Sozialdemokratie zu Gute kommen könnten, liegt auf der Hand und es ändert daran auch nichts, wenn es zunächst freisinnige Abgeordnete gewesen sind, die sich zum Mundstück der Unzufriedenheit in Postbeamtenkreisen gemacht haben. Nicht zum ersten Male an diesem Punkte wahrlich hat der heillose Doktrinarismus der Freisinnigen die Geschäfte der Umsturzpartei besorgt. Herr v. Stephan fügt seinen Verdiensten nur ein neues hinzu, wenn er dem Ansturme auf die Disziplin unter seinen Beamten den unbeugsamsten Widerstand entgegensetzt."

Außer diesen Angriffen war der Postverwaltung vorgeworfen worden, daß sie stillstände.

Hiergegen fühlte sich eine Reihe Hamburger Rhedereien berufen, entschiedene Verwahrung in folgendem Schreiben an Stephan einzulegen:

Hamburg, den 11. März 1893.

Eure Excellenz haben in den jüngsten Reichstagsverhandlungen unerhörte Angriffe erfahren, indem u. A. der deutschen Reichs-Post- und Telegraphen-Verwaltung, auf die wir Deutsche stolz zu sein alle Ursache haben, und um die uns das Ausland beneidet, Stillstand vorgeworfen wurde.

Ein schwererer, aber auch unberechtigterer Vorwurf konnte nicht erhoben werden, denn auf keinem Gebiete mehr als auf dem unter Eurer Excellenz Verwaltung stehenden Verkehrsgebiete gilt das Wort, daß Stillstand Rückschritt bedeutet.

Zwar fanden Eure Excellenz in dem Abgeordneten v. Keudell einen beredten Vertheidiger, der Das, was die Deutsche Nation Eurer Excellenz an Dank und Anerkennung schuldet, zum Ausdruck brachte. Bedauert haben wir es aber aufs Schmerzlichste, daß nicht auch Vertreter aus den berufensten Kreisen, in denen die Segnungen von Eurer Excellenz Wirksamkeit am unmittelbarsten empfunden werden, daß nicht Vertreter von Handel und Schifffahrt im Reichstage sind, die sich eine Ehre daraus machen, den ungerechten Angriffen auf Eure Excellenz entgegenzutreten.

Wollen Eure Excellenz hochgeneigtest gestatten, daß wir unterzeichnete Kaufleute und Rheder aus der größten deutschen Seehandelsstadt hiermit Verwahrung einlegen gegen die unbegründeten Vorwürfe, die gegen Eure Excellenz erhoben worden sind. Wir wissen es aus eigener Erfahrung im praktischen Geschäftsleben, daß Eure Excellenz nicht auf den Lorbeeren ausruhen, die Ihnen die erfolgreichen Bemühungen, die Reichs-Post- und Telegraphen-Verwaltung auf ihre gegenwärtige Höhe zu bringen, wohlverdientermaßen eingetragen haben; wir wissen vielmehr, daß Eure Excellenz unausgesetzt bestrebt sind, diesen für die Wohlfahrt und Kultur der Deutschen Nation hochwichtigen Verwaltungszweig zu immer größerer Vervollkommnung zu bringen.

Gestatten Eure Excellenz, Ihnen für dieses Bestreben, das auch durch die erwähnten Angriffe — dessen sind wir gewiß — nicht gestört oder geschwächt werden wird, unseren aufrichtigsten Dank auszusprechen! Möge dieses Zeichen der Anerkennung eine wenn auch nur schwache Entschädigung für die erfahrene Unbill sein.

Mit dem Ausdruck vorzüglichster Hochachtung

pp.

Hierauf antwortete Stephan:

Berlin, 12. März 1893.

Das gefällige Schreiben, das Eure Hochwohlgeboren im Verein mit einer größeren Anzahl der Herren Chefs und Vertreter hervorragender Hamburger Handelsfirmen, Rhedereien und Banken unterm 11. d. Mts. aus Anlaß der jüngsten Postetatsdebatten im Reichstage an mich gerichtet haben, habe ich zu erhalten die Ehre gehabt.

Mit meinem herzlichen Danke für die darin ausge= drückten freundlichen Gesinnungen verbinde ich gern die Mittheilung, daß diese spontane Kundgebung von berufenster Seite mich sehr erfreut hat.

Ueber Angriffe wird sich in unserem heutigen öffent= lichen Leben kein vernünftiger Mann wundern; sind sie gerecht, so wird er sogar Nutzen daraus ziehen — so un= geschickt in der Form sie auch vorgetragen sein mögen.

Gegen die von Ihnen berührten ungerechten Angriffe haben die Herren Abgeordneten von Keudell, Dr. Lingens und Dr. Marquardsen sofort bei den Verhandlungen be= redten Protest erhoben; daß sich ihnen jetzt kompetenteste Stimmen aus der Weltverkehrsmetropole unseres Vater= landes zugesellen, freut mich besonders auch im Interesse der großen Armee der treuen und braven Post= und Tele= graphenbeamten des Deutschen Reichs, deren Intelligenz und Pflichteifer so wesentlich zu den Erfolgen beigetragen hat, die Sie so freundlich waren, rühmend hervorzuheben. Auch im Namen dieser wackeren Deutschen Männer sage ich Ihnen meinen herzlichen Dank.

Die von ihm in diesem Schreiben betonte Unempfindlichkeit gegen ungerechtfertigte Angriffe ist ein lebhaft hervortretender Charakterzug Stephans. Bei allem Ungestüm einer impulsiven Natur besitzt er jene „stolze Geduld, wie sie die Götter lieben", und mit der ausgerüstet, große Männer schiefe Beurtheilung und Mißgunst hinnehmen und ruhig abwarten, bis sie gerechtfertigt daſtehen und die Vorwürfe ſich in Anerkennung verkehren. Einem englischen Freunde, der ihm ſein Bedauern über die gegen ihn gerichteten Angriffe ausſprach, antwortete er mit den Worten Bacons von Verulam: „For my name and memory, I leave it to men's charitable speeches, and to foreign nations, and to the next age."

Im Herrenhauſe, in das er 1872 berufen wurde, iſt Stephan politiſch nicht hervorgetreten und hat nur bei beſonderen Anläſſen, wo es ſich um das Verkehrsweſen handelte, das Wort ergriffen. An den Arbeiten des Hauſes hat er ſich lange Jahre beſonders als Vorſitzender der Eiſenbahn=Kommiſſion betheiligt, gab dieſe Thätigkeit aber auf, als er mit ſeiner Kritik der ganzen Grund= ſätze der damaligen preußiſchen Eiſenbahn=Verwaltung nicht durch= drang. Seine Stimme war die erſte autoritative, die ſich in dieſer Richtung erhob; ſeine Bedenken gegen die damaligen Eiſenbahn= Verhältniſſe haben ſich ſpäter als durchaus berechtigt erwieſen. Insbeſondere verwirklichten ſich ſeine Befürchtungen wegen der Unzulänglichkeit der bei der Verſtaatlichung der Eiſenbahnen geſetz= lich feſtgelegten „finanziellen Garantien", die er ſehr treffend „Schaumklöße" genannt hatte.

Daß die von ihm parlamentariſch vertretenen Grundſätze die Zuſtimmung weiter Kreiſe des Volks genießen, beweiſt der Um= ſtand, daß ihm zweimal, 1871 und 1878, ein Mandat für den Reichstag, das letzte Mal für Leipzig, und ebenſo ein Landtags= mandat für einen Berliner Wahlkreis angetragen worden iſt.

Das Anſehen, das Stephan in der ganzen Welt genießt, beruht zuletzt und in ſeiner breiteſten Grundfläche auf ſeinen Ver= dienſten um den Verkehr. Daß hierüber in Deutſchland nur Eine Stimme herrſcht, brauchen wir nicht erſt zu betonen: ſelten ſind die Verdienſte eines im öffentlichen Leben ſtehenden Mannes von Fürſt und Volk, von Kollegen wie Untergebenen ſo einmüthig und freudig anerkannt worden, wie es bei Stephan der Fall iſt.

Die Herrſcher, denen er gedient hat, wie der regierende Herr haben ihm zahlreiche Beweiſe der Anerkennung und Ehrung zu

Theil werden laſſen: ſeiner Berufung in das Herrenhaus folgte 1876 die Ernennung zum Wirklichen Geheimen Rath mit dem Prädikat „Excellenz", und 1884 die Berufung in den Staatsrath. 1885 verlieh ihm Kaiſer Wilhelm I den erblichen Adel durch folgendes Handſchreiben:

Die Vollendung des erſten Jahrzehnts, ſeitdem durch Ihre weſentliche Mitwirkung der erfolgreiche, ſpäter zum Weltpoſtverein erweiterte allgemeine Poſtverein ins Leben gerufen worden, und die hingebende Thätigkeit, die von Ihnen neuerlich der Bearbeitung und der parlamentariſchen Berathung des bedeutſamen Geſetz-Entwurfs über die Poſtdampfſchiffsverbindungen mit überſeeiſchen Ländern gewidmet iſt, haben Mir einen erwünſchten Anlaß gegeben, um Ihnen von neuem Meine Anerkennung Ihrer hervorragenden Verdienſte um das Poſt- und Telegraphenweſen zu bezeigen, indem Ich Ihnen den erblichen Adel in Gnaden hiemit verleihe. Das bezügliche Diplom wird Ihnen demnächſt zugehen.
Berlin, den 19. März 1885.
Wilhelm.

Kaiſer Wilhelm II ehrte ihn durch Verleihung einer Domherrnſtelle beim Domſtifte in Merſeburg, indem er ihm ſchrieb:

In Anerkennung Ihrer langjährigen, dem Vaterlande wie Meinem Hauſe geleiſteten ausgezeichneten Dienſte und in Würdigung der erſprießlichen Thätigkeit, die Sie in Ihrer hervorragenden Stellung mit unermüdlichem Pflichteifer entwickeln, will Ich Ihnen unter Entbindung von der auf Grund der Ordre vom 16. November 1864 vorgeſchriebenen Bedingung der adeligen Geburt eine Domherrnſtelle bei dem Domſtifte in Merſeburg hiermit verleihen. Sie werden vom 1. November d. Js. ab in den Genuß der betreffenden Stiftskompetenzen treten und haben im Uebrigen die weiteren Anordnungen des Miniſters des Innern zu erwarten.
Gravenſtein, den 7. September 1890.
Wilhelm R.

Die sinnige Weise, wie der verdiente Mann zu seinem 60. Geburtstage geehrt wurde, ist schon in der Einleitung erwähnt worden; ihr ließ der Kaiser am 27. Januar 1895 die Verleihung des Ranges eines Staatsministers folgen.

Es ist vielleicht nicht allgemein bekannt, daß Stephan diesen Rang schon vor 17 Jahren hätte einnehmen können, wenn er das ihm vom Fürsten Bismarck am 21. März 1878 angetragene preußische Finanzministerium, dem das Reichsschatzamt untergeordnet werden sollte, übernommen hätte. Stephan hatte an diesem Tage zwei Unterredungen mit dem Reichskanzler, konnte sich aber zur Uebernahme der Stellung nicht entschließen. Wir glauben nicht fehlzugehen, wenn wir den Grund hierfür darin suchen, daß der Fürst sich auch in den Finanzfragen für die Zukunft zu sehr freie Hand wahren wollte, als daß es Stephan hätte erwünscht erscheinen können, in die wenn auch dem Range nach höhere, aber gegenüber der seinigen enger begrenzte und weniger selbständige Stellung einzutreten.

Ueber das Verhältniß Stephans zu seinem großen Chef, dem Fürsten Bismarck, kann Niemand im Unklaren sein, der sich die zahllosen, ihm von diesem zu Theil gewordenen Beweise höchsten Vertrauens vergegenwärtigt. Daß sie auch persönlich sehr gut zu einander gestanden haben, bezeugt der zwischen Beiden gepflogene außeramtliche Briefwechsel, woraus hier Mittheilungen natürlich nicht gemacht werden können.

Der Stephansche Briefwechsel ist wohl einer der reichsten und mannigfaltigsten, die man sich denken kann. Die besten Namen sind darin vertreten; Größen der Diplomatie wie der Armee und Marine, Minister und Chefs der Zentralbehörden des In= und Auslandes, Berühmtheiten auf allen Gebieten der Wissenschaft und Kunst, Parlamentarier, aber nicht minder der kleine Mann, der biedere Handwerksmeister, die Hülfe suchende Wittwe, sie Alle geben sich in der Briefsammlung Stephans ein Stelldichein. Viele der interessantesten persönlichen Beziehungen hat er auf seinen Reisen angeknüpft und verdankt deren Fortdauer einen geistigen Gewinn, den er zu den schönsten Früchten seines Lebens zählt.

Und daß diese Beziehungen so vielfach lange Trennungen über=
dauern, ohne an Innigkeit zu verlieren, das ist ein ehrendes
Zeugniß für beide Theile. Erfreulich ist es auch zu sehen, daß
Stephan in seinem brieflichen Verkehr derselbe ist, wie im persön=
lichen: wohlwollend, theilnehmend an Anderer Freude und Leid, am
zufriedensten, wenn er Gutes erweisen und Freude bereiten kann.

Aus diesem Bedürfniß, Anderen wohlzuthun, heraus hat
Stephan auch 1887 den Wunsch der Postbeamtenschaft, ihrer Liebe
zu Kaiser Wilhelm I. bei dessen 90. Geburtstag einen öffentlichen
Ausdruck zu verleihen, dahin geleitet, daß durch freiwillige Samm=
lungen 17000 M. aufgebracht und der Deutschen Gesellschaft zur
Rettung Schiffbrüchiger zur Anschaffung dreier Rettungsboote über=
wiesen wurden. Der Kaiser hat sich hierüber sehr gefreut, weil er
— wie es in seinem darüber ergangenen Erlaß heißt — daraus
zu seiner Freude entnommen habe, daß die Spender, die der Ver=
mittelung des Weltverkehrs dienen, auch ihren Mitbrüdern in dem
gefahrvollen Verkehr auf hoher See ihre theilnehmende Fürsorge
widmen. Dem gemeinnützigen Sinn, der sich hierdurch bethätigt
hat, spreche er seine volle Anerkennung aus.

Bevor Stephan General=Postdirektor wurde, hatte ihm sein
energischer Charakter in manchen Beamtenkreisen den Ruf eines
Tyrannen eingetragen, und diese sahen seiner Amtsführung in der
hohen Stellung mit Bangen entgegen. Aber es währte nicht lange,
da gewann man Vertrauen zu dem neuen Chef, der unzweifelhafte
Beweise wahrer Herzensgüte gab. Bald wußte man zu erzählen,
daß er keine größere Freude kenne, als Anderen Freude zu machen,
daß er es durchaus nicht liebe, zu strafen, aber freilich, wenn es
noth thue, auch nachdrücklich zu strafen verstehe, indessen auch zu
vergeben und zu vergessen wisse. „Fehler sind nicht mehr da,
wenn man sie einsieht“, ist sein Grundsatz, nach dem Mancher trotz
einer Verirrung wieder zu Ehren gekommen ist, der sich nach
früherem Brauche bereits für einen abgethanen Mann halten
mußte.

Wie viele Briefe danken ihm für solche Nachsicht und gütiges
Vergessen, wie viele für empfangene Wohlthaten, mögen diese in

Form von materieller Unterstützung oder von Förderung oder von herzlicher Theilnahme erwiesen worden sein.

Da ist eine Wittwe, der er geholfen hat, einen Theil ihres Vermögens zu retten, — da sind zahllose Untergebene, deren Lage er erleichtert hat, — da ein Vater, dessen verwundeten Sohn er im Lazareth besucht und bester Pflege empfohlen hat, — da ein Geistlicher, der ihm dankt, daß seine Trostesworte einen Freund in der Trauer um die verlorene Tochter aufgerichtet haben, — da eine Unbekannte, die ihm danken möchte dafür, daß seine Thätigkeit dem Familienverkehr und dem Zusammenhalt der weit von einander entfernten Familienglieder so sehr förderlich gewesen sei, — da ein höherer Beamter einer auswärtigen Verwaltung, mit dem er dienstlich manche Meinungsverschiedenheit gehabt hat, und der ihm dankt, daß er für ihn trotzdem eine preußische Ordensauszeichnung ausgewirkt hat — kurz alle Stände und alle Lebenslagen sind vertreten und alle Briefe athmen Dank!

Wer solche Briefe erhält, muß ein guter Mensch sein, denn aus ihnen spricht das Herz, und das hat ein feines Gefühl dafür, ob es sich an das Herz des Vorgesetzten, des Wohlthäters wenden soll und darf. Und vom Herzen kommen auch all die Ausdrücke der Freude und Glückwünsche, die ihm bei jedem Schritt vorwärts in seiner Laufbahn, bei jedem äußeren Erfolg von allen Seiten zufliegen: man sieht, er hat schon treue Freunde gehabt, als er noch der unbekannte Beamte in der Provinz war, und sie haben ihm ihre Freundschaft bewahrt bis zu seinem Aufstieg in die höchste Stellung — sage Keiner, es sei selbstverständlich, daß man einem aufsteigenden Stern treu bleibe. Ja, aber daß man sich berechtigt glaubt, dem Freunde, der der höchste Vorgesetzte geworden ist, noch als Freund zu nahen — das läßt darauf schließen, daß Jene in ihm das treue Herz schon frühzeitig erkannt haben. Und sie haben sich nicht in ihm getäuscht! Treue und Anhänglichkeit sind hervorstechende Eigenschaften seines Charakters, sie zeigen sich in allen Beziehungen zu seiner Familie, zu seinen Freunden, zur Vaterstadt, zu seinen Lehrern, kurz zu Allen, mit denen er je in nähere Berührung gekommen ist! Gerade Das ergänzt so wohlthuend das

Bild dieses Mannes, der „die weitesten Ziele ins Auge faßt, welt=
bewegende Pläne entwerfend und glücklich durchführend", wie ihm
sein alter Lehrer Berndt einmal schreibt, „daß er bei der endlosen
Fülle amtlicher Geschäfte auch den kleinsten Privatangelegenheiten
gerecht wird und das noch so Unbedeutende nicht übersieht", daß
er, der gewohnt ist, die Tiefen des Gedankens zu durchforschen,
neue Formen, neuen Inhalt zu schaffen und für die ganze Welt
zu wirken, sich doch für die bescheidenen Fragen des Alltagslebens
einen regen Sinn zu bewahren gewußt hat. —

Den Briefen intimerer Natur schließen sich solche an, die auf
seine amtlichen Leistungen Bezug haben. Da sprechen ihm die
Vertreter des Welthandels ihren Dank aus für die Erleichterungen
des Verkehrs nach allen Zonen, seine Vaterstadt Stolp verleiht
ihm die Ehrenbürgerschaft und schmückt sein Geburtshaus mit einer
ehernen Gedenktafel. Bremerhaven ernennt ihn aus Anlaß der
Einrichtung des Postdampferdienstes nach Ostasien zum Ehren=
bürger, Berlin, Hamburg, Emden und Wurzen benennen Straßen
und Plätze nach ihm, Cöln stellt seine von Meister Begas in
Marmor ausgeführte Büste im neuen Posthaus auf, Basel bringt
sein Medaillon=Bildniß am neuen Postgebäude an; der französische
Finanzminister, Léon Say, bekundet, „daß vom Eintritt Frankreichs
in den Weltpostverein die neue Aera der französischen Finanzen
datire", Says Nachfolger Cochery schreibt, „wenn er einige Ver=
besserungen im Post= und Telegraphendienst herbeigeführt habe, so
sei er damit nur in Frankreich dem breiten Wege gefolgt, auf dem
Deutschland schon lange einherwandle", die Chefs anderer aus=
wärtigen Verwaltungen sprechen Gleiches oder Aehnliches aus; eng=
lische Handelskammern bitten ihn um seine Verwendung wegen Ver=
besserung ihres Telegraphendienstes oder votiren ihm ihren Dank
für die Einrichtung des Packetdienstes, die bedeutendsten Zeitungen
des In= und Auslandes beschäftigen sich mit seiner Person und
seinen Erfolgen. Groß ist ferner die Zahl der Dankadressen, die
ihm von deutschen Handelskammern, wirthschaftlichen Vereinigungen
und sonstigen Interessenvertretungen zugegangen sind; die Zahl
der Veröffentlichungen über ihn und seine Leistungen ist Legion.

Zahlreich vertreten sind auch die harmlosen, oft naiven Wid=
mungen und Sympathiekundgebungen aus allen Kreisen des Volkes,
die von seiner Popularität im besten Sinne des Wortes untrüg=
liches Zeugniß ablegen. Sagt doch eine Zeitung treffend, Stephan
sei „eigentlich noch populärer als Bismarck, dessen eherne Größe
die Zuneigung nicht so nahe an sich herankommen lasse, wie die
mehr im täglichen Leben stehende, liebenswürdige Größe des General=
Postmeisters".

So hat er sich denn müssen feiern lassen sowohl von berufener
Seite, wie auch recht oft von solcher, wo der gute Wille das Beste
an der Leistung war. Er aber hat all Das freundlich hingenommen
und für Jeden ein Vergelts Gott gehabt, wie der hinkende Bote
sagt, und wenn das freundlich Geben schwer ist, das freundlich
Nehmen ist es manchmal noch mehr. Und auf der anderen Seite
erfreut den Geber Nichts so sehr, als wenn er glauben darf, er
habe mit seiner Gabe Freude bereitet. Da ist es denn rührend
zu sehen, wie Stephan selbst den einfachen Gruß freundlich er=
widert, mag er kommen, von wem er will, und wie pietätvoll er
alle die Beweise von Anerkennung und Zuneigung, die ihm zu=
gegangen sind, aufbewahrt. Einen ganzen Band könnte man mit
den Gedichten füllen, die sich bei ihm angesammelt haben, — von
allen möglichen Bergspitzen und Ausflugsorten sind ihm zahllose
Postkarten zugeflogen, deren Absender bei der Benutzung der dort
bestehenden Posteinrichtungen auch an deren Schöpfer gedacht
haben, — ein kleines Museum bilden die Gegenstände, denen er
seinen Namen (natürlich ungefragt!) hat leihen müssen.

Aber wie wir vorher gesehen haben, ist Stephan nicht blos
bedeutend in seinem Beruf, sondern auch als Schriftsteller, und
auf diese Seite seiner Thätigkeit beziehen sich die Ehren=Diplome,
die ihm von deutschen und ausländischen wissenschaftlichen Ver=
einigungen verliehen worden sind. Er ist, wie schon erwähnt,
Ehrenmitglied des Deutschen Sprach=Vereins, ferner der Ru=
mänischen Geographischen Gesellschaft, der Mexikanischen Gesell=
schaft für Geographie und Statistik von 1839, sowie der Sociedad

de Geografía y Estadistica zu Madrid. Wegen seiner Verdienste um die Beförderung des Verkehrs im südlichen Theil der Reichslande hat ihn der Vogesenklub zum Ehrenmitglied ernannt. Seiner Freude an fröhlichem Sange hat er die Ehrenmitgliedschaft des Sänger=bundes zu Solingen zu verdanken, wo er sich bei einem Besuche des bergischen Landes vor einigen Jahren ebensoviele Freunde er=worben hat, als Personen mit ihm in Berührung gekommen sind.

Das ist nun zwar die Regel so, denn wo immer Stephan verweilt hat, sind ihm Freunde zurückgeblieben. Seine gewinnende Persönlichkeit nimmt Jeden für ihn ein, sein Erzählertalent fesselt die Zuhörer nach seinem Gefallen, sein Humor und schlagfertiger Witz beleben die Stimmung überall, die natürliche Art, wie er sich giebt, lassen auch den einfachen Mann den Unterschied in Rang und Stellung — in gutem Sinne — vergessen. Und so ist es gewesen von Anfang an: in den Zeitungen von 1870 ebenso wie von 1895 findet man, wo von einem Besuch Stephans die Rede ist, regelmäßig den Kehrreim: „So freundlich und liebenswürdig hätten wir uns einen so hohen Beamten nicht vorgestellt".

Ein hoher Beamter ist er ja geworden, aber sein Herz ist „Derwisch" geblieben, und er pflegt mit Lessing zu sagen:

„Der Kerl im Staat ist nur mein Kleid".

Seine Beweglichkeit ist unter seinem Personal fast sprüchwört=lich. Ermüdung in Folge geistiger Arbeit kennt er ebensowenig, wie in Folge körperlicher Anstrengung. Daß er sich gern und viel im Freien bewegt, hält ihm Geist und Körper frisch. Sommer und Winter findet ihn die frühe Morgenstunde bei der Arbeit, wobei es keinen Unterschied macht, ob er die Nacht daheim oder im Eisenbahnwagen verbracht hat. Punkt neun Uhr wird ihm die Liste der Personen vorgelegt, die von ihm empfangen zu sein wünschen, und die Zeit von neun bis zehneinhalb Uhr ist für diese Empfänge und für die dienstlichen Vorträge seiner Räthe bestimmt.

Sein Arbeitszimmer verräth dem Eintretenden sofort die Eigen=art des Mannes: einfach und gediegen eingerichtet, ausgestattet mit einem mächtigen Schreibtisch und mit Stühlen aus Natur=

holz, reichlich versehen mit Büchern, an bevorzugter Stelle die alten Klassiker, darunter Horaz in mehreren Ausgaben, an den Wänden einige Bilder, meist Familienmitglieder darstellend.

Wem es vergönnt ist, in seiner Wohnung weiter vorzudringen, findet den Eindruck, daß sie den Charakter und Geschmack ihres Bewohners überall verräth, in jedem Zimmer bestätigt. Einfachheit herrscht vor. Der schönste Schmuck sind kostbare Gemälde und Stiche an den Wänden und eine reichhaltige Büchersammlung, deren Zusammenstellung uns beweist, daß ihr Besitzer von jeher bestrebt gewesen ist, sich die verschiedenartigsten Gebiete der Wissenschaft und Kunst zu erschließen. Eine der interessantesten Sammlungen von Marmorschliffen und Krystallen, zu der Italien und Spanien, Aegypten, Griechenland, Ungarn und Schweden beigetragen haben, sowie altägyptische Schalen, etrurische Vasen, ethnographische Stücke erinnern den Beschauer an die Reisen, die Stephan durch ganz Europa gemacht hat. Ein Flügel bekundet, daß auch der Musik hier ein Heim bereitet ist.

Ein Saal ist ausschließlich mit Geweihen, Gehörn, ausgestopften Vögeln und anderer Jagdbeute ausgeschmückt: Alles eigenhändig erworben auf frischem, fröhlichen Waidmannsgang, wo er auf kurze Stunden des Amtes Mühen und Sorgen hinter sich läßt. Dann ist er ganz der Mann der grünen Farbe in Kleidung und Ansprüchen, unterzieht sich willig allen Anstrengungen, watet ebenso unermüdlich durch Schilf und Moor, wie er elastischen Schrittes die steilen Hochgebirgspfade dahinwandelt, alle Sinne gespannt auf das Wild, das er erbeuten will. Aber wenn ihm Waidmannsglück zu Theil geworden ist, dann tritt wieder seine Liebe zur Natur, die wir an ihm schon kennen gelernt haben, in ihre Rechte, und er läßt die Reize, die jede Szenerie dem Empfänglichen bietet, auf sich wirken. Was Wunder, wenn die Eindrücke, die ihm dort kommen auf einsamer Haide, im dampfenden Bruch, sich in seinem dichterisch veranlagten Sinn hie und da zu Versen verdichten. Freilich liebt er es nicht, wenn diese Erzeugnisse stiller Stunden, die naturgemäß nur für seinen vertrauten Kreis bestimmt sind, dessen Grenze überschreiten; indessen finden wir

ein kleines Gedicht, das einem besonders glücklichen Schuß bei einer
Jagd auf dem Dars in Pommern seine Entstehung verdankt, bereits
veröffentlicht und dürfen es daher wohl auch hier wiedergeben:

Die Abendsonne verschönte
Die Waldpracht. Da zog der Hirsch —
Das Brausen der See übertönte
Verräth'risches Reisergeknirsch.

Des Adlerfarns mächtige Wedel,
Sie haben ihn neigend begrüßt;
Wie trug er die Krone so edel
Durch uralter Kiefern Gerüst.

Stolz hob das Kronhaupt der Recke —
Ein donnernder Blitz! — und gefällt
Verschönte die herrlichste Strecke
Vom Darse der stolzeste Held! —

Stephan der Jäger gleicht völlig Stephan dem Meister des
Weltverkehrs. Wie er dort keine Mühe scheut, um sein Wild zur
Strecke zu bringen, wie er dem edelsten Wild mit Vorliebe nach=
geht und nur Gefallen findet an dem Erfolg, wenn er mit An=
strengungen und Hintansetzung des Ruhebedürfnisses erkauft ist, so
kennt er auch in seinem Beruf kein Aufgeben eines einmal ge=
faßten Planes und strebt unermüdlich dem höchsten Ziele nach.
Und wenn ein Angriff abgeschlagen wird, so läßt er sich dadurch nie
entmuthigen; was an Arbeit gesät ist, muß ja einst Frucht bringen.
In dieser Beziehung könnte das Wort des Ovid: perfer et obdura
— labor hic tibi proderit olim sein Wahlspruch sein. Aber es
paßt in andrer Hinsicht nicht für ihn; denn ihm persönlich ist die
Arbeit eine Pflicht und als solche Herzenssache — dadurch erhält sie
einen idealeren Hintergrund, als ihn der Römer geben konnte.

Am Besten hat Stephan selbst den Inhalt seines Wesens
und Thuns in dem Sinnspruche zusammengefaßt, den er 1885
zur Bismarck-Ausstellung beisteuerte:

„Ziel erkannt, Kraft gespannt,
Pflicht gethan, Herz obenan!"

*   *   *

Wir haben uns bemüht, die gesammte Thätigkeit, wie die Persönlichkeit des ersten General=Postmeisters unseres neuen Deutschen Reiches in ihren Umrissen darzustellen. Ein vollständiges und abgeschlossenes Bild von einem Manne zu geben, der sich noch in so hervorragender Stellung befindet, ist unmöglich, weil man nicht die letzten Absichten kennt, die ihn bei diesem oder jenem Thun geleitet haben. Nur nach Dem kann er beurtheilt werden, was bis jetzt an Erfolgen seines Wirkens vorliegt und was er selbst als Beweggrund seiner Maßregeln kundgegeben hat.

Hätte er einzig den Weltpostverein gegründet, so sicherte ihm diese That einen Platz unter den Besten aller Zeiten. Aber er hat mehr gethan, viel mehr; Das ist auf diesen Blättern gezeigt worden, die geschrieben sind in Würdigung seiner Verdienste auf dem Verkehrsgebiete, in Hochachtung vor dem mächtigen Geiste und in Sympathie mit dem Menschen.

Daß einem Manne, wie Stephan, der sich seit einem Menschen=alter im Vordergrunde des öffentlichen Lebens bewegt, Widersacher erstanden sind, kann nicht Wunder nehmen, doch „viele Geister", wie wir mit einer leichten Aenderung der Goethischen Verse sagen dürfen,

„die mit ihm gerungen,
Sein groß Verdienst unwillig anerkannt,
Sie fühlten sich von seiner Kraft durchdrungen,
In seinem Kreise willig festgebannt!"

Noch wirkt und waltet er in ungeschwächter Kraft. Zum Heile des Vaterlandes ist zu wünschen, daß er noch lange Der bleibe, der er ist!

Buchdruckerei von Gustav Schade (Otto Francke) in Berlin N.